高等院校经济管理核心课程精品教材
普通高等教育“十三五”应用型本科规划教材
上海财经大学优秀教材一等奖

线性代数

第四版

LINEAR ALGEBRA

黄振耀　编著

图书在版编目(CIP)数据

线性代数/黄振耀编著．—4版．—上海：上海财经大学出版社，2018.1

(高等院校经济管理核心课程精品教材)

ISBN 978-7-5642-2928-3/F·2928

Ⅰ.①线…　Ⅱ.①黄…　Ⅲ.①线性代数-高等学校-教材
Ⅳ.①O151.2

中国版本图书馆CIP数据核字(2018)第013363号

□责任编辑　王　芳
□封面设计　杨雪婷

XIANXING DAISHU
线 性 代 数
(第四版)

黄振耀　编著

上海财经大学出版社出版发行
(上海市中山北一路369号　邮编200083)
网　　址：http://www.sufep.com
电子邮箱：webmaster @ sufep.com
全国新华书店经销
上海叶大印务发展有限公司印刷装订
2018年1月第4版　2022年12月第4次印刷

787mm×1092mm　1/16　13印张　333千字
印数：24 001—24 500　　定价：39.00元

前　言

线性代数是高等院校经济管理类专业的基础课之一。它是在经济管理、经济数量分析、质量控制和运筹学中有着广泛应用的基础课程。

本书是为了适应高等教育中经济管理类专业学生的实际学习需要而编写的经济数学系列教材之一。根据高等教育的特点，本书在编写中力求内容完整，做到重点突出、联系实际、由浅入深、通俗易懂，充分体现该课程的系统性、科学性和实用性的要求。

本书可以作为高等院校经济管理类线性代数课程的教材或教学参考书，也可以作为高等教育自学考试中“高等数学”(二)课程的自学参考书。

在本书此次修订中，罗万钧老师提出许多宝贵意见，在此谨表谢意。书中若有不足之处，恳请读者批评指正。

编　者

2018 年 1 月

目　录

第一章

行列式

行列式是学习线性代数的重要基础知识。初等数学中曾用二阶、三阶行列式来解二元、三元线性方程组，在本书研究 n 元线性方程组的解，以及研究矩阵性质时也要用到行列式，为此首先引入行列式的概念。

第一节　行列式的概念

一、行列式的概念

[定义 1.1]　一阶行列式由一个数组成，记为 $|a_{11}|=a_{11}$.

[定义 1.2]　二阶行列式是由 2^2 个元素排成 2 行 2 列，用

$$\begin{vmatrix} a_{11} & a_{12} \\ a_{21} & a_{22} \end{vmatrix}$$

表示，且规定：

$$\begin{vmatrix} a_{11} & a_{12} \\ a_{21} & a_{22} \end{vmatrix}=a_{11}A_{11}+a_{12}A_{12}$$

其中，元素 a_{ij} 称为行列式的第 i 行第 j 列的元素 $(i,j=1,2)$；$A_{ij}=(-1)^{i+j}M_{ij}$ 称为元素 $a_{ij}(i,j=1,2)$ 的**代数余子式**；而 M_{ij} 是行列式中划去第 i 行且划去第 j 列元素后所剩下的元素组成的行列式，称为元素 a_{ij} 的**余子式** $(i,j=1,2)$。

显然在定义中，$A_{11}=(-1)^{1+1}M_{11}=M_{11}$，而 $M_{11}=|a_{22}|=a_{22}$；$A_{12}=(-1)^{1+2}M_{12}=-M_{12}=-|a_{21}|=-a_{21}$，则二阶行列式

$$\begin{vmatrix} a_{11} & a_{12} \\ a_{21} & a_{22} \end{vmatrix}=a_{11}a_{22}-a_{12}a_{21}$$

这与中学里所学的对角交叉相乘所得结果一致。

[例 1.1]　求二阶行列式

$$\begin{vmatrix} 5 & -6 \\ 3 & 2 \end{vmatrix}$$

的值。

解

$$\begin{aligned}\begin{vmatrix} 5 & -6 \\ 3 & 2 \end{vmatrix}&=a_{11}A_{11}+a_{12}A_{12}\\ &=5\times(-1)^{1+1}\times 2+(-6)\times(-1)^{1+2}\times 3=10+18=28\end{aligned}$$

[**定义 1.3**] 三阶行列式是由 3^2 个元素排成的 3 行 3 列，用

$$D=\begin{vmatrix} a_{11} & a_{12} & a_{13} \\ a_{21} & a_{22} & a_{23} \\ a_{31} & a_{32} & a_{33} \end{vmatrix}$$

表示，且规定

$$D=a_{11}A_{11}+a_{12}A_{12}+a_{13}A_{13}$$

其中：

$$A_{11}=(-1)^{1+1}M_{11}=(-1)^{1+1}\begin{vmatrix} a_{22} & a_{23} \\ a_{32} & a_{33} \end{vmatrix}$$

$$A_{12}=(-1)^{1+2}M_{12}=(-1)^{1+2}\begin{vmatrix} a_{21} & a_{23} \\ a_{31} & a_{33} \end{vmatrix}$$

$$A_{13}=(-1)^{1+3}M_{13}=(-1)^{1+3}\begin{vmatrix} a_{21} & a_{22} \\ a_{31} & a_{32} \end{vmatrix}$$

称 M_{11} 为 a_{11} 的**余子式**，它是在三阶行列式中划去 a_{11} 所在的行及列后按原次序所成的二阶行列式，称 A_{11} 为 a_{11} 的**代数余子式**；同理称 M_{12} 为 a_{12} 的**余子式**，A_{12} 为 a_{12} 的**代数余子式**；一般地，M_{ij} 就是三阶行列式中划去 a_{ij} 所在的第 i 行和第 j 列剩下的元素按原次序构成的二阶行列式，称为元素 a_{ij} 的**余子式**，$A_{ij}=(-1)^{i+j}M_{ij}$ 称为元素 a_{ij} 的**代数余子式**$(i,j=1,2,3)$。

[**例 1.2**] 计算三阶行列式

$$D=\begin{vmatrix} 1 & 5 & 6 \\ 2 & 0 & 7 \\ 8 & -3 & 4 \end{vmatrix}$$

的值。

解 按照[定义 1.3]，因为

$$A_{11}=(-1)^{1+1}\begin{vmatrix} 0 & 7 \\ -3 & 4 \end{vmatrix}=21$$

$$A_{12}=(-1)^{1+2}\begin{vmatrix} 2 & 7 \\ 8 & 4 \end{vmatrix}=48$$

$$A_{13}=(-1)^{1+3}\begin{vmatrix} 2 & 0 \\ 8 & -3 \end{vmatrix}=-6$$

所以

$$\begin{aligned} D &=a_{11}A_{11}+a_{12}A_{12}+a_{13}A_{13} \\ &=1\times 21+5\times 48+6\times(-6) \\ &=225 \end{aligned}$$

[**定义 1.4**] 假设已定义了 $n-1$ 阶行列式，n 阶行列式是由 n^2 个元素排成 n 行和 n 列组成，记为

$$D=\begin{vmatrix} a_{11} & a_{12} & \cdots & a_{1n} \\ a_{21} & a_{22} & \cdots & a_{2n} \\ \cdots & \cdots & \ddots & \cdots \\ a_{n1} & a_{n2} & \cdots & a_{nn} \end{vmatrix}$$

且规定其值为：

$$D=a_{11}A_{11}+a_{12}A_{12}+\cdots+a_{1n}A_{1n}$$

其中，M_{1j} 表示元素 $a_{1j}(j=1,2,\cdots,n)$ 的**余子式**，它是 D 中划去 a_{1j} 所在的第 1 行和第 j 列后剩下的元素按原来的次序构成的 $n-1$ 阶行列式。$A_{1j}=(-1)^{1+j}M_{1j}(j=1,2,\cdots,n)$ 称为 a_{1j} 的**代数余子式**。

一般地，对于 n 阶行列式 D 来讲，M_{ij} 称为元素 a_{ij} 的**余子式**，$A_{ij}=(-1)^{i+j}M_{ij}$ 称为元素 a_{ij} 的**代数余子式**$(i,j,=1,2,\cdots,n)$。其中，M_{ij} 是 D 中划去元素 a_{ij} 所在的行和列元素后，按原次序排列构成的 $n-1$ 阶行列式。

［**例 1.3**］　计算四阶行列式

$$D=\begin{vmatrix} 2 & 1 & -3 & -1 \\ 3 & 1 & 0 & 7 \\ -1 & 2 & 4 & -2 \\ 1 & 0 & -1 & 5 \end{vmatrix}$$

解

$$D=2(-1)^{1+1}\begin{vmatrix} 1 & 0 & 7 \\ 2 & 4 & -2 \\ 0 & -1 & 5 \end{vmatrix}+1(-1)^{1+2}\begin{vmatrix} 3 & 0 & 7 \\ -1 & 4 & -2 \\ 1 & -1 & 5 \end{vmatrix}$$

$$+(-3)(-1)^{1+3}\begin{vmatrix} 3 & 1 & 7 \\ -1 & 2 & -2 \\ 1 & 0 & 5 \end{vmatrix}+(-1)(-1)^{1+4}\begin{vmatrix} 3 & 1 & 0 \\ -1 & 2 & 4 \\ 1 & 0 & -1 \end{vmatrix}$$

$$=8-33-57-3=-85$$

注　从以上定义及例子可以看到，n 阶行列式由 n^2 个元素构成，每个行列式都表示一个数值，且它等于第一行的元素分别乘以它的代数余子式再求和。这一定义也称为行列式按第一行展开。

二、用行列式表示二元及三元线性方程组的解

二元线性方程组 $\begin{cases} a_{11}x_1+a_{12}x_2=b_1 \\ a_{21}x_1+a_{22}x_2=b_2 \end{cases}$

若 $a_{11}a_{22}-a_{12}a_{21}\neq 0$，可用消元法解得

$$\begin{cases} x_1=\dfrac{b_1a_{22}-b_2a_{12}}{a_{11}a_{22}-a_{12}a_{21}} \\ x_2=\dfrac{b_2a_{11}-b_1a_{21}}{a_{11}a_{22}-a_{12}a_{21}} \end{cases}$$

用二阶行列式可表示为

$$x_1=\frac{\begin{vmatrix} b_1 & a_{12} \\ b_2 & a_{22} \end{vmatrix}}{\begin{vmatrix} a_{11} & a_{12} \\ a_{21} & a_{22} \end{vmatrix}}\qquad x_2=\frac{\begin{vmatrix} a_{11} & b_1 \\ a_{21} & b_2 \end{vmatrix}}{\begin{vmatrix} a_{11} & a_{12} \\ a_{21} & a_{22} \end{vmatrix}}$$

其中：

$$\begin{vmatrix} a_{11} & a_{12} \\ a_{21} & a_{22} \end{vmatrix} \neq 0$$

[例 1.4] 解二元线性方程组

$$\begin{cases} 2x_1+3x_2=-4 \\ x_1-2x_2=5 \end{cases}$$

解 可用二阶行列式得

$$x_1=\frac{\begin{vmatrix} -4 & 3 \\ 5 & -2 \end{vmatrix}}{\begin{vmatrix} 2 & 3 \\ 1 & -2 \end{vmatrix}}=\frac{-7}{-7}=1 \qquad x_2=\frac{\begin{vmatrix} 2 & -4 \\ 1 & 5 \end{vmatrix}}{\begin{vmatrix} 2 & 3 \\ 1 & -2 \end{vmatrix}}=\frac{14}{-7}=-2$$

对于三元线性方程组

$$\begin{cases} a_{11}x_1+a_{12}x_2+a_{13}x_3=b_1 \\ a_{21}x_1+a_{22}x_2+a_{23}x_3=b_2 \\ a_{31}x_1+a_{32}x_2+a_{33}x_3=b_3 \end{cases}$$

同样可以由消元法得到。当

$$D=\begin{vmatrix} a_{11} & a_{12} & a_{13} \\ a_{21} & a_{22} & a_{23} \\ a_{31} & a_{32} & a_{33} \end{vmatrix}$$

$$=a_{11}a_{22}a_{33}+a_{12}a_{23}a_{31}+a_{13}a_{21}a_{32}-a_{11}a_{23}a_{32}-a_{12}a_{21}a_{32}-a_{13}a_{22}a_{32}\neq 0$$

时,可用消去法得到:

$$\begin{cases} x_1=\dfrac{D_1}{D} \\ x_2=\dfrac{D_2}{D} \\ x_3=\dfrac{D_3}{D} \end{cases}$$

其中:

$$D_1=\begin{vmatrix} b_1 & a_{12} & a_{13} \\ b_2 & a_{22} & a_{23} \\ b_3 & a_{32} & a_{33} \end{vmatrix}$$

$$=b_1a_{22}a_{33}+b_2a_{13}a_{32}+b_3a_{12}a_{23}-b_1a_{23}a_{32}-b_2a_{12}a_{33}-b_3a_{13}a_{22}$$

$$D_2=\begin{vmatrix} a_{11} & b_1 & a_{13} \\ a_{21} & b_2 & a_{23} \\ a_{31} & b_3 & a_{33} \end{vmatrix}$$

$$=b_1a_{23}a_{31}+b_2a_{11}a_{33}+b_3a_{13}a_{21}-b_1a_{21}a_{33}-b_2a_{13}a_{31}-b_3a_{11}a_{23}$$

$$D_3=\begin{vmatrix} a_{11} & a_{12} & b_1 \\ a_{21} & a_{21} & b_2 \\ a_{31} & a_{32} & b_3 \end{vmatrix}$$

$$=b_1a_{21}a_{32}+b_2a_{12}a_{31}+b_3a_{11}a_{22}-b_1a_{22}a_{31}-b_2a_{11}a_{32}-b_3a_{12}a_{21}$$

[例 1.5] 解线性方程组

$$\begin{cases} x_1+x_2+x_3=-2 \\ 2x_1-x_2-3x_3=7 \\ x_1+3x_2-x_3=-4 \end{cases}$$

解

$$D=\begin{vmatrix} 1 & 1 & 1 \\ 2 & -1 & -3 \\ 1 & 3 & -1 \end{vmatrix}=16$$

$$D_1=\begin{vmatrix} -2 & 1 & 1 \\ 7 & -1 & -3 \\ -4 & 3 & -1 \end{vmatrix}=16$$

$$D_2=\begin{vmatrix} 1 & -2 & 1 \\ 2 & 7 & -3 \\ 1 & -4 & -1 \end{vmatrix}=-32$$

$$D_3=\begin{vmatrix} 1 & 1 & -2 \\ 2 & -1 & 7 \\ 1 & 3 & -4 \end{vmatrix}=-16$$

故

$$x_1=\frac{D_1}{D}=1,\qquad x_2=\frac{D_2}{D}=-2,\qquad x_3=\frac{D_3}{D}=-1$$

第二节　行列式的性质

在第一节中，n 阶行列式的定义是按第一行展开，即

$$D=a_{11}A_{11}+a_{12}A_{12}+\cdots+a_{1n}A_{1n}=\sum_{k=1}^{n}a_{1k}A_{1k}$$

可以用数学归纳法证明 D 也可按第一列展开，即

$$D=a_{11}A_{11}+a_{21}A_{21}+\cdots+a_{n1}A_{n1}=\sum_{k=1}^{n}a_{k1}A_{k1}$$

［**定义 1.5**］　交换行列式 D 的行与列所得的行列式，称为 D 的**转置行列式**，记为 D^{T} 或 D'.

设

$$D=\begin{vmatrix} a_{11} & a_{12} & \cdots & a_{1n} \\ a_{21} & a_{22} & \cdots & a_{2n} \\ \cdots & \cdots & \ddots & \cdots \\ a_{n1} & a_{n2} & \cdots & a_{nn} \end{vmatrix}$$

则

$$D^{\mathrm{T}}=\begin{vmatrix} a_{11} & a_{21} & \cdots & a_{n1} \\ a_{12} & a_{22} & \cdots & a_{n2} \\ \cdots & \cdots & \ddots & \cdots \\ a_{1n} & a_{2n} & \cdots & a_{nn} \end{vmatrix}$$

［例 1.6］

若
$$D=\begin{vmatrix}1 & -4 & 2\\0 & 3 & -5\\7 & 6 & -2\end{vmatrix}$$

则
$$D^{\mathrm{T}}=\begin{vmatrix}1 & 0 & 7\\-4 & 3 & 6\\2 & -5 & -2\end{vmatrix}$$

用数学归纳法可以证得以下性质 1、性质 2。

性质 1 转置行列式的值等于原行列式的值，即 $D^{\mathrm{T}}=D$.

性质 2 交换行列式的两行(列)，行列式的值变号。

［例 1.7］ 交换行列式 D 的第一行和第三行，行列式变号。

$$D=\begin{vmatrix}7 & 6 & -2\\0 & 3 & -5\\1 & -4 & 2\end{vmatrix}=-\begin{vmatrix}1 & -4 & 2\\0 & 3 & -5\\7 & 6 & -2\end{vmatrix}$$

特别地，当行列式中有两行(列)对应元素都相同时，行列式的值为零。

因假设 D 中的第 i 行和第 j 行对应元素相同，交换第 i 行和第 j 行(仍为 D)，即得 $D=-D$，移项得 $2D=0$，于是 $D=0$。

［例 1.8］ $\begin{vmatrix}1 & -4 & 2\\0 & 3 & -5\\1 & -4 & 2\end{vmatrix}=0$，因为第一行与第三行相同。

性质 3 行列式的某一行(列)中所有元素都乘同一个数 k，行列式的值扩大 k 倍。

［例 1.9］ $\begin{vmatrix}1 & -4 & 2\\0 & 3k & -5k\\7 & 6 & -2\end{vmatrix}=k\begin{vmatrix}1 & -4 & 2\\0 & 3 & -5\\7 & 6 & -2\end{vmatrix}$

这相当于行列式中某一行(列)所有元素的公因子可以提到行列式符号的外面。

性质 4 行列式中两行(列)对应元素都成比例，行列式值为零。

设第 j 行为第 i 行的 k 倍，将 j 行提出公因子 k，即得第 i 行与第 j 行相同，于是行列式的值为零。

性质 5 若行列式的某一列(行)的元素都是两数之和，例如第 i 列的元素都是两数之和：

$$D=\begin{vmatrix}a_{11} & a_{12} & \cdots & (a_{1i}+a'_{1i}) & \cdots & a_{1n}\\a_{21} & a_{22} & \cdots & (a_{2i}+a'_{2i}) & \cdots & a_{2n}\\\cdots & \cdots & \cdots & \cdots & \ddots & \cdots\\a_{n1} & a_{n2} & \cdots & (a_{ni}+a'_{ni}) & \cdots & a_{nn}\end{vmatrix}$$

则 D 等于下列两行列式之和：

$$D=\begin{vmatrix}a_{11} & a_{12} & \cdots & a_{1i} & \cdots & a_{1n}\\a_{21} & a_{22} & \cdots & a_{2i} & \cdots & a_{2n}\\\cdots & \cdots & \cdots & \cdots & \ddots & \cdots\\a_{n1} & a_{n2} & \cdots & a_{ni} & \cdots & a_{nn}\end{vmatrix}+\begin{vmatrix}a_{11} & a_{12} & \cdots & a'_{1i} & \cdots & a_{1n}\\a_{21} & a_{22} & \cdots & a'_{2i} & \cdots & a_{2n}\\\cdots & \cdots & \cdots & \cdots & \ddots & \cdots\\a_{n1} & a_{n2} & \cdots & a'_{ni} & \cdots & a_{nn}\end{vmatrix}$$

注

$$\begin{vmatrix} a_{11}+b_{11} & a_{12}+b_{12} \\ a_{21}+b_{21} & a_{22}+b_{22} \end{vmatrix} = \begin{vmatrix} a_{11} & a_{12}+b_{12} \\ a_{21} & a_{22}+b_{22} \end{vmatrix} + \begin{vmatrix} b_{11} & a_{12}+b_{12} \\ b_{21} & a_{22}+b_{22} \end{vmatrix}$$

$$= \begin{vmatrix} a_{11} & a_{12} \\ a_{21} & a_{22} \end{vmatrix} + \begin{vmatrix} a_{11} & b_{12} \\ a_{21} & b_{22} \end{vmatrix} + \begin{vmatrix} b_{11} & a_{12} \\ b_{21} & a_{22} \end{vmatrix} + \begin{vmatrix} b_{11} & b_{12} \\ b_{21} & b_{22} \end{vmatrix}$$

性质 6　把行列式某行(列)各元素的 k 倍加到另一行(列)的对应元素上去，行列式值不变。

利用这些性质可以简化行列式的计算。

另外我们用 r_i 表示第 i 行，c_i 表示第 i 列。$r_i \leftrightarrow r_j$ 表示交换第 i 行与第 j 行；$r_i \times k$ 表示第 i 行乘 k 倍；$r_j + kr_i$ 表示把第 i 行元素乘 k 倍加到第 j 行上去。

[例 1.10]　利用行列式性质计算行列式

$$D = \begin{vmatrix} 2 & -3 & 4 & -1 \\ 1 & 2 & -1 & 2 \\ 2 & -1 & 2 & -3 \\ 3 & -1 & 1 & -7 \end{vmatrix}$$

解

$$D \xlongequal{r_1 \leftrightarrow r_2} - \begin{vmatrix} 1 & 2 & -1 & 2 \\ 2 & -3 & 4 & -1 \\ 2 & -1 & 2 & -3 \\ 3 & -1 & 1 & -7 \end{vmatrix}$$

$$\xlongequal{r_2 - 2r_1} - \begin{vmatrix} 1 & 2 & -1 & 2 \\ 0 & -7 & 6 & -5 \\ 2 & -1 & 2 & -3 \\ 3 & -1 & 1 & -7 \end{vmatrix}$$

$$\xlongequal{r_3 - 2r_1} - \begin{vmatrix} 1 & 2 & -1 & 2 \\ 0 & -7 & 6 & -5 \\ 0 & -5 & 4 & -7 \\ 3 & -1 & 1 & -7 \end{vmatrix}$$

$$\xlongequal{r_4 - 3r_1} - \begin{vmatrix} 1 & 2 & -1 & 2 \\ 0 & -7 & 6 & -5 \\ 0 & -5 & 4 & -7 \\ 0 & -7 & 4 & -13 \end{vmatrix}$$

熟练以后，这几步也可合并为：

$$- \begin{vmatrix} 1 & 2 & -1 & 2 \\ 2 & -3 & 4 & -1 \\ 2 & -1 & 2 & -3 \\ 3 & -1 & 1 & -7 \end{vmatrix}$$

$$\xlongequal[r_4 - 3r_1]{\substack{r_2 - 2r_1 \\ r_3 - 2r_1}} - \begin{vmatrix} 1 & 2 & -1 & 2 \\ 0 & -7 & 6 & -5 \\ 0 & -5 & 4 & -7 \\ 0 & -7 & 4 & -13 \end{vmatrix}$$

然后按行列式定义，得：

$$D=-\begin{vmatrix}-7&6&-5\\-5&4&-7\\-7&4&-13\end{vmatrix}$$

$$\xlongequal{r_3-r_1}-\begin{vmatrix}-7&6&-5\\-5&4&-7\\0&-2&-8\end{vmatrix}\quad \text{(这里也可用 } c_3-4c_2\text{)}$$

$$\xlongequal[r_2\times 7]{r_1\times 5}-\frac{1}{35}\begin{vmatrix}-35&30&-25\\-35&28&-49\\0&-2&-8\end{vmatrix}$$

$$\xlongequal{r_2-r_1}-\frac{1}{35}\begin{vmatrix}-35&30&-25\\0&-2&-24\\0&-2&-8\end{vmatrix}$$

$$D=-\frac{1}{35}(-35)\begin{vmatrix}-2&-24\\-2&-8\end{vmatrix}=-32$$

第三节 行列式按行(列)展开

显然，n 阶行列式 D 中当 $a_{11}\neq 0$，而其余 $a_{1k}=0(k=2,3,\cdots,n)$ 时，D 可按第一行展开为 $D=a_{11}A_{11}$. 同样第一列除 $a_{11}\neq 0$，其余元素 $a_{k1}=0(k=2,3,\cdots,n)$ 时，D 可按第一列展开为 $D=a_{11}A_{11}$.

［定理 1.1］ 若 n 阶行列式 D 中除 a_{ij} 外，第 i 行(或 j 列)的其余元素都为零，那么 D 可按第 i 行(或 j 列)展开为 $D=a_{ij}A_{ij}$.

证明 设第 i 行除 $a_{ij}\neq 0$，其余元素都为零。

先将第 i 行和第 $i-1$ 行对换，再与第 $i-2$ 行对换，……经过$i-1$次对换，含 a_{ij} 的原第 i 行就换到第一行，行列式的值应乘$(-1)^{i-1}$.

类似经过 $j-1$ 次列对换，可将含 a_{ij} 的列变到第一列，即

$$D=(-1)^{i-1}(-1)^{j-1}\begin{vmatrix}a_{ij}&0&\cdots&0&0&\cdots&0\\a_{1j}&a_{11}&\cdots&a_{1\,j-1}&a_{1\,j+1}&\cdots&a_{1n}\\a_{2j}&a_{21}&\cdots&a_{2\,j-1}&a_{2\,j-1}&\cdots&a_{2n}\\\vdots&\vdots&\vdots&\vdots&\vdots&\ddots&\vdots\\a_{nj}&a_{n1}&\cdots&a_{n\,j-1}&a_{n\,j+1}&\cdots&a_{nn}\end{vmatrix}$$

$$=(-1)^{i+j}a_{ij}M_{ij}=a_{ij}A_{ij}$$

因为新行列式中划去第 1 行划去第 1 列所成的余子式就是 D 中的 M_{ij}(划去原第 i 行和原第 j 列)。

［定理 1.2］ (拉普拉斯展开)n 阶行列式等于它的任意一行(列)的各元素与其对应的代数余子式乘积之和，即按第 i 行展开为

$$D=a_{i1}A_{i1}+a_{i2}A_{i2}+\cdots+a_{in}A_{in}$$

$$=\sum_{k=1}^{n}a_{ik}A_{ik}\quad(i=1,2,\cdots,n)$$

或

$$D=a_{1j}A_{1j}+a_{2j}A_{2j}+\cdots+a_{nj}A_{nj}$$
$$=\sum_{k=1}^{n}a_{kj}A_{kj}\quad(j=1,2,\cdots,n)$$

证明

$$D=\begin{vmatrix} a_{11} & a_{12} & \cdots & a_{1n} \\ \cdots & \cdots & \cdots & \cdots \\ a_{i1}+0+\cdots+0 & 0+a_{i2}+0+\cdots+0 & \cdots & 0+\cdots+0+a_{in} \\ \cdots & \cdots & \cdots & \cdots \\ a_{n1} & a_{n2} & \cdots & a_{nn} \end{vmatrix}$$

$$=\begin{vmatrix} a_{11} & a_{12} & \cdots & a_{1n} \\ \cdots & \cdots & \cdots & \cdots \\ a_{i1} & 0 & \cdots & 0 \\ \cdots & \cdots & \cdots & \cdots \\ a_{n1} & a_{n2} & \cdots & a_{nn} \end{vmatrix}+\begin{vmatrix} a_{11} & a_{12} & \cdots & a_{1n} \\ \cdots & \cdots & \cdots & \cdots \\ 0 & a_{i2} & \cdots & 0 \\ \cdots & \cdots & \cdots & \cdots \\ a_{n1} & a_{n2} & \cdots & a_{nn} \end{vmatrix}+\cdots+\begin{vmatrix} a_{11} & a_{12} & \cdots & a_{1n} \\ \cdots & \cdots & \cdots & \cdots \\ 0 & 0 & \cdots & a_{in} \\ \cdots & \cdots & \cdots & \cdots \\ a_{n1} & a_{n2} & \cdots & a_{nn} \end{vmatrix}$$

$$=a_{i1}A_{i1}+a_{i2}A_{i2}+\cdots+a_{in}A_{in}\quad(i=1,2,\cdots,n)$$

[**定理 1.3**]　行列式 D 的任意一行(列)各元素与另一行(列)的对应元素的代数余子式乘积之和等于零，即

$$a_{i1}A_{j1}+a_{i2}A_{j2}+\cdots+a_{in}A_{jn}=0$$

或

$$a_{1i}A_{1j}+a_{2i}A_{2j}+\cdots+a_{ni}A_{nj}=0\quad(i\neq j,\ i,j=1,2,\cdots,n)$$

证明　将 D 的第 j 行元素 $a_{j1},a_{j2},\cdots,a_{jn}$ 换成 $a_{i1},a_{i2},\cdots,a_{in}$ 所成的新行列式的第 i 行与第 j 行相同；于是新的行列式值为零。

另一方面，新行列式可按第 j 行展开，得：

$$a_{i1}A_{j1}+a_{i2}A_{j2}+\cdots+a_{in}A_{jn}=0\quad(i\neq j)$$

利用行列式性质将某行(列)的元素尽可能化为零，然后展开，可简化行列式的计算。

[**例 1.11**]　计算行列式

$$D=\begin{vmatrix} 1 & 2 & 0 & 4 \\ 1 & 0 & 1 & 2 \\ 3 & -1 & -1 & 0 \\ 1 & 2 & 0 & -5 \end{vmatrix}$$

解　首先寻找含零个数最多的行或列。本题第 3 列含两个零，于是从第三列着手，再变出一个零元素。

$$D\xlongequal{r_3+r_2}\begin{vmatrix} 1 & 2 & 0 & 4 \\ 1 & 0 & 1 & 2 \\ 4 & -1 & 0 & 2 \\ 1 & 2 & 0 & -5 \end{vmatrix}\quad\text{(按第 3 列展开得)}$$

$$D=1\times(-1)^{2+3}\begin{vmatrix} 1 & 2 & 4 \\ 4 & -1 & 2 \\ 1 & 2 & -5 \end{vmatrix}$$

$$\xlongequal{r_3-r_1}-\begin{vmatrix}1&2&4\\4&-1&2\\0&0&-9\end{vmatrix} \quad \text{(再按第 3 行展开得)}$$

$$=-(-9)(-1)^{3+3}\begin{vmatrix}1&2\\4&-1\end{vmatrix}=-81$$

本题也可这样解:第 4 行与第 1 行有三个对应元素相同,于是用第 4 行减第 1 行也可同时出现 3 个零,然后按第 4 行展开,即得:

$$D\xlongequal{r_4-r_1}\begin{vmatrix}1&2&0&4\\1&0&1&2\\3&-1&-1&0\\0&0&0&-9\end{vmatrix}$$

$$=(-9)(-1)^{4+4}\begin{vmatrix}1&2&0\\1&0&1\\3&-1&-1\end{vmatrix}$$

$$\xlongequal{c_3-c_1}-9\begin{vmatrix}1&2&-1\\1&0&0\\3&-1&-4\end{vmatrix}$$

$$=-9\times1(-1)^{2+1}\begin{vmatrix}2&-1\\-1&-4\end{vmatrix}=-81$$

[例 1.12] 行列式

$$\begin{vmatrix}1&2&3\\3&x&2\\4&5&2\end{vmatrix}$$

是关于 x 的一次多项式,求一次项 x 的系数。

解 由于行列式中 x 在其第二行,按第二行展开,可得:

$$\begin{vmatrix}1&2&3\\3&x&2\\4&5&2\end{vmatrix}=3\times(-1)^3\times\begin{vmatrix}2&3\\5&2\end{vmatrix}+x\times(-1)^4\times\begin{vmatrix}1&3\\4&2\end{vmatrix}+2\times(-1)^5\times\begin{vmatrix}1&2\\4&5\end{vmatrix}$$

可以看到,一次项 x 的系数就是 x 的代数余子式 $A_{22}=(-1)^4\times\begin{vmatrix}1&3\\4&2\end{vmatrix}=-10$.

[例 1.13] 计算行列式的值

$$D=\begin{vmatrix}1+x&1&1&1\\1&1-x&1&1\\1&1&1+y&1\\1&1&1&1-y\end{vmatrix}$$

解

$$D\xlongequal{r_4-r_3}\begin{vmatrix}1+x&1&1&1\\1&1-x&1&1\\1&1&1+y&1\\0&0&-y&-y\end{vmatrix}$$

$$\xlongequal{c_3-c_4}\begin{vmatrix}1+x & 1 & 0 & 1\\ 1 & 1-x & 0 & 1\\ 1 & 1 & y & 1\\ 0 & 0 & 0 & -y\end{vmatrix} \quad \text{(按第 4 行展开得)}$$

$$=-y\begin{vmatrix}1+x & 1 & 0\\ 1 & 1-x & 0\\ 1 & 1 & y\end{vmatrix} \quad \text{(再按第 3 列展开得)}$$

$$=(-y)y\begin{vmatrix}1+x & 1\\ 1 & 1-x\end{vmatrix}$$

$$=-y^2[(1+x)(1-x)-1]$$

$$=-y^2(1-x^2-1)=x^2y^2$$

第四节 行列式的计算举例

本节主要对有某些特征的行列式的计算进行介绍。

我们把 n 阶行列式 D 的从左上角到右下角含 $a_{11},a_{22},\cdots,a_{nn}$ 的连线称为**主对角线**。

一、对角行列式

$$D=\begin{vmatrix}a_{11} & & & \\ & a_{22} & & \\ & & \ddots & \\ & & & a_{nn}\end{vmatrix}$$

其中,只有主对角线上的元素 $a_{11},a_{22},\cdots,a_{nn}$ 不为零,其余省略的元素皆为零。

显然:

$$D=a_{11}a_{22}\cdots a_{nn}$$

[例 1.14] 计算行列式

$$D=\begin{vmatrix} & & & 1\\ & & 2 & \\ & \iddots & & \\ n & & & \end{vmatrix}$$

没写出的元素皆为零。

解 经过 $n-1$ 次列交换,可将最后一列换到第 1 列。

$$D=(-1)^{n-1}\begin{vmatrix}1 & 0 & \cdots & 0 & 0\\ 0 & 0 & \cdots & 0 & 2\\ 0 & 0 & \cdots & 3 & 0\\ \cdots & \cdots & \ddots & \cdots & \cdots\\ 0 & n & \cdots & 0 & 0\end{vmatrix} \quad \text{(再将第 } n \text{ 列经过 } n-2 \text{ 次相邻列交换,换到第 2 列)}$$

$$=(-1)^{n-1}(-1)^{n-2}\begin{vmatrix}1&0&0&\cdots&0\\0&2&0&\cdots&0\\0&0&0&\cdots&3\\\cdots&\cdots&\cdots&\ddots&\cdots\\0&0&n&\cdots&0\end{vmatrix}$$

$$=\cdots=(-1)^{(n-1)+(n-2)+\cdots+2+1}\begin{vmatrix}1&&&\\&2&&\\&&\ddots&\\&&&n\end{vmatrix}$$

$$=(-1)^{\frac{n(n-1)}{2}}n!$$

二、三角行列式

下三角行列式 $D=\begin{vmatrix}a_{11}&0&0&\cdots&0\\a_{21}&a_{22}&0&\cdots&0\\a_{31}&a_{32}&a_{33}&\cdots&0\\\cdots&\cdots&\cdots&\ddots&\cdots\\a_{n1}&a_{n2}&a_{n3}&\cdots&a_{nn}\end{vmatrix}$

上三角行列式 $D=\begin{vmatrix}a_{11}&a_{12}&a_{13}&\cdots&a_{1n}\\0&a_{22}&a_{23}&\cdots&a_{2n}\\0&0&a_{33}&\cdots&a_{3n}\\\cdots&\cdots&\cdots&\ddots&\cdots\\0&0&0&\cdots&a_{nn}\end{vmatrix}$

很容易得出三角行列式的值等于主对角线元素的积。一般行列式计算都可采用化为上(下)三角行列式来计算。

[例 1.15] 计算行列式

$$D=\begin{vmatrix}3&1&1&1\\1&3&1&1\\1&1&3&1\\1&1&1&3\end{vmatrix}$$

解 因为每行各元素之和相等(为 6),我们可以"统加",即多次用 r_j+kr_i 的性质。本例可采用第 2 列加到第 1 列,第 3 列加到第 1 列,第 4 列加到第 1 列,得

$$D=\begin{vmatrix}6&1&1&1\\6&3&1&1\\6&1&3&1\\6&1&1&3\end{vmatrix}$$

$$=6\begin{vmatrix}1&1&1&1\\1&3&1&1\\1&1&3&1\\1&1&1&3\end{vmatrix}$$

$$\xlongequal[r_4-r_1]{\substack{r_2-r_1\\r_3-r_1}}6\begin{vmatrix}1&1&1&1\\0&2&0&0\\0&0&2&0\\0&0&0&2\end{vmatrix}$$

$$=6\times2^3=48$$

［例 1.16］ 计算 n 阶行列式

$$D=\begin{vmatrix}x&a&\cdots&a\\a&x&\cdots&a\\\cdots&\cdots&\ddots&\cdots\\a&a&\cdots&x\end{vmatrix}$$

解　从第 2 列起，每列加到第 1 列上，得

$$D=\begin{vmatrix}(n-1)a+x&a&\cdots&a\\(n-1)a+x&x&\cdots&a\\\cdots&\cdots&\ddots&\cdots\\(n-1)a+x&a&\cdots&x\end{vmatrix}\text{（从第 2 行起每行减去第 1 行得）}$$

$$=[x+(n-1)a]\begin{vmatrix}1&a&a&\cdots&a\\0&x-a&0&\cdots&0\\0&0&x-a&\cdots&0\\\cdots&\cdots&\cdots&\ddots&\cdots\\0&0&0&\cdots&x-a\end{vmatrix}$$

$$=[x+(n-1)a](x-a)^{n-1}$$

［例 1.17］ 解 n 阶行列式方程

$$\begin{vmatrix}1&1&1&\cdots&1&1\\1&1-x&1&\cdots&1&1\\1&1&2-x&\cdots&1&1\\\cdots&\cdots&\cdots&\ddots&\cdots&\cdots\\1&1&1&\cdots&(n-2)-x&1\\1&1&1&\cdots&1&(n-1)-x\end{vmatrix}=0$$

解　从第 2 行起，每行减去第 1 行，得

$$\begin{vmatrix}1&1&1&\cdots&1&1\\0&-x&0&\cdots&0&0\\0&0&1-x&\cdots&0&0\\\cdots&\cdots&\cdots&\ddots&\cdots&\cdots\\0&0&0&\cdots&(n-3)-x&0\\0&0&0&\cdots&0&(n-2)-x\end{vmatrix}=0$$

于是：　$-x(1-x)(2-x)\cdots[(n-3)-x][(n-2)-x]=0$

解得：　$x_1=0,x_2=1,x_3=2,\cdots,x_{n-2}=n-3,x_{n-1}=n-2$

［例 1.18］ 计算 n 阶行列式

$$D=\begin{vmatrix} a_1-b & a_2 & \cdots & a_n \\ a_1 & a_2-b & \cdots & a_n \\ \cdots & \cdots & \ddots & \cdots \\ a_1 & a_2 & \cdots & a_n-b \end{vmatrix}$$

解 将各列加到第1列,得

$$D=\begin{vmatrix} (a_1+a_2+\cdots+a_n)-b & a_2 & \cdots & a_n \\ (a_1+a_2+\cdots+a_n)-b & a_2-b & \cdots & a_n \\ \cdots & \cdots & \ddots & \cdots \\ (a_1+a_2+\cdots+a_n)-b & a_2 & \cdots & a_n-b \end{vmatrix}$$

第1列提取公因子。从第2行起,每行减去第1行,得

$$D=[(a_1+a_2+\cdots+a_n)-b]\begin{vmatrix} 1 & a_2 & \cdots & a_n \\ 0 & -b & \cdots & 0 \\ \cdots & \cdots & \ddots & \cdots \\ 0 & 0 & \cdots & -b \end{vmatrix}$$

$$=[(a_1+a_2+\cdots+a_n)-b](-b)^{n-1}$$

三、按行或列展开

有些行列式不易变成某行(列)只有一个非零元素,例如变成两个非零元素,则行列式值等于这两个元素与对应代数余子式积的和。

[例 1.19] 计算 n 阶行列式

$$D=\begin{vmatrix} a & b & 0 & \cdots & 0 & 0 \\ 0 & a & b & \cdots & 0 & 0 \\ \cdots & \cdots & \cdots & \cdots & \cdots & \cdots \\ 0 & 0 & 0 & \cdots & a & b \\ b & 0 & 0 & \cdots & 0 & a \end{vmatrix}$$

解 按第1列展开,得

$$D=a\begin{vmatrix} a & b & \cdots & 0 & 0 \\ 0 & a & \cdots & 0 & 0 \\ \cdots & \cdots & \cdots & \cdots & \cdots \\ 0 & 0 & \cdots & a & b \\ 0 & 0 & \cdots & 0 & a \end{vmatrix}+(-1)^{n+1}b\begin{vmatrix} b & 0 & \cdots & 0 & 0 \\ a & b & \cdots & 0 & 0 \\ \cdots & \cdots & \cdots & \cdots & \cdots \\ 0 & 0 & \cdots & b & 0 \\ 0 & 0 & \cdots & a & b \end{vmatrix}=a^n+(-1)^{n-1}b^n$$

四、采用递推方式来解行列式

[例 1.20] 计算下列 $n+1$ 阶行列式

$$D_{n+1}=\begin{vmatrix} x & -1 & 0 & \cdots & 0 & 0 \\ 0 & x & -1 & \cdots & 0 & 0 \\ \cdots & \cdots & \cdots & \cdots & \cdots & \cdots \\ 0 & 0 & 0 & \cdots & x & -1 \\ a_n & a_{n-1} & a_{n-2} & \cdots & a_1 & a_0 \end{vmatrix}$$

解 按最后一列展开,得

$$D_{n+1}=a_0\begin{vmatrix} x & -1 & a & \cdots & 0 \\ 0 & x & -1 & \cdots & 0 \\ \cdots & \cdots & \cdots & \cdots & \cdots \\ 0 & 0 & 0 & \cdots & x \end{vmatrix}+\begin{vmatrix} x & -1 & 0 & \cdots & 0 & 0 \\ 0 & x & -1 & \cdots & 0 & 0 \\ \cdots & \cdots & \cdots & \cdots & \cdots & \cdots \\ 0 & 0 & 0 & \cdots & x & -1 \\ a_n & a_{n-1} & a_{n-2} & \cdots & a_2 & a_1 \end{vmatrix}$$

$$=a_0x^n+D_n$$

同样推理可得

$$D_n=a_1x^{n-1}+D_{n-1}$$

于是

$$\begin{aligned} D_{n+1}&=a_0x^n+D_n \\ &=a_0x^n+a_1x^{n-1}+D_{n-1} \\ &=\cdots \\ &=a_0x^n+a_1x^{n-1}+\cdots+a_{n-3}x^3+\begin{vmatrix} x & -1 & 0 \\ 0 & x & -1 \\ a_n & a_{n-1} & a_{n-2} \end{vmatrix} \\ &=a_0x^n+a_1x^{n-1}+\cdots+a_{n-3}x^3+a_{n-2}x^2+a_{n-1}x+a_n \end{aligned}$$

[例 1.21] 计算下列 $2n$ 阶行列式

$$D_{2n}=\begin{vmatrix} a & & & & & & & b \\ & a & & & & & b & \\ & & \ddots & & & \iddots & & \\ & & & a & b & & & \\ & & & c & d & & & \\ & & \iddots & & & \ddots & & \\ & c & & & & & d & \\ c & & & & & & & d \end{vmatrix}$$

没写出的元素皆为零。

解 按第 1 行展开,得

$$D_{2n}=a\begin{vmatrix} a & & & & & & b & 0 \\ & \ddots & & & & \iddots & & \\ & & a & b & & & & \\ & & c & d & & & & \\ & \iddots & & & \ddots & & & \\ c & & & & & & d & 0 \\ 0 & & & & & & 0 & d \end{vmatrix}_{2n-1}+b(-1)^{(2n+1)}\begin{vmatrix} 0 & a & & & & & b \\ & & \ddots & & & \iddots & \\ & & & a & b & & \\ & & & c & d & & \\ & & \iddots & & & \ddots & \\ 0 & c & & & & & d \\ c & 0 & & & & & 0 \end{vmatrix}_{2n-1}$$

两个行列式分别再按最后一行展开,得

$$D_{2n}=adD_{2n-2}-bcD_{2n-2}=(ad-bc)D_{2(n-1)}$$

同样推理可得

$$D_{2(n-1)}=(ad-bc)D_{2(n-2)}$$

于是

$$\begin{aligned} D_{2n}&=(ad-bc)D_{2(n-1)} \\ &=(ad-bc)^2D_{2(n-2)} \end{aligned}$$

$$=\cdots$$

$$=(ad-bc)^{n-1}\begin{vmatrix} a & b \\ c & d \end{vmatrix}$$

$$=(ad-bc)^n$$

［例 1.22］ 计算 n 阶行列式

$$D=\begin{vmatrix} a & -1 & 0 & 0 & \cdots & 0 \\ ax & a & -1 & 0 & \cdots & 0 \\ ax^2 & ax & a & -1 & \cdots & 0 \\ \cdots & \cdots & \cdots & \cdots & \ddots & \cdots \\ ax^{n-1} & ax^{n-2} & ax^{n-3} & ax^{n-4} & \cdots & a \end{vmatrix}$$

解 从第一列提取公因子 a，然后把第 1 列加到第 2 列，得

$$D=a\begin{vmatrix} 1 & 0 & 0 & \cdots & 0 \\ x & x+a & -1 & \cdots & 0 \\ x^2 & x(x+a) & a & \cdots & 0 \\ \cdots & \cdots & \cdots & \ddots & \cdots \\ x^{n-1} & x^{n-2}(x+a) & x^{n-3}\cdot a & \cdots & a \end{vmatrix}$$

第二列提取公因子$(x+a)$后，按第 1 行展开，得

$$=a(x+a)\begin{vmatrix} 1 & -1 & 0 & \cdots & 0 \\ x & a & -1 & \cdots & 0 \\ x^2 & ax & a & \cdots & 0 \\ \cdots & \cdots & \cdots & \ddots & \cdots \\ x^{n-2} & ax^{n-3} & ax^{n-4} & \cdots & a \end{vmatrix}$$

$$\xlongequal{c_2+c_1}a(x+a)\begin{vmatrix} 1 & 0 & 0 & \cdots & 0 \\ x & x+a & -1 & \cdots & 0 \\ x^2 & x(x+a) & a & \cdots & 0 \\ \cdots & \cdots & \cdots & \ddots & \cdots \\ x^{n-2} & x^{n-3}(x+a) & ax^{n-4} & \cdots & a \end{vmatrix}$$

$$=\cdots=a(x+a)^{n-1}$$

五、范德蒙行列式

行列式

$$V_n=\begin{vmatrix} 1 & 1 & \cdots & 1 \\ x_1 & x_2 & \cdots & x_n \\ x_1^2 & x_2^2 & \cdots & x_n^2 \\ \cdots & \cdots & \ddots & \cdots \\ x_1^{n-1} & x_2^{n-1} & \cdots & x_n^{n-1} \end{vmatrix}$$

称为 n 阶的**范德蒙行列式。**

下面我们来计算此行列式的值。

解 此题自下而上，即从第 n 行开始，后行减去前行的 x_1 倍。即得

$$V_n=\begin{vmatrix}1 & 1 & 1 & \cdots & 1\\ 0 & x_2-x_1 & x_3-x_1 & \cdots & x_n-x_1\\ 0 & x_2(x_2-x_1) & x_3(x_3-x_1) & \cdots & x_n(x_n-x_1)\\ \cdots & \cdots & \cdots & \cdots & \cdots\\ 0 & x_2^{n-3}(x_2-x_1) & x_3^{n-3}(x_3-x_1) & \cdots & x_n^{n-3}(x_n-x_1)\\ 0 & x_2^{n-2}(x_2-x_1) & x_3^{n-2}(x_3-x_1) & \cdots & x_n^{n-2}(x_n-x_1)\end{vmatrix}$$

分别按各列提取公因子，得：

$$V_n=(x_2-x_1)(x_3-x_1)\cdots(x_n-x_1)\begin{vmatrix}1 & 1 & \cdots & 1\\ x_2 & x_3 & \cdots & x_n\\ \cdots & \cdots & \ddots & \cdots\\ x_2^{n-2} & x_3^{n-2} & \cdots & x_n^{n-2}\end{vmatrix}$$

同理可推得

$$\begin{aligned}V_n &=(x_2-x_1)(x_3-x_1)\cdots(x_n-x_1)\\ &\quad (x_3-x_2)\cdots(x_n-x_2)\begin{vmatrix}1 & 1 & \cdots & 1\\ x_3 & x_4 & \cdots & x_n\\ \cdots & \cdots & \ddots & \cdots\\ x_3^{n-3} & x_4^{n-3} & \cdots & x_n^{n-3}\end{vmatrix}\\ &=\cdots\\ &=(x_2-x_1)(x_3-x_1)(x_4-x_1)\cdots(x_n-x_1)\\ &\qquad (x_3-x_2)(x_4-x_2)\cdots(x_n-x_2)\\ &\qquad \cdots\cdots\cdots\cdots\\ &\qquad \cdots(x_n-x_{n-1})\\ &=\prod_{1\leqslant i<j\leqslant n}(x_j-x_i)\end{aligned}$$

其中，符号$\prod$表示统乘，即各(x_j-x_i)之间用乘号连接。

可以看到：范德蒙行列式为零的充分必要条件为$x_1,x_2,\cdots,x_n$中至少有两个相等。

[例 1.23] 计算行列式

$$D=\begin{vmatrix}1 & 1 & 1 & 1\\ 1 & 3 & 4 & 5\\ 1 & 9 & 16 & 25\\ 1 & 27 & 64 & 125\end{vmatrix}$$

解

$$\begin{aligned}D &=\begin{vmatrix}1 & 1 & 1 & 1\\ 1 & 3 & 4 & 5\\ 1^2 & 3^2 & 4^2 & 5^2\\ 1^3 & 3^3 & 4^3 & 5^3\end{vmatrix}\\ &=(3-1)(4-1)(5-1)\\ &\qquad (4-3)(5-3)\\ &\qquad (5-4)\\ &=48\end{aligned}$$

[例 1.24]

求证
$$\begin{vmatrix} 1 & x & x^2 & yzu \\ 1 & y & y^2 & zux \\ 1 & z & z^2 & uxy \\ 1 & u & u^2 & xyz \end{vmatrix} = -\begin{vmatrix} 1 & x & x^2 & x^3 \\ 1 & y & y^2 & y^3 \\ 1 & z & z^2 & z^3 \\ 1 & u & u^2 & u^3 \end{vmatrix}$$

证明 等式右边各行分别乘 x,y,z,u：

$$右边=\frac{1}{xyzu}\begin{vmatrix} x & x^2 & x^3 & xyzu \\ y & y^2 & y^3 & xyzu \\ z & z^2 & z^3 & xyzu \\ u & u^2 & u^3 & xyzu \end{vmatrix} \quad (提\ xyzu\ 因子)$$

$$=\begin{vmatrix} x & x^2 & x^3 & 1 \\ y & y^2 & y^3 & 1 \\ z & z^2 & z^3 & 1 \\ u & u^2 & u^3 & 1 \end{vmatrix} \quad (三次列对换)$$

$$=-\begin{vmatrix} 1 & x & x^2 & x^3 \\ 1 & y & y^2 & y^3 \\ 1 & z & z^2 & z^3 \\ 1 & u & u^2 & u^3 \end{vmatrix}$$

第五节 克莱姆法则

二元、三元线性方程组的解可分别用二、三阶行列式表示。

现在来讨论含 n 个未知数 $x_1,x_2,\cdots,x_n$ 的线性方程组。

$$\begin{cases} a_{11}x_1+a_{12}x_2+\cdots+a_{1n}x_n=b_1 \\ a_{21}x_1+a_{22}x_2+\cdots+a_{2n}x_n=b_2 \\ \cdots\cdots\cdots\cdots\cdots\cdots\cdots\cdots \\ a_{n1}x_1+a_{n2}x_2+\cdots+a_{nn}x_n=b_n \end{cases}$$

设
$$D=\begin{vmatrix} a_{11} & \cdots & a_{1n} \\ a_{21} & \cdots & a_{2n} \\ \cdots & \ddots & \cdots \\ a_{n1} & \cdots & a_{nn} \end{vmatrix}\neq 0$$

现从 $x_1,\cdots,x_n$ 中任取一个 x_j，注意：

$$\begin{cases} a_{11}x_1+a_{12}x_2+\cdots+a_{1j}x_j+\cdots+a_{1n}x_n=b_1 \\ a_{21}x_1+a_{22}x_2+\cdots+a_{2j}x_j+\cdots+a_{2n}x_n=b_2 \\ \cdots\cdots\cdots\cdots\cdots\cdots\cdots\cdots\cdots\cdots\cdots\cdots \\ a_{n1}x_1+a_{n2}x_2+\cdots+a_{nj}x_j+\cdots+a_{nn}x_n=b_n \end{cases}$$

分别用 $A_{1j},A_{2j},\cdots,A_{nj}$ 乘第 1 个方程，第 2 个方程，…第 n 个方程，得

$$\begin{cases} a_{11}A_{1j}x_1+a_{12}A_{1j}x_2+\cdots+a_{1j}A_{1j}x_j+\cdots+a_{1n}A_{1j}x_n=b_1A_{1j} \\ a_{21}A_{2j}x_1+a_{22}A_{2j}x_2+\cdots+a_{2j}A_{2j}x_j+\cdots+a_{2n}A_{2j}x_n=b_2A_{2j} \\ \cdots\cdots\cdots\cdots\cdots\cdots\cdots\cdots\cdots\cdots\cdots\cdots \\ a_{n1}A_{nj}x_1+a_{n2}A_{nj}x_2+\cdots+a_{nj}A_{nj}x_j+\cdots+a_{nn}A_{nj}x_n=b_nA_{nj} \end{cases}$$

将 n 个方程相加(即等式的左边相加,等式的右边相加),得

$$\begin{aligned} &(a_{11}A_{1j}+a_{21}A_{2j}+\cdots+a_{n1}A_{nj})x_1 \\ &+(a_{12}A_{1j}+a_{22}A_{2j}+\cdots+a_{n2}A_{nj})x_2 \\ &+\cdots \\ &+(a_{1j}A_{1j}+a_{2j}A_{2j}+\cdots+a_{nj}A_{nj})x_j \\ &+\cdots \\ &+(a_{1n}A_{1j}+a_{2n}A_{2j}+\cdots+a_{nn}A_{nj})x_n \\ &=b_1A_{1j}+b_2A_{2j}+\cdots+b_nA_{nj} \end{aligned}$$

方程左边除了 x_j 的系数是 D 中的第 j 列元素与对应代数余子式积之和(于是等于 D)外,其余各 $x_i(i\neq j)$的系数都是 D 中第 i 列元素与第 j 列对应元素代数余子式积之和(于是等于零)。

故

$$Dx_j=\begin{vmatrix} a_{11} & \cdots & \overset{\text{第}j\text{列}}{b_1} & \cdots & a_{1n} \\ a_{21} & \cdots & b_2 & \cdots & a_{2n} \\ \cdots & \cdots & \cdots & \ddots & \cdots \\ a_{n1} & \cdots & b_n & \cdots & a_{nn} \end{vmatrix}=D_j$$

当 $D\neq 0$ 时,得

$$x_j=\frac{D_j}{D}\quad (j=1,2,\cdots,n)$$

其中,D_j 就是用常数列取代 D 中的第 j 列。

[定理 1.4]　(克莱姆法则)如果 n 元非齐次线性方程组

$$\begin{cases} a_{11}x_1+a_{12}x_2+\cdots+a_{1n}x_n=b_1 \\ a_{21}x_1+a_{22}x_2+\cdots+a_{2n}x_n=b_2 \\ \cdots\cdots\cdots\cdots\cdots\cdots \\ a_{n1}x_1+a_{n2}x_2+\cdots+a_{nn}x_n=b_n \end{cases}$$

的系数行列式 $D\neq 0$,则方程组有唯一解,且

$$x_1=\frac{D_1}{D},\quad x_2=\frac{D_2}{D},\quad \cdots,\quad x_j=\frac{D_j}{D},\quad \cdots,\quad x_n=\frac{D_n}{D}$$

其中,$D_j(j=1,2,\cdots,n)$是将 D 中的第 j 列用常数列替换而成的行列式。

[例 1.25]　解线性方程组

$$\begin{cases} x_1+x_2+x_3+x_4=5 \\ x_1+2x_2-x_3+4x_4=-2 \\ 2x_1-3x_2-x_3-5x_4=-2 \\ 3x_1+x_2+2x_3+11x_4=0 \end{cases}$$

解

$$D=\begin{vmatrix}1&1&1&1\\1&2&-1&4\\2&-3&-1&-5\\3&1&2&11\end{vmatrix}=-142$$

$$D_1=\begin{vmatrix}5&1&1&1\\-2&2&-1&4\\-2&-3&-1&-5\\0&1&2&11\end{vmatrix}=-142$$

$$D_2=\begin{vmatrix}1&5&1&1\\1&-2&-1&4\\2&-2&-1&-5\\3&0&2&11\end{vmatrix}=-284$$

$$D_3=\begin{vmatrix}1&1&5&1\\1&2&-2&4\\2&-3&-2&-5\\3&1&0&11\end{vmatrix}=-426$$

$$D_4=\begin{vmatrix}1&1&1&5\\1&2&-1&-2\\2&-3&-1&-2\\3&1&2&0\end{vmatrix}=142$$

故 $$x_1=\frac{D_1}{D}=1,\quad x_2=\frac{D_2}{D}=2,\quad x_3=\frac{D_3}{D}=3,\quad x_4=\frac{D_4}{D}=-1$$

线性方程组中等式右端常数均为零时，称为 **n 元齐次线性方程组。**

即
$$\begin{cases}a_{11}x_1+a_{12}x_2+\cdots+a_{1n}x_n=0\\a_{21}x_1+a_{22}x_2+\cdots+a_{2n}x_n=0\\\cdots\cdots\cdots\cdots\cdots\cdots\cdots\cdots\cdots\cdots\\a_{n1}x_1+a_{n2}x_2+\cdots+a_{nn}x_n=0\end{cases}$$

由克兰姆法则，若系数行列式 $D\neq0$，则此齐次线性方程组只有零解：

$$x_1=0,\quad x_2=0,\quad \cdots,\quad x_n=0$$

要方程组有非零解(即至少有某个 $x_j\neq0$)，必须有 $D=0$。

关于解线性方程组的问题，我们在第三章还要详细介绍。

习题一

1. 求下列行列式中元素 a_{12}，a_{31} 的余子式及代数余子式：

(1) $\begin{vmatrix}2&-1&0\\4&1&2\\-1&-1&-1\end{vmatrix}$

(2) $\begin{vmatrix} 3 & -1 & 0 & 7 \\ 1 & 0 & 1 & 5 \\ 2 & 3 & -3 & 1 \\ 0 & 0 & 1 & -2 \end{vmatrix}$

2. 用定义计算下列各行列式的值：

(1) $\begin{vmatrix} 3 & 7 \\ 6 & 15 \end{vmatrix}$

(2) $\begin{vmatrix} 8 & 1 & 4 \\ 3 & 4 & -5 \\ 1 & 4 & 2 \end{vmatrix}$

3. 利用性质计算下列各行列式的值：

(1) $\begin{vmatrix} 2 & 3 & 1 & 0 \\ 4 & -2 & -1 & -1 \\ -2 & 1 & 2 & 1 \\ -4 & 3 & 2 & 1 \end{vmatrix}$

(2) $\begin{vmatrix} 3 & 1 & -1 & 2 \\ -5 & 1 & 3 & -4 \\ 2 & 0 & 1 & -1 \\ 1 & -5 & 3 & -3 \end{vmatrix}$

(3) $\begin{vmatrix} 2 & 1 & -5 & 1 \\ 1 & -3 & 0 & -6 \\ 0 & 2 & -1 & 2 \\ 1 & 4 & -7 & 6 \end{vmatrix}$

(4) $\begin{vmatrix} 1+a_1 & a_2 & a_3 \\ a_1 & 1+a_2 & a_3 \\ a_1 & a_2 & 1+a_3 \end{vmatrix}$

4. 将下列行列式化为上三角行列式，并计算其值：

(1) $\begin{vmatrix} 1 & 1 & 1 & 1 \\ -1 & 1 & 1 & 1 \\ -1 & -1 & 1 & 1 \\ -1 & -1 & -1 & 1 \end{vmatrix}$

(2) $\begin{vmatrix} -2 & 2 & -4 & 0 \\ 4 & -1 & 3 & 5 \\ 3 & 1 & -2 & -3 \\ 2 & 0 & 5 & 1 \end{vmatrix}$

5. 计算下列 n 阶行列式的值：

(1) $\begin{vmatrix} 1 & 2 & 3 & \cdots & n-1 & n \\ 1 & 3 & 3 & \cdots & n-1 & n \\ 1 & 2 & 5 & \cdots & n-1 & n \\ \cdots & \cdots & \cdots & \cdots & \cdots & \cdots \\ 1 & 2 & 3 & \cdots & 2n-3 & n \\ 1 & 2 & 3 & \cdots & n-1 & 2n-1 \end{vmatrix}$

(2) $\begin{vmatrix} 1 & 2 & 2 & \cdots & 2 \\ 2 & 2 & 2 & \cdots & 2 \\ 2 & 2 & 3 & \cdots & 2 \\ \cdots & \cdots & \cdots & \cdots & \cdots \\ 2 & 2 & 2 & \cdots & n \end{vmatrix}$

(3) $\begin{vmatrix} 1 & a_1 & 0 & \cdots & 0 & 0 \\ -1 & 1-a_1 & a_2 & \cdots & 0 & 0 \\ 0 & -1 & 1-a_2 & \cdots & 0 & 0 \\ \cdots & \cdots & \cdots & \cdots & \cdots & \cdots \\ 0 & 0 & 0 & \cdots & 1-a_{n-1} & a_n \\ 0 & 0 & 0 & \cdots & -1 & 1-a_n \end{vmatrix}$

(4) $\begin{vmatrix} a & 0 & 0 & \cdots & 0 & 1 \\ 0 & a & 0 & \cdots & 0 & 0 \\ 0 & 0 & a & \cdots & 0 & 0 \\ \cdots & \cdots & \cdots & \cdots & \cdots & \cdots \\ 1 & 0 & 0 & \cdots & 0 & a \end{vmatrix}$

(5) $\begin{vmatrix} a & 1 & 1 & \cdots & 1 \\ 1 & a & 1 & \cdots & 1 \\ 1 & 1 & a & \cdots & 1 \\ \cdots & \cdots & \cdots & \cdots & \cdots \\ 1 & 1 & 1 & \cdots & a \end{vmatrix}$

6. 利用行列式的展开证明：

$$\begin{vmatrix} a_{11} & a_{12} & a_{13} & a_{14} & a_{15} \\ a_{21} & a_{22} & a_{23} & a_{24} & a_{25} \\ a_{31} & a_{32} & 0 & 0 & 0 \\ a_{41} & a_{42} & 0 & 0 & 0 \\ a_{51} & a_{52} & 0 & 0 & 0 \end{vmatrix}=0$$

7. 计算

$$f(x)=\begin{vmatrix} 2x & x & 1 & 2 \\ 1 & x & 1 & -1 \\ 3 & 2 & x & 1 \\ 1 & 1 & 1 & x \end{vmatrix}$$

中 x^4 与 x^3 的系数，并说明理由。

8. 证明以下结果：

(1) $\begin{vmatrix} 1 & 1 & 1 & 1 \\ 2 & 3 & 5 & 6 \\ 4 & 9 & 25 & 36 \\ 8 & 27 & 125 & 216 \end{vmatrix}=72$

(2) $\begin{vmatrix} a^2 & (a+1)^2 & (a+2)^2 & (a+3)^2 \\ b^2 & (b+1)^2 & (b+2)^2 & (b+3)^2 \\ c^2 & (c+1)^2 & (c+2)^2 & (c+3)^2 \\ d^2 & (d+1)^2 & (d+2)^2 & (d+3)^2 \end{vmatrix}=0$

(3) $\begin{vmatrix} 1 & 2a & a^2 \\ 1 & a+b & ab \\ 1 & 2b & b^2 \end{vmatrix}=(b-a)^3$

(4) $\begin{vmatrix} b+c & c+a & a+b \\ b_1+c_1 & c_1+a_1 & a_1+b_1 \\ b_2+c_2 & c_2+a_2 & a_2+b_2 \end{vmatrix}=2\begin{vmatrix} a & b & c \\ a_1 & b_1 & c_1 \\ a_2 & b_2 & c_2 \end{vmatrix}$

(5) $\begin{vmatrix} a_0 & 1 & 1 & \cdots & 1 \\ 1 & a_1 & 0 & \cdots & 0 \\ 1 & 0 & a_2 & \cdots & 0 \\ \cdots & \cdots & \cdots & \cdots & \cdots \\ 1 & 0 & 0 & \cdots & a_n \end{vmatrix}=a_1a_2\cdots a_n\left(a_0-\sum_{i=1}^{n}\frac{1}{a_i}\right)$

9. 解下列方程：

$$\begin{vmatrix} 2+x & 4 & 5 \\ 2 & 4+x & 5 \\ 2 & 4 & 5+x \end{vmatrix}=0$$

10. 利用克兰姆法则解下列线性方程组：

(1) $\begin{cases} 2x_1+3x_2+5x_3=2 \\ x_1+2x_2=5 \\ 3x_2+5x_3=4 \end{cases}$

(2) $\begin{cases} 2x_1-x_3+3x_4=9 \\ 3x_2+x_3-x_4=6 \\ x_1+2x_4=8 \\ 2x_2+x_3+x_4=13 \end{cases}$

(3) $\begin{cases} 5x_1+6x_2=1 \\ x_1+5x_2+6x_3=0 \\ x_2+5x_3+6x_4=0 \\ x_3+5x_4+6x_5=0 \\ x_4+5x_5=1 \end{cases}$

11. 齐次线性方程组：

$$\begin{cases} kx_1+x_2+x_3=0 \\ x_1+kx_2+x_3=0 \\ x_1+x_2+x_3=0 \end{cases}$$

当k满足什么条件时，只有零解。

12. 单项选择题：

(1)行列式

$$\begin{vmatrix} 2 & 0 & 0 & 1 \\ 0 & 0 & 1 & 0 \\ 0 & -6 & 0 & 0 \\ 7 & 0 & 0 & 0 \end{vmatrix} = (\quad)$$

①42　　②−42　　③0　　④84

(2)行列式

$$\begin{vmatrix} -1 & 1 & 1 \\ 1 & -1 & x \\ 1 & 1 & -1 \end{vmatrix}$$

是关于x的一次多项式，则该多项式的一次项系数为(　　)。

①1　　②−1　　③2　　④−2

(3)已知x的多项式

$$f(x) = \begin{vmatrix} 1 & 1 & 1 & 1 \\ 0 & 1 & -1 & -1 \\ 0 & -1 & 1 & -1 \\ x & -1 & -1 & 1 \end{vmatrix}$$

则该多项式的一次项系数与常数项(　　)。

①相等　　②绝对值不等

③互为相反数　　④都是奇数

(4)行列式

$$\begin{vmatrix} a & 0 & 0 & b \\ 0 & a & b & 0 \\ 0 & b & a & 0 \\ b & 0 & 0 & a \end{vmatrix} = (\quad)$$

①a^4-b^4　　②$(a^2-b^2)^2$　　③b^4-a^4　　④a^4b^4

(5)若行列式

$$\begin{vmatrix} 1 & 2 & 5 \\ 1 & 3 & -2 \\ 2 & 5 & x \end{vmatrix} = 0$$

则$x=$(　　)。

①2　　②−2　　③3　　④−3

(6)行列式

$$\begin{vmatrix} 2 & a & a+2 \\ 3 & b & b+3 \\ 5 & c & c+5 \end{vmatrix} = (\quad)$$

①0　　②30　　③abc　　④$a+b+c$

(7)三阶行列式

$$\begin{vmatrix} -2 & 3 & 1 \\ 503 & 201 & 298 \\ 5 & 2 & 3 \end{vmatrix} = (\quad)$$

①-70 ②63 ③70 ④82

(8)三阶行列式

$$\begin{vmatrix} 1 & 1 & 1 \\ 3 & 6 & 9 \\ 9 & 36 & 81 \end{vmatrix} = (\quad)$$

①0 ②18 ③36 ④54

(9)行列式

$$\begin{vmatrix} a_1+a_2 & b_1+b_2 \\ c_1+c_2 & d_1+d_2 \end{vmatrix} = (\quad)$$

①$\begin{vmatrix} a_1 & b_1 \\ c_1 & d_1 \end{vmatrix} + \begin{vmatrix} a_2 & b_2 \\ c_2 & d_2 \end{vmatrix}$

②$\begin{vmatrix} a_1 & b_2 \\ c_1 & d_2 \end{vmatrix} + \begin{vmatrix} a_2 & b_1 \\ c_2 & d_1 \end{vmatrix}$

③$\begin{vmatrix} a_1 & b_1 \\ c_1 & d_1 \end{vmatrix} + \begin{vmatrix} a_1 & b_2 \\ c_1 & d_2 \end{vmatrix} + \begin{vmatrix} a_2 & b_1 \\ c_2 & d_1 \end{vmatrix}$

④以上三个结论都不成立

(10)若齐次线性方程组

$$\begin{cases} x_1+2x_2-x_3=0 \\ x_1-x_2+x_3=0 \\ x_1+kx_2+x_3=0 \end{cases}$$

有非零解,则 $k=(\quad)$。

①-2 ②-1 ③0 ④1

第二章

矩 阵

矩阵是应用非常广泛的数学工具，也是线性代数的主要研究对象之一。通过本章学习，要求掌握矩阵及其各种特殊类型矩阵的定义，熟练运用矩阵的运算法则，会用伴随矩阵法求逆阵，熟练掌握矩阵的初等行变换，以及运用初等行变换法求逆矩阵。

第一节 矩阵的概念

矩阵作为一种常用的数学工具，能够简洁地贮存信息，通过矩阵运算，可以方便地处理信息，下面通过实际例子引入矩阵的概念。

[例 2.1] 某超市公司的第Ⅰ、Ⅱ两部门都销售甲、乙、丙三种小包装食品，其某一天的销售量(单位:包)可由下表表示：

销售量 品种 / 部门	甲	乙	丙
Ⅰ	150	160	170
Ⅱ	140	190	180

如果我们每一天都做这样的统计，就没必要像上表那样繁琐，只要把以上数字按一定的排列次序记成如下数表形式：

$$\begin{pmatrix} 150 & 160 & 170 \\ 140 & 190 & 180 \end{pmatrix}$$

[例 2.2] 对于线性方程组

$$\begin{cases} a_{11}x_1+a_{12}x_2+\cdots+a_{1n}x_n=b_1 \\ a_{21}x_1+a_{22}x_2+\cdots+a_{2n}x_n=b_2 \\ \cdots\cdots\cdots\cdots\cdots\cdots\cdots\cdots \\ a_{m1}x_1+a_{m2}x_2+\cdots+a_{mn}x_n=b_m \end{cases}$$

我们可以用下面的数表

$$\begin{pmatrix} a_{11} & a_{12} & \cdots & a_{1n} & b_1 \\ a_{21} & a_{22} & \cdots & a_{2n} & b_2 \\ a_{m1} & a_{m2} & \cdots & a_{mn} & b_m \end{pmatrix}$$

简洁地表示出来。无论是在数值求解还是理论推导方面，此数表足以清晰表示这一线性方程组。

由上两例可以看到，在我们经济管理、科学研究的许多方面，都可以用数表来表达一些量以及量与量之间的关系。这类数表，我们统称为**矩阵**。

[定义 2.1] 由 $m\times n$ 个数 $a_{ij}(i=1,2,\cdots,m;j=1,2,\cdots,n)$ 排成的 m 行 n 列的矩形数组

$$\begin{pmatrix} a_{11} & a_{12} & \cdots & a_{1n} \\ a_{21} & a_{22} & \cdots & a_{2n} \\ a_{m1} & a_{m2} & \cdots & a_{mn} \end{pmatrix} \tag{2.1}$$

称为一个 **m 行 n 列矩阵**，简称 **$m\times n$ 矩阵**，a_{ij} 称为此矩阵的第 i 行第 j 列的元素（$i=1,2,\cdots,m$；$j=1,2,\cdots,n$）。

矩阵一般用大写字母 $A,B,C,A_1,A_2,\cdots$，表示，如(2.1)可记为

$$A_{m\times n}=(a_{ij})_{m\times n}$$

如果矩阵的行列数已经约定，那么，上述记号中的右下标 $m\times n$ 可以省略不写，简记为 $A=(a_{ij})$.

[例 2.3]

$$A=(a_{ij})_{3\times 4}=\begin{pmatrix} 5 & -4 & 0 & 2 \\ 3 & 6 & 9 & 7 \\ 8 & 4 & -1 & 10 \end{pmatrix}$$

是一个三行四列矩阵，位于矩阵第二行第三列位置的元素是 9，即 $a_{23}=9$，而$a_{32}=4$，$a_{34}=10$.

若 $A=(a_{ij})$，$B=(b_{ij})$都是 $m\times n$ 矩阵，且对应位置的元素分别相等，即$a_{ij}=b_{ij}(i=1,2,\cdots,m;j=1,\cdots,n)$，则称矩阵 A 与矩阵 B **相等**，记为：$A=B$.

例如，当且仅当 $a=b=c=d=0$ 时，矩阵

$$\begin{pmatrix} a & b \\ c & d \end{pmatrix}=\begin{pmatrix} 0 & 0 \\ 0 & 0 \end{pmatrix}$$

又如：

$$\begin{pmatrix} 0 & 1 \\ 1 & 0 \end{pmatrix}\neq\begin{pmatrix} 1 & 0 \\ 1 & 0 \end{pmatrix}$$

另外，行数或列数不同的矩阵也不是相等的。

下面介绍几种特殊的矩阵：

1. 行矩阵和列矩阵

只有一行元素构成的矩阵

$$A=(a_{ij})_{1\times n}=(a_{11}\ a_{12}\cdots\ a_{1n})$$

称为**行矩阵**。

只有一列元素构成的矩阵

$$B=(b_{ij})_{m\times 1}=\begin{pmatrix} b_{11} \\ b_{12} \\ \vdots \\ b_{m1} \end{pmatrix}$$

称为**列矩阵**。

2. 零矩阵

元素全为零的矩阵称为**零矩阵**，记作 O. 当零矩阵的行列数是$m\times n$时，也记为 $O_{m\times n}$，或 $O=(o)_{m\times n}$.

注意，行列数不同的零矩阵是不相等的，如

$$\begin{pmatrix}0&0\\0&0\end{pmatrix}\neq\begin{pmatrix}0&0&0\\0&0&0\\0&0&0\end{pmatrix}$$

3. *n* 阶方阵

当矩阵的行数 m 与列数 n 相等，即 $m=n$ 时，矩阵 $A=(a_{ij})_{n\times n}$ 称为 n **阶矩阵**或 n **阶方阵**，如矩阵

$$\begin{pmatrix}a&b\\c&d\end{pmatrix}$$

是一个二阶方阵。

注意 n 阶方阵 A 与 n 阶行列式是不能混淆的两个概念，行列式的值是一个数，而矩阵仅是数表。

在一个 n 阶方阵 $A=(a_{ij})$ 中，从左上角到右下角的对角连线，称为**主对角线**。元素 $a_{11},a_{22},\cdots,a_{nn}$ 都在主对角线上，称为**主对角线元素**。

4. 上(下)三角阵

如一个方阵的主对角线下(上)方的所有元素均为零，则称该方阵为**上(下)三角矩阵**。如

$$\begin{pmatrix}1&2&3\\0&2&4\\0&0&-1\end{pmatrix}\qquad\begin{pmatrix}1&1\\0&1\end{pmatrix}$$

是上三角阵，而

$$\begin{pmatrix}1&0&0\\5&2&0\\-2&1&3\end{pmatrix}$$

是下三角阵。

5. 对角阵、单位矩阵

如一个方阵除主对角线以外的元素均为零，则称这个方阵为**对角矩阵**。即

$$A=\begin{pmatrix}a_{11}&0&\cdots&0\\0&a_{22}&\cdots&0\\\cdots&\cdots&\ddots&\cdots\\0&0&\cdots&a_{nn}\end{pmatrix}$$

有时可简单记为：

$$A=\begin{pmatrix}a_{11}&&&\\&a_{22}&&\\&&\ddots&\\&&&a_{nn}\end{pmatrix}$$

特别地，主对角线元素全为 1 的 n 阶对角矩阵，称为 ***n* 阶单位矩阵**，记为 E_n 或 I_n. 在不致混淆时，也可简记为 E 或 I，如：

$$E_1=(1)$$

$$E_2=\begin{pmatrix}1&0\\0&1\end{pmatrix}$$

$$E_3=\begin{pmatrix}1&0&0\\0&1&0\\0&0&1\end{pmatrix}$$

第二节 矩阵的运算及其性质

一、矩阵的线性运算

当我们用矩阵来表达某些量时，有时客观上需要将两个矩阵联系起来。

[例 2.4] 某超市公司的第Ⅰ、Ⅱ两个部门都销售甲、乙、丙三种小包装食品。第 1 天的销售量(单位:包)为：

$$\begin{matrix} & \text{Ⅰ} & \text{Ⅱ} \\ \text{甲} \\ \text{乙} \\ \text{丙}\end{matrix}\begin{pmatrix}150&140\\160&190\\170&180\end{pmatrix}\quad \text{(以 } A \text{ 表示该数表)}$$

第 2 天的销售量为：

$$\begin{matrix} & \text{Ⅰ} & \text{Ⅱ} \\ \text{甲} \\ \text{乙} \\ \text{丙}\end{matrix}\begin{pmatrix}100&60\\90&50\\80&40\end{pmatrix}\quad \text{(以 } B \text{ 表示该数表)}$$

那么，这两天总的销售情况为：

$$\begin{matrix}\text{甲}\\\text{乙}\\\text{丙}\end{matrix}\overset{\text{Ⅰ}\qquad\qquad\text{Ⅱ}}{\begin{pmatrix}150+100&140+60\\160+90&190+50\\170+80&180+40\end{pmatrix}}=\overset{\text{Ⅰ}\quad\text{Ⅱ}}{\begin{pmatrix}250&200\\250&240\\250&220\end{pmatrix}}\quad\text{(可以 } C \text{ 表示之)}$$

由此可见，两矩阵相加，只要将对应元素相加即可。即

[定义 2.2] 设 $A=(a_{ij})$ 和 $B=(b_{ij})$ 都是 $m\times n$ 矩阵

$$A=\begin{pmatrix}a_{11}&a_{12}&\cdots&a_{1n}\\a_{21}&a_{22}&\cdots&a_{2n}\\\cdots&\cdots&\cdots&\cdots\\a_{m1}&a_{m2}&\cdots&a_{mn}\end{pmatrix},\qquad B=\begin{pmatrix}b_{11}&b_{12}&\cdots&b_{1n}\\b_{21}&b_{22}&\cdots&b_{2n}\\\cdots&\cdots&\cdots&\cdots\\b_{m1}&b_{m2}&\cdots&b_{mn}\end{pmatrix}$$

则以 A 与 B 的对应元素之和 $a_{ij}+b_{ij}(i=1,2,\cdots,m;\ j=1,2,\cdots,n)$ 为元素的 $m\times n$ 矩阵

$$\begin{pmatrix}a_{11}+b_{11}&a_{12}+b_{12}&\cdots&a_{1n}+b_{1n}\\a_{21}+b_{21}&a_{22}+b_{22}&\cdots&a_{2n}+b_{2n}\\\cdots&\cdots&\cdots&\cdots\\a_{m1}+b_{m1}&a_{m2}+b_{m2}&\cdots&a_{mn}+b_{mn}\end{pmatrix}$$

称为**矩阵 A 与 B 的和**，记作 $\boldsymbol{A}+\boldsymbol{B}$，或 $(a_{ij}+b_{ij})_{m\times n}$，如例 2.4 中的运算，用矩阵形式表示即为:$A+B=C$，类似于加法的定义，我们规定**矩阵 $\boldsymbol{A}$ 与 $\boldsymbol{B}$ 的减法**(即差)

$$A-B=(a_{ij})_{m\times n}-(b_{ij})_{m\times n}=(a_{ij}-b_{ij})_{m\times n}$$

即由 A,B 对应元素之差构成的矩阵 .

[例 2.5] 设矩阵

$$A=\begin{pmatrix}150 & 140\\160 & 190\\170 & 180\end{pmatrix},\qquad C=\begin{pmatrix}250 & 200\\250 & 240\\250 & 220\end{pmatrix}$$

且 $A+X=C$，求矩阵 X.

解

$$\begin{aligned}X&=C-A\\&=\begin{pmatrix}250-150 & 200-140\\250-160 & 240-190\\250-170 & 220-180\end{pmatrix}\\&=\begin{pmatrix}100 & 60\\90 & 50\\80 & 40\end{pmatrix}\end{aligned}$$

联系例 2.4，本例相当于已知两天的总销售量以及第 1 天的销售情况，倒求得出第 2 天的销售情况。

应注意的是，只有当两个矩阵的行数相同、列数相同时，它们才能进行相加和相减；否则，它们的加法和减法将是无意义的。

[定义 2.3] 数 k 与矩阵 $A=(a_{ij})_{m\times n}$ 的**数乘**记为 kA，规定其为：

$$kA=(ka_{ij})_{m\times n}=\begin{pmatrix}ka_{11} & ka_{12} & \cdots & ka_{1n}\\ka_{21} & ka_{22} & \cdots & ka_{2n}\\\cdots & \cdots & \cdots & \cdots\\ka_{m1} & ka_{m2} & \cdots & ka_{mn}\end{pmatrix}$$

即将矩阵 A 中的每个元素扩大 k 倍。

且当 $k=-1$ 时：

$$(-1)A=(-a_{ij})_{m\times n}=\begin{pmatrix}-a_{11} & -a_{12} & \cdots & -a_{1n}\\-a_{21} & -a_{22} & \cdots & -a_{2n}\\\cdots & \cdots & \cdots & \cdots\\-a_{m1} & -a_{m2} & \cdots & -a_{mn}\end{pmatrix}$$

称为矩阵 A 的**负矩阵**，记为 $-A$.

[例 2.6]

$$A=\begin{pmatrix}1 & 1 & 1\\2 & 2 & 2\\3 & 3 & 3\end{pmatrix}$$

则

$$2A=\begin{pmatrix}2 & 2 & 2\\4 & 4 & 4\\6 & 6 & 6\end{pmatrix},\qquad -A=\begin{pmatrix}-1 & -1 & -1\\-2 & -2 & -2\\-3 & -3 & -3\end{pmatrix}$$

由以上定义的矩阵线性运算，我们不难证明其满足以下运算规律（设 A,B,C,O 都是 $m\times n$ 矩阵，λ,k 为实数）：

(1)加法交换律　$A+B=B+A$

(2)加法结合律　$(A+B)+C=A+(B+C)$

(3)　$A+O=A$

(4) $A+(-A)=O$

(5)数乘分配律 $\lambda(A+B)=\lambda A+\lambda B$

$(\lambda+k)A=\lambda A+kA$

(6)数乘交换律 $(\lambda k)A=\lambda(kA)$

[例 2.7] 设

$$A=\begin{pmatrix}1&1&1\\2&2&2\\3&3&3\end{pmatrix},\qquad E_3=\begin{pmatrix}1&0&0\\0&1&0\\0&0&1\end{pmatrix}$$

求 $2A-3E_3$.

解

$$2A-3E_3=\begin{pmatrix}2&2&2\\4&4&4\\6&6&6\end{pmatrix}-\begin{pmatrix}3&0&0\\0&3&0\\0&0&3\end{pmatrix}$$

$$=\begin{pmatrix}-1&2&2\\4&1&4\\6&6&3\end{pmatrix}$$

注意,数乘矩阵与数乘行列式有着本质上的差异,而数乘方阵及与它的行列式的联系将在以后介绍。

二、矩阵的乘法

[定义 2.4] 设 A 是一个 m 行 s 列矩阵,B 是一个 s 行 n 列矩阵,即

$$A=\begin{pmatrix}a_{11}&a_{12}&\cdots&a_{1s}\\a_{21}&a_{22}&\cdots&a_{2s}\\\cdots&\cdots&\cdots&\cdots\\a_{m1}&a_{m2}&\cdots&a_{ms}\end{pmatrix},\qquad B=\begin{pmatrix}b_{11}&b_{12}&\cdots&b_{1n}\\b_{21}&b_{22}&\cdots&b_{2n}\\\cdots&\cdots&\cdots&\cdots\\b_{s1}&b_{s2}&\cdots&b_{sn}\end{pmatrix}$$

则由元素 $C_{ij}=a_{i1}b_{1j}+a_{i2}b_{2j}+\cdots+a_{is}b_{sj}=\sum_{k=1}^{s}a_{ik}b_{kj}\ (i=1,2,\cdots,m;\ j=1,2,\cdots,n)$构成的 $m\times n$矩阵$C=(c_{ij})$称为**矩阵 A 与 B 的乘积**,记作 $C=AB$.

定义显示,一个 $m\times s$ 矩阵 A 与一个 $s\times n$ 矩阵 B 的乘积 C 是一个 $m\times n$ 矩阵,C 的第 i 行第 j 列元素 c_{ij} 等于 A 的第 i 行元素与 B 的第 j 列元素的对应乘积之和。

要使乘积 AB 有意义,当且仅当**左矩阵**(即乘积项中的第一个矩阵)A 的列数等于**右矩阵**(即乘积项中的第二个矩阵)B 的行数才成立。

[例 2.8] 设

$$A=\begin{pmatrix}1&3\\8&4\end{pmatrix}_{2\times2},\qquad B=\begin{pmatrix}2&3&1\\4&0&6\end{pmatrix}_{2\times3}$$

求矩阵乘积 AB.

解 因为 A 是二行二列矩阵,B 是二行三列矩阵,由于左矩阵 A 的列数等于右矩阵 B 的行数,故 AB 有意义,且 AB 是一个二行三列(2×3)矩阵。

$$AB=\begin{pmatrix}1&3\\8&4\end{pmatrix}\begin{pmatrix}2&3&1\\4&0&6\end{pmatrix}$$

$$=\begin{pmatrix}1\times2+3\times4 & 1\times3 & 1\times1+3\times6\\ 2\times8+4\times4 & 8\times3 & 8\times1+4\times6\end{pmatrix}$$

$$=\begin{pmatrix}14 & 3 & 19\\ 32 & 24 & 32\end{pmatrix}_{2\times3}$$

[例 2.9]

乘积$(1,2,3)_{1\times3}\begin{pmatrix}6\\4\\2\end{pmatrix}_{3\times1}=(1\times6+2\times4+3\times2)_{1\times1}=(20)_{1\times1}$是一阶矩阵。

[例 2.10]

$$\begin{pmatrix}2\\1\\3\end{pmatrix}_{3\times1}(-1\quad 2)_{1\times2}=\begin{pmatrix}-2 & 4\\ -1 & 2\\ -3 & 6\end{pmatrix}_{3\times2}$$

利用矩阵的乘法运算,往往可以把一些繁杂的问题和式子化成比较简单的形式,便于考察和研究。

例如,对于包含 m 个方程 n 个未知量的线性方程组

$$\begin{cases}a_{11}x_1+a_{12}x_2+\cdots+a_{1n}x_n=b_1\\ a_{21}x_1+a_{22}x_2+\cdots+a_{2n}x_n=b_2\\ \cdots\cdots\cdots\cdots\cdots\cdots\cdots\cdots\\ a_{m1}x_1+a_{m2}x_2+\cdots+a_{mn}x_n=b_m\end{cases}\tag{2.2}$$

其 m 个方程左端的系数可以构成矩阵 $A=(a_{ij})_{m\times n}$,A 称为方程组(2.2)的系数矩阵,未知量可构成列矩阵 X,其 m 个方程右端的常数项可构成列矩阵 B,即

$$A=\begin{pmatrix}a_{11} & a_{12} & \cdots & a_{1n}\\ a_{21} & a_{22} & \cdots & a_{2n}\\ \cdots & \cdots & \cdots & \cdots\\ a_{m1} & a_{m2} & \cdots & a_{mn}\end{pmatrix}_{m\times n},X=\begin{pmatrix}x_1\\x_2\\ \vdots\\x_n\end{pmatrix}_{n\times1},B=\begin{pmatrix}b_1\\b_2\\ \vdots\\b_m\end{pmatrix}_{m\times1}$$

由于

$$AX=\begin{pmatrix}a_{11} & a_{12} & \cdots & a_{1n}\\ a_{21} & a_{22} & \cdots & a_{2n}\\ \cdots & \cdots & \cdots & \cdots\\ a_{m1} & a_{m2} & \cdots & a_{mn}\end{pmatrix}_{m\times n}\cdot\begin{pmatrix}x_1\\x_2\\ \vdots\\x_n\end{pmatrix}_{n\times1}$$

$$=\begin{pmatrix}a_{11}x_1+a_{12}x_2+\cdots+a_{1n}x_n\\ a_{21}x_1+a_{22}x_2+\cdots+a_{2n}x_n\\ \cdots\cdots\cdots\cdots\cdots\cdots\cdots\cdots\\ a_{m1}x_1+a_{m2}x_2+\cdots+a_{mn}x_n\end{pmatrix}_{m\times1}$$

于是,线性方程组(2.2)可以用矩阵形式表示为

$$AX=B$$

矩阵的乘法满足下列**运算规律**(假设涉及的乘积形式都是有意义的):

(1)乘法结合律　　$(AB)C=A(BC)$

(2)数乘结合律　　$k(AB)=(kA)B=A(kB)$,(其中 k 为常数)

(3)乘法分配律 $A(B+C)=AB+AC$

$(B+C)A=BA+CA$

(4)$E_mA_{m\times n}=A_{m\times n}=A_{m\times n}E_n$(其中,$E_m$ 为 m 阶单位矩阵,E_n 为 n 阶单位矩阵)

(5) $O_{s\times m}A_{m\times n}=O_{s\times n}$,$A_{m\times n}O_{n\times t}=O_{m\times t}$

矩阵的乘法与数字之间的乘法有许多不同之处。

[例 2.11] 设矩阵

$$A=\begin{pmatrix}2 & -4\\ -1 & 2\end{pmatrix},\quad B=\begin{pmatrix}2 & 4\\ -3 & -6\end{pmatrix}$$

求:AB 与 BA.

解

$$AB=\begin{pmatrix}2 & -4\\ -1 & 2\end{pmatrix}\begin{pmatrix}2 & 4\\ -3 & -6\end{pmatrix}=\begin{pmatrix}16 & 32\\ -8 & -16\end{pmatrix}$$

$$BA=\begin{pmatrix}2 & 4\\ -3 & -6\end{pmatrix}\begin{pmatrix}2 & -4\\ -1 & 2\end{pmatrix}=\begin{pmatrix}0 & 0\\ 0 & 0\end{pmatrix}$$

从例 2.11 中看到,在矩阵的乘积中,矩阵的位置不能随意交换,从而关于矩阵的乘法,除了要求乘积有意义外,还要注意下列几点:

(1)矩阵的乘法不满足交换律,即一般地:

$$AB\neq BA$$

如在例 2.9 中,我们求得了 AB,但 BA 却是没有意义的,当然 $AB\neq BA$。又如例 2.10 ,显然 $AB\neq BA$.

(如果矩阵 A 与 B 满足 $AB=BA$,则称 A 乘 B 是可交换的。)

从而,用一个矩阵去乘另一个矩阵,有左乘和右乘之说。

(2)两个非零矩阵相乘,结果可能是零矩阵,如在例 2.11 中,$A\neq O$,$B\neq O$,然而 $BA=O$. 因此,命题"若矩阵乘积 $AB=O$,则 $A=O$ 或 $B=O$"不真。

(3)矩阵乘法不满足消去律,即由 $AB=AC$ 不能推断出 $B=C$,即使是在 $A\neq O$ 时,这是因为仅由 $AB=AC$ 即由 $A(B-C)=O$,不能得出 $A=O$ 或 $B-C=O$.

[定义 2.5] 设 A 是 n 阶方阵,k 是自然数,k 个 A 连乘的积 $\underbrace{A\cdot A\cdots A}_{k个}$ 称为**方阵 A 的 k 次幂**,记作 A^k.

根据矩阵乘法性质(1)即满足结合律,我们可以得到方阵的幂满足以下规律:

(1) $A^kA^r=A^{k+r}$

(2) $(A^k)^r=A^{kr}$

其中 k,r 是自然数。

但要注意的是,一般来说:

$$(AB)^k\neq A^kB^k$$

这可由矩阵乘法不满足交换律直接推出。

三、矩阵的转置与对称矩阵

[**定义 2.6**] 把 $m\times n$ 矩阵 A 的行列元素对换，所得到的 $n\times m$ 矩阵，称为 A 的**转置矩阵**，记为 A^{T} 或 A'.

如果设矩阵

$$A=\begin{pmatrix} a_{11} & a_{12} & \cdots & a_{1n} \\ a_{21} & a_{22} & \cdots & a_{2n} \\ \cdots & \cdots & \cdots & \cdots \\ a_{m1} & a_{m2} & \cdots & a_{mn} \end{pmatrix}$$

则

$$A^{\mathrm{T}}=\begin{pmatrix} a_{11} & a_{21} & \cdots & a_{m1} \\ a_{12} & a_{22} & \cdots & a_{m2} \\ \cdots & \cdots & \cdots & \cdots \\ a_{1n} & a_{2n} & \cdots & a_{mn} \end{pmatrix}$$

[**例 2.12**] 设

$$A=\begin{pmatrix} 1 & 4 \\ 2 & 5 \\ 3 & 6 \end{pmatrix}$$

则

$$A^{\mathrm{T}}=\begin{pmatrix} 1 & 2 & 3 \\ 4 & 5 & 6 \end{pmatrix}$$

可以验证，矩阵的转置运算具有以下性质(假定运算都是有意义的)：

(1) $(A^{\mathrm{T}})^{\mathrm{T}}=A$

(2) $(A+B)^{\mathrm{T}}=A^{\mathrm{T}}+B^{\mathrm{T}}$

(3) $(kA)^{\mathrm{T}}=kA^{\mathrm{T}}$ (k 为常数)

(4) $(AB)^{\mathrm{T}}=B^{\mathrm{T}}A^{\mathrm{T}}$

[**例 2.13**] 设

$$A=\begin{pmatrix} 2 & 1 & 2 \\ 1 & 2 & 3 \end{pmatrix},\qquad B=\begin{pmatrix} 1 & 1 & -1 \\ 2 & -1 & 0 \\ 1 & 0 & 1 \end{pmatrix}$$

求$(AB)^{\mathrm{T}}$.

解法 1 先求出 AB，再转置。

因为

$$AB=\begin{pmatrix} 2 & 1 & 2 \\ 1 & 2 & 3 \end{pmatrix}\begin{pmatrix} 1 & 1 & -1 \\ 2 & -1 & 0 \\ 1 & 0 & 1 \end{pmatrix}$$

$$=\begin{pmatrix} 6 & 1 & 0 \\ 8 & -1 & 2 \end{pmatrix}$$

所以

$$(AB)^{\mathrm{T}}=\begin{pmatrix}6 & 8\\ 1 & -1\\ 0 & 2\end{pmatrix}$$

解法 2 利用性质(4):$(AB)^{\mathrm{T}}=B^{\mathrm{T}}A^{\mathrm{T}}$,先分别求出 B^{T} 与 A^{T},再计算 $B^{\mathrm{T}}A^{\mathrm{T}}$.

因为

$$B^{\mathrm{T}}=\begin{pmatrix}1 & 2 & 1\\ 1 & -1 & 0\\ -1 & 0 & 1\end{pmatrix},\qquad A^{\mathrm{T}}=\begin{pmatrix}2 & 1\\ 1 & 2\\ 2 & 3\end{pmatrix}$$

所以

$$\begin{aligned}(AB)^{\mathrm{T}}&=B^{\mathrm{T}}A^{\mathrm{T}}\\ &=\begin{pmatrix}1 & 2 & 1\\ 1 & -1 & 0\\ -1 & 0 & 1\end{pmatrix}\begin{pmatrix}2 & 1\\ 1 & 2\\ 2 & 3\end{pmatrix}\\ &=\begin{pmatrix}6 & 8\\ 1 & -1\\ 0 & 2\end{pmatrix}\end{aligned}$$

[**定义 2.7**] 设 $A=(a_{ij})$是 n 阶方阵,并且满足

$$A^{\mathrm{T}}=A$$

则称 A 为**对称矩阵**。

从以上定义,可以看到对称矩阵一定是方阵,且 $a_{ij}=a_{ji}(i,j=1,2,\cdots,n)$,即关于主对角线对称元素都对应相等,例如

$$A=\begin{pmatrix}1 & 3\\ 3 & 2\end{pmatrix},\qquad B=\begin{pmatrix}2 & 0 & 4\\ 0 & -1 & -3\\ 4 & -3 & 5\end{pmatrix}$$

都是对称矩阵。

由以上定义,我们不难证得以下**结论**:如果 A,B 是同阶对称矩阵,k 是常数,则 $A\pm B,kA$ 也都是对称矩阵;但要注意的是,AB 不一定是对称阵。例如

$$A=\begin{pmatrix}2 & -3\\ -3 & 0\end{pmatrix},\qquad B=\begin{pmatrix}0 & 1\\ 1 & 0\end{pmatrix}$$

都是对称矩阵,但

$$AB=\begin{pmatrix}-3 & 2\\ 0 & -3\end{pmatrix}$$

不是对称矩阵。

四、方阵的行列式及伴随矩阵

[**定义 2.8**] 设 n 阶方阵

$$A=\begin{pmatrix}a_{11} & a_{12} & \cdots & a_{1n}\\ a_{21} & a_{22} & \cdots & a_{2n}\\ \cdots & \cdots & \ddots & \cdots\\ a_{n1} & a_{n2} & \cdots & a_{nn}\end{pmatrix}$$

由 A 构成的行列式

$$\begin{vmatrix} a_{11} & a_{12} & \cdots & a_{1n} \\ a_{21} & a_{22} & \cdots & a_{2n} \\ \cdots & \cdots & \ddots & \cdots \\ a_{n1} & a_{n2} & \cdots & a_{nn} \end{vmatrix}$$

称为**方阵 A 的行列式**，记作 $|A|$.

例如，矩阵

$$A=\begin{pmatrix} 1 & 2 \\ 3 & 4 \end{pmatrix}$$

的行列式

$$|A|=\begin{vmatrix} 1 & 2 \\ 3 & 4 \end{vmatrix}=-2$$

应该指出，只有方阵才有行列式。且我们利用行列式的相应性质与结论可以得出方阵的行列式应满足以下**性质**：

(1) $|A^{\mathrm{T}}|=|A|$

(2) $|kA|=k^n|A|$

(3) $|AB|=|BA|=|A|\cdot|B|$

[定义 2.9] 设 $A=(a_{ij})$ 是一个 n 阶方阵，由其行列式 $|A|$ 中元素 a_{ij} 的代数余子式 $A_{ij}(i,j=1,2,\cdots,n)$ 所构成的方阵

$$A^*=(A_{ij})^{\mathrm{T}}=\begin{pmatrix} A_{11} & A_{21} & \cdots & A_{n1} \\ A_{12} & A_{22} & \cdots & A_{n2} \\ \cdots & \cdots & \ddots & \cdots \\ A_{1n} & A_{2n} & \cdots & A_{nn} \end{pmatrix}$$

称为方阵 A 的**伴随矩阵**。

[例 2.14] 设矩阵

$$A=\begin{pmatrix} a & b \\ c & d \end{pmatrix}$$

求 A 的伴随矩阵 A^*.

解 $a_{11}=a$ 的代数余子式 $A_{11}=d$

$a_{12}=b$ 的代数余子式 $A_{12}=-c$

$a_{21}=c$ 的代数余子式 $A_{21}=-b$

$a_{22}=d$ 的代数余子式 $A_{22}=a$

所以

$$A^*=\begin{pmatrix} A_{11} & A_{21} \\ A_{12} & A_{22} \end{pmatrix}=\begin{pmatrix} d & -b \\ -c & a \end{pmatrix}$$

容易验证，在例 2.14 中：

$$|A|=ad-cb$$

而

$$AA^*=\begin{pmatrix} a & b \\ c & d \end{pmatrix}\begin{pmatrix} d & -b \\ -c & a \end{pmatrix}$$

$$=\begin{pmatrix} ad-bc & 0 \\ 0 & ad-bc \end{pmatrix}$$

$$=(ad-bc)\begin{pmatrix} 1 & 0 \\ 0 & 1 \end{pmatrix}$$

$$=|A|E_2$$

同理 $$A^*A=|A|E_2$$

一般地，由第一章第三节的定理 1.2 和定理 1.3，可推得以下定理：

［**定理 2.1**］ 若 A^* 为 n 阶方阵 A 的伴随矩阵，则

$$AA^*=A^*A=|A|E_n$$

从定理的结论中，可以看到，方阵 A 与其伴随矩阵 A^* 是满足乘法交换律的。

第三节　逆矩阵

在第二节中，我们介绍了矩阵的加法、减法和乘法。那么，是否矩阵也存在“除法”运算呢？我们首先来考察一下数的除法，设 a,b 是两个数，且 $b\neq 0$，则$a\div b=ab^{-1}=b^{-1}a$，从而除法问题可转化为 b^{-1}存在的问题。当然，$b^{-1}b=bb^{-1}=1$.

另外，我们知道，对于 n 阶方阵 A，都有

$$AE_n=E_nA=A$$

因此，从乘法的角度看，n 阶单位矩阵 E_n 在 n 阶方阵中的地位类似于数 1 的地位。

从上面的讨论中，我们对矩阵的“除法”讨论可转化为求 A^{-1}，当然 A^{-1}要满足：

$$A^{-1}A=AA^{-1}=E_n$$

由矩阵的乘法规则，满足上式的矩阵 A 只有方阵，从而本节讨论的矩阵只限于方阵，下面我们给出逆矩阵的确切定义。

［**定义 2.10**］ 设 A 是 n 阶方阵，若存在 n 阶方阵 B，使得

$$AB=BA=E$$

则称方阵 A 是**可逆矩阵**，称 B 是 A 的**逆矩阵**，记作 A^{-1}.

例如，单位矩阵 E 都是可逆的，且 $E^{-1}=E$. 因 $E\cdot E=E$，即单位矩阵的逆矩阵就是它自身；而 n 阶零矩阵 O 是不可逆矩阵，因为对任一个 n 阶方阵 B，都有 $OB=BO=O$.

［**定理 2.2**］ 若方阵 A 可逆，则$|A|\neq 0$.

证明　由定义 2.10，对可逆阵 A，必存在 B，使得：

$$AB=BA=E$$

所以 $$|AB|=|E|=1$$

即 $$|A||B|=1\neq 0$$

从而 $$|A|\neq 0$$

［**定理 2.3**］ 若$|A|\neq 0$，则方阵 A 可逆，且 $A^{-1}=\frac{1}{|A|}A^*$，其中 A^* 是 A 的伴随矩阵。

证明　由定理 2.1，$AA^*=A^*A=|A|E$，而因$|A|\neq 0$，所以

$$A\left(\frac{1}{|A|}A^*\right)=\left(\frac{1}{|A|}A^*\right)A=E$$

根据定义 2.10，A 可逆，且 A 的逆矩阵 $A^{-1}=\frac{1}{|A|}A^*$.

有时我们将$|A|\neq 0$的方阵A,称为**非奇异方阵**,称$|A|=0$的方阵A为**奇异方阵**。

定理2.2、定理2.3给出了方阵A可逆的充分必要条件是A的行列式$|A|\neq 0$;另外,定理2.3也确切给出了求可逆方阵A的逆矩阵A^{-1}的一种方法。下面就举例予以说明。

[例2.15] 如果$ad-bc\neq 0$,试求矩阵

$$A=\begin{pmatrix} a & b \\ c & d \end{pmatrix}$$

的逆矩阵。

解 因为 $|A|=ad-bc\neq 0$,则A是可逆的。

又因为

$$A^*=\begin{pmatrix} d & -b \\ -c & a \end{pmatrix}$$

所以

$$\begin{aligned} A^{-1}&=\frac{1}{|A|}A^* \\ &=\frac{1}{ad-bc}\begin{pmatrix} d & -b \\ -c & a \end{pmatrix} \\ &=\begin{pmatrix} \dfrac{d}{ad-bc} & -\dfrac{b}{ad-bc} \\ -\dfrac{c}{ad-bc} & \dfrac{a}{ad-bc} \end{pmatrix} \end{aligned}$$

[例2.16] 设

$$A=\begin{pmatrix} 2 & 1 & -1 \\ 2 & 1 & 0 \\ 1 & -1 & 1 \end{pmatrix}$$

问A是否可逆?若可逆,试求出其逆矩阵。

解 因为

$$|A|=\begin{vmatrix} 2 & 1 & -1 \\ 2 & 1 & 0 \\ 1 & -1 & 1 \end{vmatrix}$$
$$=3\neq 0$$

所以A是可逆的。

又因为代数余子式:

$$\begin{matrix} A_{11}=1 & A_{21}=0 & A_{31}=1 \\ A_{12}=-2 & A_{22}=3 & A_{32}=-2 \\ A_{13}=-3 & A_{23}=3 & A_{33}=0 \end{matrix}$$

于是有

$$A^*=\begin{pmatrix} 1 & 0 & 1 \\ -2 & 3 & -2 \\ -3 & 3 & 0 \end{pmatrix}$$

所以

$$A^{-1}=\frac{1}{|A|}\cdot A^*=\begin{pmatrix}\frac{1}{3} & 0 & \frac{1}{3}\\ -\frac{2}{3} & 1 & -\frac{2}{3}\\ -1 & 1 & 0\end{pmatrix}$$

[例 2.17] 试解矩阵方程 $YA=C$,其中

$$A=\begin{pmatrix}2 & 1 & -1\\ 2 & 1 & 0\\ 1 & -1 & 1\end{pmatrix},\quad C=\begin{pmatrix}1 & -1 & 3\\ 0 & 0 & 1\end{pmatrix}$$

解 因为 $|A|=3\neq 0$,则 A^{-1}存在。
在式 $YA=C$ 两端同乘 A^{-1},得

$$Y=CA^{-1}$$

又由例 2.16 求得:

$$A^{-1}=\begin{pmatrix}\frac{1}{3} & 0 & \frac{1}{3}\\ -\frac{2}{3} & 1 & -\frac{2}{3}\\ -1 & 1 & 0\end{pmatrix}$$

所以

$$\begin{aligned}Y&=CA^{-1}\\ &=\begin{pmatrix}1 & -1 & 3\\ 0 & 0 & 1\end{pmatrix}\begin{pmatrix}\frac{1}{3} & 0 & \frac{1}{3}\\ -\frac{2}{3} & 1 & -\frac{2}{3}\\ -1 & 1 & 0\end{pmatrix}\\ &=\begin{pmatrix}-2 & 2 & 1\\ -1 & 1 & 0\end{pmatrix}\end{aligned}$$

[例 2.18] 利用逆矩阵求下列方程组的解

$$\begin{cases} x_2+2x_3=-1\\ x_1+x_2+4x_3=0\\ 2x_1-x_2=2\end{cases}$$

解 设所给方程组的系数矩阵为 A,未知量矩阵为 X,常数项矩阵为 B,即

$$A=\begin{pmatrix}0 & 1 & 2\\ 1 & 1 & 4\\ 2 & -1 & 0\end{pmatrix},\quad X=\begin{pmatrix}x_1\\ x_2\\ x_3\end{pmatrix},\quad B=\begin{pmatrix}-1\\ 0\\ 2\end{pmatrix}$$

于是,线性方程组可以写成矩阵方程:

$$AX=B$$

因为

$$|A|=\begin{vmatrix}0 & 1 & 2\\ 1 & 1 & 4\\ 2 & -1 & 0\end{vmatrix}=2\neq 0$$

所以 A^{-1} 存在，在上式 $AX=B$ 两边同乘 A^{-1}，得：

$$X=A^{-1}B$$

又因为

$$A^{*}=\begin{pmatrix}4 & -2 & 2\\ 8 & -4 & 2\\ -3 & 2 & -1\end{pmatrix}$$

所以

$$A^{-1}=\frac{1}{|A|}A^{*}=\begin{pmatrix}2 & -1 & 1\\ 4 & -2 & 1\\ -\frac{3}{2} & 1 & -\frac{1}{2}\end{pmatrix}$$

则

$$X=A^{-1}B=\begin{pmatrix}2 & -1 & 1\\ 4 & -2 & 1\\ -\frac{3}{2} & 1 & -\frac{1}{2}\end{pmatrix}\begin{pmatrix}-1\\ 0\\ 2\end{pmatrix}=\begin{pmatrix}0\\ -2\\ \frac{1}{2}\end{pmatrix}$$

即原方程组的解为：

$$x_1=0,x_2=-2,x_3=\frac{1}{2}$$

需要注意的是：因只有方阵才有逆矩阵，所以，只有当一个线性方程组中方程个数与未知量个数相同，即系数矩阵是方阵，且该方阵是可逆时，才能用逆阵法去求线性方程组的解；另外，在计算过程中，我们看到当矩阵的阶数较高时，用此种方法计算逆矩阵相当繁琐，所以在以后的有关章节中，还将介绍其他求逆矩阵的方法。

上面我们讨论了逆矩阵的定义及其具体的计算方法，最后我们再给出可逆矩阵的几个性质：

(1)若 A 可逆，则 A 的逆矩阵 A^{-1} 是唯一的。

(2)若 A 可逆，则 A^{-1} 也可逆，且 $(A^{-1})^{-1}=A$。

(3)若 A 可逆，k 为非零常数，则 kA 也可逆，且

$$(kA)^{-1}=\frac{1}{k}A^{-1}$$

(4)若 A,B 为同阶可逆方阵，则 AB 也可逆，且

$$(AB)^{-1}=B^{-1}A^{-1}$$

(5)若 A 可逆，则 A^{T} 也可逆，且

$$(A^{\mathrm{T}})^{-1}=(A^{-1})^{\mathrm{T}}$$

以下就性质(1)、(4)予以证明，其余作为习题请读者自己验证。

证明 性质(1)：如果 B_1,B_2 都是 A 的逆矩阵，只要证 B_1 与 B_2 相等即可。由条件，可得：

$$AB_1=B_1A=E \qquad 及 \qquad AB_2=B_2A=E$$

所以

$$B_1=B_1E=B_1(AB_2)=(B_1A)B_2=EB_2=B_2$$

从而 A 的逆矩阵如果存在必是唯一的。

证明 性质(4)：只需证 $(AB)(B^{-1}A^{-1})=(B^{-1}A^{-1})(AB)=E$ 即可。

因为

$$\begin{aligned}(AB)(B^{-1}A^{-1})&=A(BB^{-1})A^{-1}\\ &=AEA^{-1}=AA^{-1}=E\end{aligned}$$

$$(B^{-1}A^{-1})(AB)=B^{-1}(A^{-1}A)B$$
$$=B^{-1}EB=B^{-1}B=E$$

所以 AB 可逆，且 $(AB)^{-1}=B^{-1}A^{-1}$。

第四节　分块矩阵及其运算

若矩阵 A 的阶数比较高，在运算时，我们经常进行**矩阵的分块**工作，将大矩阵的运算化成小矩阵的运算。把 A 用一些横线和纵线分成若干块小矩阵称为**矩阵的子块，以子块为元素的矩阵 A 就称为分块矩阵。**

例如：对于矩阵

$$A=\begin{pmatrix} a_{11} & a_{12} & a_{13} & a_{14} & a_{15} \\ a_{21} & a_{22} & a_{23} & a_{24} & a_{25} \\ a_{31} & a_{32} & a_{33} & a_{34} & a_{35} \end{pmatrix}$$

的一种分块形式（Ⅰ）：

$$\left(\begin{array}{cc:ccc} a_{11} & a_{12} & a_{13} & a_{14} & a_{15} \\ a_{21} & a_{22} & a_{23} & a_{24} & a_{25} \\ \hdashline a_{31} & a_{32} & a_{33} & a_{34} & a_{35} \end{array}\right)$$

若设：

$$A_{11}=\begin{pmatrix} a_{11} & a_{12} \\ a_{21} & a_{22} \end{pmatrix} \qquad A_{12}=\begin{pmatrix} a_{13} & a_{14} & a_{15} \\ a_{23} & a_{24} & a_{25} \end{pmatrix}$$

$$A_{21}=(a_{31} \quad a_{32}) \qquad A_{22}=(a_{33} \quad a_{34} \quad a_{35})$$

则该分法的分块矩阵可简记为：

$$A=\begin{pmatrix} A_{11} & A_{12} \\ A_{21} & A_{22} \end{pmatrix}$$

即 A 是以子块 $A_{ij}(i=1,2;j=1,2)$ 为元素的分块矩阵。

同一个矩阵的分块形式可以有多种，例如，上述 A 也可分成形式（Ⅱ）：

$$\left(\begin{array}{cccc:c} a_{11} & a_{12} & a_{13} & a_{14} & a_{15} \\ \hdashline a_{21} & a_{22} & a_{23} & a_{24} & a_{25} \\ a_{31} & a_{32} & a_{33} & a_{34} & a_{35} \end{array}\right)=\begin{pmatrix} B_{11} & B_{12} \\ B_{21} & B_{22} \end{pmatrix}$$

或形式（Ⅲ）：

$$\left(\begin{array}{c:cc:cc} a_{11} & a_{12} & a_{13} & a_{14} & a_{15} \\ a_{21} & a_{22} & a_{23} & a_{24} & a_{25} \\ \hdashline a_{31} & a_{32} & a_{33} & a_{34} & a_{35} \end{array}\right)=\begin{pmatrix} C_{11} & C_{12} & C_{13} \\ C_{21} & C_{22} & C_{23} \end{pmatrix}$$

等，关键是根据矩阵的特征以及相应运算的实际需要来分块，并能简化运算。

下面我们讨论分块矩阵的运算。由于分块矩阵的元素是矩阵，虽然运算形式上与普通矩阵的运算相类似，但其各种运算对分块法有各自不同的限定。

一、分块阵的加减法

如果 A，B 都是 $m\times n$ 阶矩阵，并且分块形式相同，即大矩阵的阶数相同，且分块以后，A，

B 对应位置的子块阶数也分别相同，则 A 与 B 相加减就是将对应的子块相加减。

设

$$A=\begin{pmatrix} A_{11} & A_{12} & \cdots & A_{1k} \\ A_{21} & A_{22} & \cdots & A_{2k} \\ \cdots & \cdots & \cdots & \cdots \\ A_{r1} & A_{r2} & \cdots & A_{rk} \end{pmatrix}, \quad B=\begin{pmatrix} B_{11} & B_{12} & \cdots & B_{1k} \\ B_{21} & B_{22} & \cdots & B_{2k} \\ \cdots & \cdots & \cdots & \cdots \\ B_{r1} & B_{r2} & \cdots & B_{rk} \end{pmatrix}$$

则

$$A\pm B=\begin{pmatrix} A_{11}\pm B_{11} & A_{12}\pm B_{12} & \cdots & A_{1k}\pm B_{1k} \\ A_{21}\pm B_{21} & A_{22}\pm B_{22} & \cdots & A_{2k}\pm B_{2k} \\ \cdots & \cdots & \cdots & \cdots \\ A_{r1}\pm B_{r1} & A_{r2}\pm B_{r2} & \cdots & A_{rk}\pm B_{rk} \end{pmatrix}$$

二、分块矩阵与数的乘法

设 λ 为任意实数，A 为以上的分块矩阵，则

$$\lambda A=\lambda\begin{pmatrix} A_{11} & A_{12} & \cdots & A_{1k} \\ A_{21} & A_{22} & \cdots & A_{2k} \\ \cdots & \cdots & \cdots & \cdots \\ A_{r1} & A_{r2} & \cdots & A_{rk} \end{pmatrix}=\begin{pmatrix} \lambda A_{11} & \lambda A_{12} & \cdots & \lambda A_{1k} \\ \lambda A_{21} & \lambda A_{22} & \cdots & \lambda A_{2k} \\ \cdots & \cdots & \cdots & \cdots \\ \lambda A_{r1} & \lambda A_{r2} & \cdots & \lambda A_{rk} \end{pmatrix}$$

三、分块矩阵的乘法

设 A 为 $m\times r$ 矩阵，B 为 $r\times n$ 矩阵，即乘法 AB 有意义，且 A，B 分别分块成

$$A=\begin{pmatrix} A_{11} & A_{12} & \cdots & A_{1s} \\ A_{21} & A_{22} & \cdots & A_{2s} \\ \cdots & \cdots & \cdots & \cdots \\ A_{l1} & A_{l2} & \cdots & A_{ls} \end{pmatrix}, \quad B=\begin{pmatrix} B_{11} & B_{12} & \cdots & B_{1p} \\ B_{21} & B_{22} & \cdots & B_{2p} \\ \cdots & \cdots & \cdots & \cdots \\ B_{s1} & B_{s2} & \cdots & B_{sp} \end{pmatrix}$$

其中，A_{i1}，A_{i2}，$\cdots$，A_{is} 的列数分别等于 B_{1j}，B_{2j}，$\cdots$，B_{sj} 的行数，即乘积 $A_{i1}B_{1j}$，$A_{i2}B_{2j}$，$\cdots$，$A_{is}B_{sj}$ $(i=1,2,\cdots,l;j=1,2,\cdots,p)$ 均有意义，则

$$AB=\begin{pmatrix} C_{11} & C_{12} & \cdots & C_{1p} \\ C_{21} & C_{22} & \cdots & C_{2p} \\ \cdots & \cdots & \cdots & \cdots \\ C_{l1} & C_{l2} & \cdots & C_{lp} \end{pmatrix}$$

其中，子块 $C_{ij}=\sum\limits_{k=1}^{S}A_{ik}B_{kj}$ $(i=1,2,\cdots,l;j=1,2,\cdots,p)$.

［例 2.19］ 设

$$A=\begin{pmatrix}1&2&1&0\\0&1&0&1\\0&0&2&1\\0&0&0&4\end{pmatrix},\quad B=\begin{pmatrix}1&0&3&1\\0&1&2&-1\\0&0&-2&3\\0&0&0&5\end{pmatrix}$$

求 AB.

解 将 A,B 分块成

$$A=\left(\begin{array}{cc:cc}1&2&1&0\\0&1&0&1\\\hdashline 0&0&2&1\\0&0&0&4\end{array}\right)=\begin{pmatrix}A_{11}&E_2\\O&A_{22}\end{pmatrix}$$

$$B=\begin{pmatrix}1&0&3&1\\0&1&2&-1\\0&0&-2&3\\0&0&0&5\end{pmatrix}=\begin{pmatrix}E_2&B_{12}\\O&B_{22}\end{pmatrix}$$

则

$$AB=\begin{pmatrix}A_{11}&E_2\\O&A_{22}\end{pmatrix}\begin{pmatrix}E_2&B_{12}\\O&B_{22}\end{pmatrix}=\begin{pmatrix}A_{11}&A_{11}B_{12}+B_{22}\\O&A_{22}B_{22}\end{pmatrix}$$

其中

$$A_{11}B_{12}+B_{22}=\begin{pmatrix}1&2\\0&1\end{pmatrix}\begin{pmatrix}3&1\\2&-1\end{pmatrix}+\begin{pmatrix}-2&3\\0&5\end{pmatrix}=\begin{pmatrix}5&2\\2&4\end{pmatrix}$$

$$A_{22}B_{22}=\begin{pmatrix}2&1\\0&4\end{pmatrix}\begin{pmatrix}-2&3\\0&5\end{pmatrix}=\begin{pmatrix}-4&11\\0&20\end{pmatrix}$$

所以

$$AB=\begin{pmatrix}1&2&5&2\\0&1&2&4\\0&0&-4&11\\0&0&0&20\end{pmatrix}$$

四、分块矩阵的转置

设

$$A=\begin{pmatrix}A_{11}&A_{12}&\cdots&A_{1k}\\A_{21}&A_{22}&\cdots&A_{2k}\\\cdots&\cdots&\cdots&\cdots\\A_{r1}&A_{r2}&\cdots&A_{rk}\end{pmatrix}$$

则

$$A^{T}=\begin{pmatrix}A_{11}^{T} & A_{21}^{T} & \cdots & A_{r1}^{T}\\ A_{12}^{T} & A_{22}^{T} & \cdots & A_{r2}^{T}\\ \cdots & \cdots & \cdots & \cdots\\ A_{1k}^{T} & A_{2k}^{T} & \cdots & A_{rk}^{T}\end{pmatrix}$$

下面我们讨论一种特殊的分块矩阵。

形如

$$A=\begin{pmatrix}A_{11} & & & \\ & A_{22} & & \\ & & \ddots & \\ & & & A_{ss}\end{pmatrix}$$

的分块矩阵，其中 $A_{ii}(i=1,2,\cdots,s)$都是方阵，称为**分块对角阵**或**准对角矩阵**。

注 分块对角阵是一个方阵，且 A 的分块矩阵中仅在主对角线上有非零子块，这些子块又都是方阵，而其余子块都为零矩阵。

对于分块对角阵，我们可推得下面结论：

设 A,B 是同阶方阵，且分块方式相同，又都是分块对角阵：

$$A=\begin{pmatrix}A_{11} & & & \\ & A_{22} & & \\ & & \ddots & \\ & & & A_{ss}\end{pmatrix},\quad B=\begin{pmatrix}B_{11} & & & \\ & B_{22} & & \\ & & \ddots & \\ & & & B_{ss}\end{pmatrix}$$

则有

$$A\pm B=\begin{pmatrix}A_{11}\pm B_{11} & & & \\ & A_{22}\pm B_{22} & & \\ & & \ddots & \\ & & & A_{ss}\pm B_{ss}\end{pmatrix}$$

$$AB=\begin{pmatrix}A_{11}B_{11} & & & \\ & A_{22}B_{22} & & \\ & & \ddots & \\ & & & A_{ss}B_{ss}\end{pmatrix}$$

$$kA=\begin{pmatrix}kA_{11} & & & \\ & kA_{22} & & \\ & & \ddots & \\ & & & kA_{ss}\end{pmatrix}$$

即相同结构的分块对角阵的和、积仍是分块对角矩阵。

且特别要指出的是，当 $A_{11},A_{22},\cdots,A_{ss}$都可逆时，则有

$$A^{-1}=\begin{pmatrix}A_{11}^{-1} & & & \\ & A_{22}^{-1} & & \\ & & \ddots & \\ & & & A_{ss}^{-1}\end{pmatrix}$$

[例 2.20] 设

$$A=\begin{pmatrix}6&0&0&0\\0&1&2&0\\0&3&4&0\\0&0&0&-7\end{pmatrix}$$

求 A^{-1}.

解 将 A 分块：

$$A=\left(\begin{array}{c:cc:c}6&0&0&0\\ \hdashline 0&1&2&0\\0&3&4&0\\ \hdashline 0&0&0&-7\end{array}\right)=\begin{pmatrix}A_{11}&&\\&A_{22}&\\&&A_{33}\end{pmatrix}$$

因为$|A_{11}|=6\neq0$，$|A_{22}|=-2\neq0$，$|A_{33}|=-7\neq0$，则 A_{11}，A_{22}，A_{33}都可逆，且

$$A_{11}^{-1}=\left(\frac{1}{6}\right)$$

$$A_{22}^{-1}=\begin{pmatrix}-2&1\\\frac{3}{2}&-\frac{1}{2}\end{pmatrix}$$

$$A_{33}^{-1}=\left(-\frac{1}{7}\right)$$

所以

$$A^{-1}=\begin{pmatrix}A_{11}^{-1}&&\\&A_{22}^{-1}&\\&&A_{33}^{-1}\end{pmatrix}=\begin{pmatrix}\frac{1}{6}&0&0&0\\0&-2&1&0\\0&\frac{3}{2}&-\frac{1}{2}&0\\0&0&0&-\frac{1}{7}\end{pmatrix}$$

第五节 矩阵的初等变换

本节主要讨论矩阵的初等行变换和初等列变换，矩阵的行阶梯形或行最简形矩阵和矩阵的标准形，以及介绍等价矩阵的概念。

[定义 2.11] 下列三种变换称为矩阵的**初等行变换**：

(1)互换矩阵某两行的对应元素。以下用 c_i 表示矩阵的第 i 列，用 r_i 表示其第 i 行，如互换第 i 与第 j 行，则记为 $r_i\leftrightarrow r_j$.

(2)以非零常数 k 乘矩阵某一行元素。如第 i 行的元素乘 k，记为 kr_j.

(3)把矩阵中某一行元素的 k 倍加到另一行相应元素上去。如把第 i 行的 k 倍加到第 j 行上去，记为 r_j+kr_i.

将上列定义中的“行”、“r”分别以“列”、“c”代之，即为矩阵的**初等列变换**定义与记号。

矩阵的初等行变换与初等列变换统称为**矩阵的初等变换**。

一般来说，一个矩阵经过初等变换后，变成了另一个不同的矩阵。当矩阵 A 经过初等变换变成矩阵 B 时，记作 $A\to B$. 有时，为了便于检验运算过程，往往用记号注明所作的变换。

例如，将矩阵

$$A=\begin{pmatrix}0&0&0&0\\0&1&3&5\\1&0&2&-1\end{pmatrix}$$

的第一行与第三行作交换，有

$$A=\begin{pmatrix}0&0&0&0\\0&1&3&5\\1&0&2&-1\end{pmatrix}\xrightarrow{r_1\leftrightarrow r_3}\begin{pmatrix}1&0&2&-1\\0&1&3&5\\0&0&0&0\end{pmatrix}=B$$

又如

$$E_3=\begin{pmatrix}1&0&0\\0&1&0\\0&0&1\end{pmatrix}\xrightarrow{c_3+5c_1}\begin{pmatrix}1&0&5\\0&1&0\\0&0&1\end{pmatrix}$$

表示将三阶单位矩阵的第 1 列元素的 5 倍加到第 3 列相应元素上去。

下面我们介绍一种特殊的矩阵形式。如果在一个矩阵中，任一行的第一个非零元素所在的列中，在该非零元素下方的元素皆为零，则称此矩阵为**行阶梯形矩阵**。换言之，行阶梯形矩阵的特征为：元素全为零的行（如果存在的话）在矩阵的最下方，而各个非零行（即元素不全为零的行）中的第一个非零元素的列标随着行标的递增而严格增大。

例如，以下矩阵

$$\begin{pmatrix}3&-1&0\\0&1&4\\0&0&-1\end{pmatrix},\quad\begin{pmatrix}1&0&3\\0&0&1\\0&0&0\end{pmatrix}$$

都是行阶梯形矩阵，辅助虚线形象地显示了它们各自的阶梯形状。而矩阵

$$\begin{pmatrix}1&2&0&5\\0&0&2&1\\0&0&4&3\end{pmatrix}$$

不是行阶梯形矩阵，因为其第二、三行的第一个非零元素的列标相同，与定义不合。又矩阵

$$\begin{pmatrix}0&0&0&0\\0&1&3&5\\1&0&2&-1\end{pmatrix}$$

也不是行阶梯形矩阵。但是，这两个矩阵通过初等行变换都可化为行阶梯形矩阵，即

$$\begin{pmatrix}1&2&0&5\\0&0&2&1\\0&0&4&3\end{pmatrix}\xrightarrow{r_3-2r_2}\begin{pmatrix}1&2&0&5\\0&0&2&1\\0&0&0&1\end{pmatrix}$$

$$\begin{pmatrix}0&0&0&0\\0&1&3&5\\1&0&2&-1\end{pmatrix}\xrightarrow{r_1\leftrightarrow r_3}\begin{pmatrix}1&0&2&-1\\0&1&3&5\\0&0&0&0\end{pmatrix}$$

一般地，任何一个非零矩阵都可**经过一系列的初等行变换**化简为行阶梯形矩阵。下面我们予以简要说明。

设非零矩阵

$$A=\begin{pmatrix} a_{11} & a_{12} & \cdots & a_{1n} \\ a_{21} & a_{22} & \cdots & a_{2n} \\ \cdots & \cdots & \cdots & \cdots \\ a_{m1} & a_{m2} & \cdots & a_{mn} \end{pmatrix}$$

观察第一列元素 $a_{11},a_{21},\cdots,a_{m1}$，只要其中有一个元素不为零(否则就顺序考虑第二列元素，依此类推)，通过两行的对换，就能使第一列的第一个元素不为零，因此我们不妨设 $a_{11}\neq 0$，作初等行变换，将第一行的$\left(-\frac{a_{i1}}{a_{11}}\right)$倍加到第 i 行上去($i=2,3,\cdots,m$)，于是，第一列中除去第一个元素之外都为零了，也就是说，经过 $m-1$ 次这种初等行变换可将 A 变为：

$$A\xrightarrow{r_2-\frac{a_{21}}{a_{11}}r_1}\cdots\xrightarrow{r_m-\frac{a_{m1}}{a_{11}}r_1}B$$

$$=\begin{pmatrix} a_{11} & a_{12} & \cdots & a_{1n} \\ 0 & b_{22} & \cdots & b_{2n} \\ \cdots & \cdots & \cdots & \cdots \\ 0 & b_{m2} & \cdots & b_{mn} \end{pmatrix}$$

然后，对 B 中右下角的$(m-1)\times(n-1)$矩阵

$$\begin{pmatrix} b_{22} & \cdots & b_{2n} \\ b_{32} & \cdots & b_{3n} \\ \cdots & \cdots & \cdots \\ b_{m2} & \cdots & b_{mn} \end{pmatrix}$$

再重复以上程序，可将第一列的除第 1 个元素非零外(如果存在的话)其余元素皆化为零，从而如此做下去，直到将 A 变换成行阶梯形为止。

这实际就是化矩阵成行阶梯形的步骤。

[例 2.21] 将矩阵

$$A=\begin{pmatrix} 0 & 0 & 0 & 1 & 2 \\ 2 & 0 & 2 & 6 & 1 \\ 4 & 2 & 5 & 4 & -1 \\ 2 & -1 & 3 & 1 & 0 \end{pmatrix}$$

化为行阶梯形矩阵。

解

$$A\xrightarrow{r_1\leftrightarrow r_4}\begin{pmatrix} 2 & -1 & 3 & 1 & 0 \\ 2 & 0 & 2 & 6 & 1 \\ 4 & 2 & 5 & 4 & -1 \\ 0 & 0 & 0 & 1 & 2 \end{pmatrix}$$

$$\xrightarrow[r_3-2r_1]{r_2-r_1}\begin{pmatrix} 2 & -1 & 3 & 1 & 0 \\ 0 & 1 & -1 & 5 & 1 \\ 0 & 4 & -1 & 2 & -1 \\ 0 & 0 & 0 & 1 & 2 \end{pmatrix}$$

这样就把 A 化成了行阶梯形矩阵。

另外，如果我们对行阶梯形矩阵继续施行初等行变换，还可将其化为所谓的**行最简形矩阵**：矩阵是行阶梯形的，而且各个非零行的第 1 个元素都是 1，又这个元素所在列的其他元素

$$\xrightarrow{r_3-4r_2}\begin{pmatrix}2&-1&3&1&0\\0&1&-1&5&1\\0&0&3&-18&-5\\0&0&0&1&2\end{pmatrix}=B$$

都是零。

［例 2.22］ 分别将下列矩阵化为行最简形矩阵

(1) $A=\begin{pmatrix}1&6&3\\0&0&1\\0&0&0\end{pmatrix}$ (2) $B=\begin{pmatrix}3&-1&9\\0&1&4\\0&0&-1\end{pmatrix}$ (3) $C=\begin{pmatrix}1&2&3&4\\0&3&6&10\\0&1&2&3\end{pmatrix}$

解 (1)

$$A=\begin{pmatrix}1&6&3\\0&0&1\\0&0&0\end{pmatrix}\xrightarrow{r_1-3r_2}\begin{pmatrix}1&6&0\\0&0&1\\0&0&0\end{pmatrix}$$

(2)

$$B=\begin{pmatrix}3&-1&9\\0&1&4\\0&0&-1\end{pmatrix}\xrightarrow[(-1)r_3]{\frac{1}{3}r_1}\begin{pmatrix}1&-\frac{1}{3}&3\\0&1&4\\0&0&1\end{pmatrix}$$

$$\xrightarrow[r_2-4r_3]{r_1-3r_3}\begin{pmatrix}1&-\frac{1}{3}&0\\0&1&0\\0&0&1\end{pmatrix}\xrightarrow{r_1+\frac{1}{3}r_2}\begin{pmatrix}1&0&0\\0&1&0\\0&0&1\end{pmatrix}$$

(3)

$$C=\begin{pmatrix}1&2&3&4\\0&3&6&10\\0&1&2&3\end{pmatrix}\xrightarrow{r_2\leftrightarrow r_3}\begin{pmatrix}1&2&3&4\\0&1&2&3\\0&3&6&10\end{pmatrix}$$

$$\xrightarrow{r_3-3r_2}\begin{pmatrix}1&2&3&4\\0&1&2&3\\0&0&0&1\end{pmatrix}\xrightarrow[r_2-3r_3]{r_1-4r_3}\begin{pmatrix}1&2&3&0\\0&1&2&0\\0&0&0&1\end{pmatrix}$$

$$\xrightarrow{r_1-2r_2}\begin{pmatrix}1&0&-1&0\\0&1&2&0\\0&0&0&1\end{pmatrix}$$

上面我们介绍了一个 $m\times n$ 阶非零矩阵 A 经过初等行变换，可以化为行阶梯形及行最简形矩阵。事实上，对行最简形矩阵（不妨设其恰有 r 行非零行），还可以作初等列变换，使之进一步转化为如下 $m\times n$ 阶最简形式的矩阵 S：

$$S=\begin{pmatrix}1&0&\cdots&0&0&\cdots&0\\0&1&\cdots&0&0&\cdots&0\\\cdots&\cdots&\cdots&\cdots&\cdots&\cdots&\\0&0&\cdots&1&0&\cdots&0\\0&0&\cdots&0&0&\cdots&0\\\cdots&\cdots&\cdots&\cdots&\cdots&\cdots&\\0&0&\cdots&0&0&\cdots&0\end{pmatrix}_{m\times n}=\begin{pmatrix}E_r&O\\O&O\end{pmatrix}_{m\times n}$$

我们将这类矩阵 S 称为矩阵 A 的**标准形**。也就是说，任何一个矩阵经过初等变换都可以化为标准形矩阵 S，且其标准形矩阵是唯一的。

［**例 2.23**］ 求例 2.22 中矩阵的标准形。

解　由例 2.22 可得

（1）

$$A\longrightarrow\begin{pmatrix}1&6&0\\0&0&1\\0&0&0\end{pmatrix}\xrightarrow{c_2\leftrightarrow c_3}\begin{pmatrix}1&0&6\\0&1&0\\0&0&0\end{pmatrix}\xrightarrow{c_3-6c_1}\left(\begin{array}{cc|c}1&0&0\\0&1&0\\\hline 0&0&0\end{array}\right)=A_1$$

所以矩阵

$$A=\begin{pmatrix}1&6&3\\0&0&1\\0&0&0\end{pmatrix}$$

的标准形为以上的 A_1.

（2）

$$B\longrightarrow\begin{pmatrix}1&0&0\\0&1&0\\0&0&1\end{pmatrix}=E_3$$

即 B 的行最简形就是 B 的标准形矩阵 E_3.

（3）

$$C\longrightarrow\begin{pmatrix}1&0&-1&0\\0&1&2&0\\0&0&0&1\end{pmatrix}\xrightarrow{c_3\leftrightarrow c_4}\begin{pmatrix}1&0&0&-1\\0&1&0&2\\0&0&1&0\end{pmatrix}\xrightarrow[c_4-2c_2]{c_4+c_1}\left(\begin{array}{ccc|c}1&0&0&0\\0&1&0&0\\0&0&1&0\end{array}\right)=C_1$$

即 C_1 就是矩阵

$$C=\begin{pmatrix}1&2&3&4\\0&3&6&10\\0&1&2&3\end{pmatrix}$$

的标准形矩阵。

需要指出的是，将矩阵通过行初等变换化为阶梯形矩阵，以及通过初等变换化为其标准形矩阵，是一种极其重要的方法，它的实用性将在下节方阵求逆以及下一章解线性方程组、向量组的秩中得以体现。

为了便于以后讨论，我们引入以下定义：

［**定义 2.12**］ 设 A,B 都是 $m\times n$ 矩阵，如果矩阵 B 可以由 A 经过有限次的初等变换得到，则称矩阵 A 与 B 是**等价的**。

那么，从上面的讨论中，我们实际上可以得到以下定理：

[定理 2.4] 任何一个 $m\times n$ 阶矩阵 A 都与其标准形矩阵

$$\begin{pmatrix} E_r & O \\ O & O \end{pmatrix}$$

等价。

且由定义 2.12，我们立即可以得出矩阵等价的以下两个性质：

(1)**反身性** 任何矩阵 A 与自身等价；

(2)**传递性** 如 A 与 B 等价，B 与 C 等价，则 A 与 C 一定是等价的。

另外由第六节定理 2.5 和推论 2，可得它还满足**对称性**，即如 A 与 B 等价，则 B 与 A 也是等价的。

第六节 初等方阵

下面我们讨论一类特殊的方阵，以及它与本章第五节中矩阵初等变换之间的关系。

[定义 2.13] 由单位矩阵 E 经过一次初等变换得到的方阵，称为**初等方阵**。

由于初等变换有三种，而每种初等变换都有一个与其相应的初等方阵，从而以下三类矩阵揭示了初等方阵的所有形式。

(1)互换单位矩阵 E 的第 i 行与第 j 行(或第 i 列与第 j 列)，得到的都是初等矩阵，我们记为 $P(i,j)$，即

$$P(i,j)=\begin{pmatrix} 1 & & & & & & & & \\ & \ddots & & & & & & & \\ & & 1 & & & & & & \\ & & & 0 & \cdots & 1 & & & \\ & & & \cdots & \ddots & \cdots & & & \\ & & & 1 & \cdots & 0 & & & \\ & & & & & & 1 & & \\ & & & & & & & \ddots & \\ & & & & & & & & 1 \end{pmatrix} \begin{matrix} \\ \\ \\ 第\,i\,行 \\ \\ 第\,j\,行 \\ \\ \\ \\ \end{matrix}$$

[例 2.24]

$$P(1,3)=\begin{pmatrix} 0 & 0 & 1 & 0 \\ 0 & 1 & 0 & 0 \\ 1 & 0 & 0 & 0 \\ 0 & 0 & 0 & 1 \end{pmatrix}$$

是一个由 E_4 交换第 1 行与第 3 行得到的初等方阵。

(2)用非零常数 k 乘单位矩阵 E 的第 i 行(或列)，得到的都是初等方阵，记为 $P(i(k))$，即

$$P(i(k))=\begin{pmatrix} 1 & 0 & \cdots & 0 & \cdots & 0 \\ 0 & 1 & \cdots & 0 & \cdots & 0 \\ \cdots & \cdots & \ddots & \cdots & & \cdots \\ 0 & 0 & \cdots & k & \cdots & 0 \\ 0 & 0 & \cdots & 0 & \cdots & 0 \\ 0 & 0 & \cdots & 0 & \cdots & 1 \end{pmatrix} \begin{matrix} \\ \\ \\ 第\,i\,行 \\ \\ \\ \end{matrix}$$

[例 2.25]

$$P(2(5))=\begin{pmatrix} 1 & 0 & 0 \\ 0 & 5 & 0 \\ 0 & 0 & 1 \end{pmatrix}$$

是一个由 E_3 的第 2 行乘 5 得到的初等方阵。

(3)把 E 的第 j 行的 k 倍加到第 i 行上去(或把第 i 列的 k 倍加到第 j 列上去)得到的是初等方阵,记为 $P(i,j(k))$,即

$$P(i,j(k))=\begin{pmatrix}1&&&&&\\&\ddots&&&&\\&&1&\cdots&k&&\\&&&\ddots&\vdots&&\\&&&&1&&\\&&&&&\ddots&\\&&&&&&1\end{pmatrix}\begin{matrix}\\\\\text{第 }i\text{ 行}\\\\\text{第 }j\text{ 行}\\\\\\\end{matrix}$$

[例 2.26]

$$P(3,1(7))=\begin{pmatrix}1&0&0\\0&1&0\\7&0&1\end{pmatrix}$$

是将 E_3 的第 1 行的 7 倍加到第 3 行上去得到的一个初等方阵。

对于以上定义的三类初等方阵,我们不难验证:它们的转置矩阵仍是初等方阵;另由行列式的性质可知,以上三类初等方阵的行列式值不为零,即初等方阵是可逆的,且它们的逆矩阵仍是初等方阵。事实上,这三类初等方阵的逆矩阵分别是:

$$P(i,j)^{-1}=P(i,j)$$

$$P(i(k))^{-1}=P(i(\frac{1}{k}))=\begin{pmatrix}1&&&&&&\\&\ddots&&&&&\\&&1&&&&\\&&&\frac{1}{k}&&&\\&&&&1&&\\&&&&&\ddots&\\&&&&&&1\end{pmatrix}$$

$$P(i,j(k))^{-1}=P(i,j(-k))=\begin{pmatrix}1&&&&&\\&\ddots&&&&\\&&1&\cdots&-k&&\\&&&\ddots&\vdots&&\\&&&&1&&\\&&&&&\ddots&\\&&&&&&1\end{pmatrix}\begin{matrix}\\\\\text{第 }i\text{ 行}\\\\\text{第 }j\text{ 行}\\\\\\\end{matrix}$$

下面的定理说明了初等方阵与初等变换之间的关系。

[定理 2.5] 设 A 是一个 $m\times n$ 的矩阵,则对 A 施行一次初等行变换,就相当于在 A 的左边乘上一个相应的 m 阶初等方阵;对 A 施行一次初等列变换,就相当于在 A 的右边乘上一个相应的 n 阶初等方阵。

证明 我们只证明行变换的情形,列变换的情况可类似地证明,留给读者自己练习。

以 A 的每一行作为一个子块,即设 A 为:

$$A=\begin{pmatrix}a_{11} & a_{12} & \cdots & a_{1n}\\ a_{21} & a_{22} & \cdots & a_{2n}\\ \cdots & \cdots & \cdots & \cdots\\ a_{m1} & a_{m2} & \cdots & a_{mn}\end{pmatrix}=\begin{pmatrix}A_1\\ A_2\\ \vdots\\ A_m\end{pmatrix}$$

又设 $B=(b_{ij})_{m\times m}$ 为任意一个 m 阶方阵，根据矩阵的分块乘法，可得：

$$BA=\begin{pmatrix}b_{11} & b_{12} & \cdots & b_{1m}\\ b_{21} & b_{22} & \cdots & b_{2m}\\ \cdots & \cdots & \cdots & \cdots\\ b_{m1} & b_{m2} & \cdots & b_{mm}\end{pmatrix}\begin{pmatrix}A_1\\ A_2\\ \vdots\\ A_m\end{pmatrix}=\begin{pmatrix}b_{11}A_1+b_{12}A_2+\cdots+b_{1m}A_m\\ b_{21}A_1+b_{22}A_2+\cdots+b_{2m}A_m\\ \cdots\cdots\cdots\cdots\cdots\cdots\cdots\cdots\\ b_{m1}A_1+b_{m2}A_2+\cdots+b_{mm}A_m\end{pmatrix}$$

特别地，当 $B=P(i,j)$ 时，有：

$$P(i,j)A=\begin{pmatrix}1 &&&&&&&\\ & \ddots &&&&&&\\ && 1 &&&&&\\ &&& 0 & \cdots & 1 &&\\ &&& \vdots & \ddots & \vdots &&\\ &&& 1 & \cdots & 0 &&\\ &&&&&& 1 &\\ &&&&&&& \ddots &\\ &&&&&&&& 1\end{pmatrix}\begin{pmatrix}A_1\\ \vdots\\ A_i\\ \vdots\\ A_j\\ \vdots\\ A_m\end{pmatrix}=\begin{pmatrix}A_1\\ \vdots\\ A_j\\ \vdots\\ A_i\\ \vdots\\ A_m\end{pmatrix}\begin{matrix}\\ \\ \text{第}\,i\,\text{行}\\ \\ \text{第}\,j\,\text{行}\\ \\ \\ \end{matrix}$$

这相当于把 A 的第 i 行与第 j 行互换；同样，当 $B=P(i(k))$ 时：

$$P(i(k))A=\begin{pmatrix}1 &&&&&\\ & \ddots &&&&\\ && 1 &&&\\ &&& k &&\\ &&&& \ddots &\\ &&&&& 1\end{pmatrix}\begin{pmatrix}A_1\\ \vdots\\ A_i\\ \vdots\\ A_m\end{pmatrix}=\begin{pmatrix}A_1\\ \vdots\\ kA_i\\ \vdots\\ A_m\end{pmatrix}\begin{matrix}\\ \\ \text{第}\,i\,\text{行}\\ \\ \\ \end{matrix}$$

这相当于用数 k 乘 A 的第 i 行；当 $B=P(i,j(k))$ 时：

$$P(i,j(k))A=\begin{pmatrix}1 &&&&&&\\ & \ddots &&&&&\\ && 1 & \cdots & k &&\\ &&& \ddots & \vdots &&\\ &&&& 1 &&\\ &&&&& \ddots &\\ &&&&&& 1\end{pmatrix}\begin{pmatrix}A_1\\ \vdots\\ A_i\\ \vdots\\ A_j\\ \vdots\\ A_m\end{pmatrix}=\begin{pmatrix}A_1\\ \vdots\\ A_i+kA_j\\ \vdots\\ A_j\\ \vdots\\ A_m\end{pmatrix}$$

这相当于将第 j 行的 k 倍加到第 i 行上去。

[例 2.27] 设矩阵

$$C=\begin{pmatrix}a_1 & b_1 & c_1 & d_1\\ a_2 & b_2 & c_2 & d_2\\ a_3 & b_3 & c_3 & d_3\end{pmatrix}$$

如果 A,B 都是初等方阵，且满足

$$AC=\begin{pmatrix}9a_1 & 9b_1 & 9c_1 & 9d_1\\ a_2 & b_2 & c_2 & d_2\\ a_3 & b_3 & c_3 & d_3\end{pmatrix},\ CB=\begin{pmatrix}a_1 & b_1-5d_1 & c_1 & d_1\\ a_2 & b_2-5d_2 & c_2 & d_2\\ a_3 & b_3-5d_3 & c_3 & d_3\end{pmatrix}$$

试求出 A,B.

解　由于 A 左乘 C，且 AC 是以数 9 乘矩阵 C 的第 1 行，且 C 是 3×4 阶矩阵，所以 A 是一个 3 阶初等方阵，且

$$A=\begin{pmatrix}9 & 0 & 0\\ 0 & 1 & 0\\ 0 & 0 & 1\end{pmatrix}$$

同样，由于 B 右乘 C，且 CB 等于把 C 的第 4 列的 -5 倍加到第 2 列上去，所以 B 是一个 4 阶初等方阵：

$$B=\begin{pmatrix}1 & 0 & 0 & 0\\ 0 & 1 & 0 & 0\\ 0 & 0 & 1 & 0\\ 0 & -5 & 0 & 1\end{pmatrix}$$

推论 1　两个 $m\times n$ 阶矩阵 A 与 B 是等价的充分必要条件是存在有限个 m 阶初等方阵 $P_1,P_2,\cdots,P_t$ 和 n 阶的初等方阵 $Q_1,Q_2,\cdots,Q_l$，使得

$$P_t\cdots P_2P_1AQ_1Q_2\cdots Q_l=B$$

此推论可由上节的矩阵等价定义 2.12 以及定理 2.5 直接推得。

推论 2　如果矩阵 A 与 B 等价，则 B 与 A 也等价。

证明　由推论 1 及初等方阵的可逆矩阵仍是初等方阵，可得：

如果
$$P_t\cdots P_2P_1AQ_1Q_2\cdots Q_l=B$$

则有
$$A=P_1^{-1}P_2^{-1}\cdots P_t^{-1}BQ_l^{-1}\cdots Q_2^{-1}Q_1^{-1}$$

即 B 与 A 也等价。

[定理 2.6]　n 阶可逆矩阵 A 的标准形为 E_n，即可逆矩阵与单位矩阵是等价的。

证明　设 S 是 n 阶可逆矩阵 A 的标准形，由定理 2.5 和推论 1，得存在初等方阵 $P_1,P_2,\cdots,P_t,Q_1,Q_2,\cdots,Q_l$，使

$$P_t\cdots P_2P_1AQ_1Q_2\cdots Q_l=S$$

两边取行列式：

$$|P_t|\cdots|P_2||P_1||A||Q_1||Q_2|\cdots|Q_l|=|S|$$

因为初等方阵是可逆及 A 的可逆性，即上式左边的行列式值都不为零，所以 $|S|\neq0$。而方阵的标准形 S 是一个对角矩阵，且其元素非零即 1，则 S 的主对角线元素只能都取 1，即 $S=E_n$，所以可逆矩阵与单位矩阵等价.

[定理 2.7]　n 阶方阵 A 可逆的充分必要条件是它能表示成一些初等矩阵的乘积，即存在有限个初等方阵 $P_1,P_2,\cdots,P_s$，使得

$$A=P_1P_2\cdots P_s$$

证明　充分性：设对矩阵 A，存在 s 个初等方阵，使

$$A=P_1P_2\cdots P_s$$

由 $P_1,P_2,\cdots,P_s$ 的可逆性，立即可推得 A 是可逆矩阵。

必要性：设 A 可逆，由定理 2.6，可得 A 与单位阵 E 等价，即存在初等方阵 $P_1,P_2,\cdots,$

$P_t, Q_1, Q_2, \cdots, Q_l$，使

$$P_t \cdots P_2 P_1 A Q_1 Q_2 \cdots Q_l = E$$

或

$$\begin{aligned} A &= P_1^{-1} P_2^{-1} \cdots P_t^{-1} E Q_l^{-1} \cdots Q_2^{-1} Q_1^{-1} \\ &= P_1^{-1} P_2^{-1} \cdots P_t^{-1} Q_l^{-1} \cdots Q_2^{-1} Q_1^{-1} \end{aligned}$$

由初等方阵的逆矩阵也是初等方阵可得，A 等于有限个初等方阵的乘积。

由定理 2.7 我们可以直接得出：A 可逆的充分必要条件是 A 与单位矩阵等价。另外还可得：

推论 两个 $m \times n$ 阶矩阵 A 与 B 等价的充分必要条件是存在 m 阶可逆方阵 P 与 n 阶可逆方阵 Q，使得 $PAQ=B$.

此推论可由定理 2.5 的推论 1 以及定理 2.7 直接推得。

最后，我们给出用初等行变换求出可逆矩阵的逆矩阵方法，由定理 2.7 的结论：

$$A = P_1 P_2 \cdots P_s$$

可得：

$$P_s^{-1} P_{s-1}^{-1} \cdots P_2^{-1} P_1^{-1} A = E \tag{2.3}$$

$$P_s^{-1} P_{s-1}^{-1} \cdots P_2^{-1} P_1^{-1} E = A^{-1} \tag{2.4}$$

由初等方阵的逆矩阵 $P_1^{-1}, \cdots, P_s^{-1}$ 仍是初等方阵，(2.3)式说明：可逆方阵 A 左乘一系列初等方阵等于单位阵，即：可逆矩阵通过初等行变换可化为它的标准形单位阵 E；而(2.4)式说明，对单位矩阵 E 施行同样的初等行变换即得 A 的逆矩阵 A^{-1}，由此得出一个用初等行变换求逆矩阵的方法，具体步骤如下：

构造辅助的 $n \times (2n)$ 的(如果 A 可逆)分块矩阵：

$$F = (A \mid E)$$

对 F 施行初等行变换，当把子块 A 化为单位阵时，子块 E 就恰好化为 A 的逆矩阵 A^{-1}。

类似地，若 A 可逆，欲求矩阵方程 $AX=B$ 的解，$X=A^{-1}B$，可先构造矩阵

$$G = (A \mid B)$$

对 G 施行初等行变换，当 A 化为单位矩阵 E 时，B 的位置就是 $A^{-1}B$，即为方程组的解。

[例 2.28] 设矩阵

$$A = \begin{pmatrix} 1 & -2 & 0 \\ 4 & -2 & -1 \\ -3 & 1 & 2 \end{pmatrix}$$

求 A^{-1}.

解 构造 3 行 6 列矩阵

$$(A \mid E_3) = \left(\begin{array}{ccc:ccc} 1 & -2 & 0 & 1 & 0 & 0 \\ 4 & -2 & -1 & 0 & 1 & 0 \\ -3 & 1 & 2 & 0 & 0 & 1 \end{array}\right)$$

$$\xrightarrow[r_3+3r_1]{r_2-4r_1} \left(\begin{array}{ccc:ccc} 1 & -2 & 0 & 1 & 0 & 0 \\ 0 & 6 & -1 & -4 & 1 & 0 \\ 0 & -5 & 2 & 3 & 0 & 1 \end{array}\right)$$

$$\xrightarrow[r_3+5r_2]{r_2+r_3} \left(\begin{array}{ccc:ccc} 1 & -2 & 0 & 1 & 0 & 0 \\ 0 & 1 & 1 & -1 & 1 & 1 \\ 0 & 0 & 7 & -2 & 5 & 6 \end{array}\right)$$

$$\xrightarrow[r_2-r_3]{\frac{1}{7}r_3}\left(\begin{array}{ccc:ccc}1&-2&0&1&0&0\\0&1&0&-\frac{5}{7}&\frac{2}{7}&\frac{1}{7}\\0&0&1&-\frac{2}{7}&\frac{5}{7}&\frac{6}{7}\end{array}\right)$$

$$\xrightarrow{r_1+2r_2}\left(\begin{array}{ccc:ccc}1&0&0&-\frac{3}{7}&\frac{4}{7}&\frac{2}{7}\\0&1&0&-\frac{5}{7}&\frac{2}{7}&\frac{1}{7}\\0&0&1&-\frac{2}{7}&\frac{5}{7}&\frac{6}{7}\end{array}\right)$$

所以

$$A^{-1}=\begin{pmatrix}-\frac{3}{7}&\frac{4}{7}&\frac{2}{7}\\-\frac{5}{7}&\frac{2}{7}&\frac{1}{7}\\-\frac{2}{7}&\frac{5}{7}&\frac{6}{7}\end{pmatrix}$$

[例 2.29] 设

$$A=\begin{pmatrix}1&-2&0\\4&-2&-1\\-3&1&2\end{pmatrix},\quad B=\begin{pmatrix}-1&4\\2&5\\1&-3\end{pmatrix}$$

求矩阵 X,使 $AX=B$.

解法 1 因 $|A|=7\neq0$,故 A^{-1}存在。

以 A^{-1}左乘: $AX=B$

得: $X=A^{-1}B$

由例 2.28,得到 A^{-1},再计算 $A^{-1}B$,即

$$X=\begin{pmatrix}-\frac{3}{7}&\frac{4}{7}&\frac{2}{7}\\-\frac{5}{7}&\frac{2}{7}&\frac{1}{7}\\-\frac{2}{7}&\frac{5}{7}&\frac{6}{7}\end{pmatrix}\begin{pmatrix}-1&4\\2&5\\1&-3\end{pmatrix}=\begin{pmatrix}\frac{13}{7}&\frac{2}{7}\\\frac{10}{7}&-\frac{13}{7}\\\frac{18}{7}&-\frac{1}{7}\end{pmatrix}$$

解法 2 构作辅助矩阵$(A \vdots B)$,对其作初等行变换,直接求 $A^{-1}B$.

因为

$$(AB)=\left(\begin{array}{ccc:cc}1&-2&0&-1&4\\4&-2&-1&2&5\\-3&1&2&1&-3\end{array}\right)\xrightarrow[r_3+3r_1]{r_2-4r_1}\left(\begin{array}{ccc:cc}1&-2&0&-1&4\\0&6&-1&6&-11\\0&-5&2&-2&9\end{array}\right)$$

$$\xrightarrow[r_3+5r_2]{r_2+r_3}\left(\begin{array}{ccc:cc}1&-2&0&-1&4\\0&1&1&4&-2\\0&0&7&18&-1\end{array}\right)\xrightarrow[r_2-r_3]{\frac{1}{7}r_3}\left(\begin{array}{ccc:cc}1&-2&0&-1&4\\0&1&0&\frac{10}{7}&-\frac{13}{7}\\0&0&1&\frac{18}{7}&-\frac{1}{7}\end{array}\right)$$

$$\xrightarrow{r_1+2r_2}\left(\begin{array}{ccc:cc}1 & 0 & 0 & \frac{13}{7} & \frac{2}{7} \\ 0 & 1 & 0 & \frac{10}{7} & -\frac{13}{7} \\ 0 & 0 & 1 & \frac{18}{7} & -\frac{1}{7}\end{array}\right)$$

所以

$$X=A^{-1}B=\begin{pmatrix}\frac{13}{7} & \frac{2}{7} \\ \frac{10}{7} & -\frac{13}{7} \\ \frac{18}{7} & -\frac{1}{7}\end{pmatrix}$$

习题二

1. 设矩阵

$$A=\begin{pmatrix}1 & 4 \\ 2 & 5 \\ 3 & 6\end{pmatrix} \qquad B=\begin{pmatrix}1 & y \\ x & 5 \\ 3 & 6\end{pmatrix}$$

若 $A=B$,试确定 x,y 的值。

2. 设矩阵

$$A=\begin{pmatrix}2 & 2 & 3 \\ 0 & 1 & -1\end{pmatrix} \qquad B=\begin{pmatrix}0 & 0 & 1 \\ 1 & 2 & 3\end{pmatrix}$$

求 $A+B,A-B$.

3. 设矩阵

$$A=\begin{pmatrix}0 & 1 & 2 \\ 1 & 2 & 3 \\ 2 & 0 & 3\end{pmatrix} \qquad B=\begin{pmatrix}3 & 2 & 1 \\ 2 & -1 & -1 \\ 0 & -1 & 3\end{pmatrix} \qquad C=\begin{pmatrix}-1 & 2 & 3 \\ 0 & 2 & 0 \\ -1 & 1 & 3\end{pmatrix}$$

求 $A+B-C$.

4. 求矩阵 X,使

$$\begin{pmatrix}1 & 2 & 3 & 4 \\ 2 & 0 & 1 & 0 \\ -1 & 1 & 1 & -1\end{pmatrix}+X=\begin{pmatrix}0 & -1 & 2 & 5 \\ 3 & 0 & 1 & 3 \\ 1 & 2 & 0 & 0\end{pmatrix}$$

5. 计算下列乘积:

(1)

$$\begin{pmatrix}a \\ b \\ c \\ d\end{pmatrix}(a\ b\ c)$$

(2)

$$(a_1\ a_2\ a_3)\begin{pmatrix}b_1 \\ b_2 \\ b_3\end{pmatrix}$$

(3)

$$\begin{pmatrix}4 & -2\\2 & -1\end{pmatrix}\begin{pmatrix}1 & 3\\2 & 6\end{pmatrix}$$

(4)

$$(x\ y)\begin{pmatrix}a_{11} & a_{12}\\a_{21} & a_{22}\end{pmatrix}\begin{pmatrix}x\\y\end{pmatrix}$$

6. 设

(1)

$$A=\begin{pmatrix}1 & 0 & 3\\2 & -1 & 0\end{pmatrix}\qquad B=\begin{pmatrix}1 & -1\\2 & 3\\4 & 0\end{pmatrix}$$

(2)

$$A=\begin{pmatrix}1 & 2 & 0 & 1\\2 & 1 & 3 & 4\end{pmatrix}\qquad B=\begin{pmatrix}1 & 0 & -1\\0 & 1 & 2\\2 & -1 & 0\\-1 & 3 & 1\end{pmatrix}$$

问 AB 和 BA 是否都有意义,如有意义,试分别求出其结果。

7. 若 $AB=BA$,则称矩阵 B 与 A 是**可以交换的**。设

$$A=\begin{pmatrix}1 & 1\\0 & 1\end{pmatrix}$$

试求所有与 A 可以交换的矩阵。

8. 设

$$A=\begin{pmatrix}1 & a\\0 & 1\end{pmatrix}$$

求:A^2, A^3, …, A^n.

9. 计算

(1)

$$\begin{pmatrix}a & 0 & 0\\0 & b & 0\\0 & 0 & c\end{pmatrix}^n$$

(2)

$$\begin{pmatrix}1 & 1\\1 & 1\end{pmatrix}^n$$

10. 设 $f(x)=a_nx^n+a_{n-1}x^{n-1}+\cdots+a_1x+a_0$,$A$ 是一个 n 阶矩阵,定义矩阵 A 的多项式为:

$$f(A)=a_nA^n+a_{n-1}A^{n-1}+\cdots+a_1A+a_0E$$

若 (1) $f(x)=x^2-x-1$ $\qquad A=\begin{pmatrix}2 & 1 & 1\\3 & 1 & 2\\1 & -1 & 0\end{pmatrix}$

(2) $f(x)=x^2-5x+3$ $\qquad A=\begin{pmatrix}2 & -1\\-3 & 3\end{pmatrix}$

试求 $f(A)$.

11. 设矩阵

$$A=\begin{pmatrix}6 & 7 & 3\\1 & 2 & 0\end{pmatrix}\qquad B=\begin{pmatrix}2 & 1\\4 & 0\\0 & 3\end{pmatrix}$$

试求：A^TB^T，$(AB)^T$，$2A-3B^T$.

12. 设 A，B 为同阶方阵，且 A 为对称阵，试证：B^TAB 也是对称阵。

13. 求下列方阵的逆矩阵

（1）
$$A=\begin{pmatrix}8&3\\5&2\end{pmatrix}$$

（2）
$$A=\begin{pmatrix}1&2&3\\2&2&1\\3&4&3\end{pmatrix}$$

（3）
$$A=\begin{pmatrix}1&3&-5&7\\0&1&2&-3\\0&0&1&2\\0&0&0&1\end{pmatrix}$$

（4）
$$A=\begin{pmatrix}6&0&0&0\\0&5&8&0\\0&3&5&0\\0&0&0&-1\end{pmatrix}$$

（5）
$$A=\begin{pmatrix}8&3&0&0&0\\5&2&0&0&0\\0&0&1&2&3\\0&0&2&2&1\\0&0&3&4&3\end{pmatrix}$$

（6）
$$A=\begin{pmatrix}a^2+1&0&0&0\\0&b^2+1&0&0\\0&0&c^2+1&0\\0&0&0&d^2+1\end{pmatrix}$$

14. 试证：如果 $A^k=O$，那么
$$(E-A)^{-1}=E+A+A^2+\cdots+A^{k-1}$$

15. 设矩阵 A 可逆，求证 A^* 也可逆，且求 A^{*-1}，$|A^*|$.

16. 设
$$A=\begin{pmatrix}3&4&5\\0&1&2\\-3&1&-1\end{pmatrix}$$
求：$|2A|$，$|A^2|$.

17. 求解矩阵方程 $XA=B$，其中
$$A=\begin{pmatrix}2&1\\5&3\end{pmatrix}\qquad B=\begin{pmatrix}2&0\\3&1\end{pmatrix}$$

18. 设矩阵
$$A=\begin{pmatrix}3&-1&0\\-2&1&1\\2&-1&4\end{pmatrix}\qquad B=\begin{pmatrix}1&0\\2&-1\\3&1\end{pmatrix}$$
求矩阵 X，使其满足 $AX=B$.

19. 适当分块，并计算 AB，其中
$$A=\begin{pmatrix}4&-5&7&0&0\\-1&2&6&0&0\\-3&1&8&0&0\\0&0&0&5&0\\0&0&0&0&5\end{pmatrix}\qquad B=\begin{pmatrix}3&0&0&0&0\\0&3&0&0&0\\0&0&3&0&0\\0&0&0&-1&3\\0&0&0&9&4\end{pmatrix}$$

20. 用初等行变换将下列矩阵化为行阶梯形矩阵：

(1)

$$A=\begin{pmatrix}1 & -2 & -1 & 2\\ 2 & -1 & 0 & 3\\ 3 & 3 & 3 & 4\\ -1 & 2 & 1 & -3\end{pmatrix}$$

(2)

$$A=\begin{pmatrix}0 & 0 & 0 & 0 & 3 & 2\\ 0 & -2 & -4 & 1 & 0 & 5\\ 0 & 3 & 6 & 0 & 6 & -2\\ 0 & 1 & 2 & 0 & 1 & -1\end{pmatrix}$$

21. 将下面方阵 A 表示为初等矩阵的乘积：

$$A=\begin{pmatrix}1 & 0 & 0\\ 2 & 4 & 1\\ 1 & 3 & 1\end{pmatrix}$$

22. 用初等变换法求下列矩阵的逆矩阵：

(1)

$$\begin{pmatrix}1 & 3 & 0\\ 2 & 1 & 3\\ 1 & 3 & 2\end{pmatrix}$$

(2)

$$\begin{pmatrix}1 & 1 & 1 & 1\\ 1 & 1 & -1 & -1\\ 1 & -1 & 1 & -1\\ 1 & -1 & -1 & 1\end{pmatrix}$$

23. 试分别用伴随矩阵法和初等变换法求解下列线性方程组：

$$\begin{cases}3x_1+2x_2+x_3=6\\ 3x_1+x_2+5x_3=-3\\ 3x_1+2x_2+3x_3=2\end{cases}$$

24. 单项选择题：

(1)矩阵

$$\begin{pmatrix}a+b & b+c\\ u+v & v+w\end{pmatrix}=(\quad)$$

①$\begin{pmatrix}a & b\\ u & v\end{pmatrix}+\begin{pmatrix}b & c\\ v & w\end{pmatrix}$ ②$\begin{pmatrix}a+b\\ u+v\end{pmatrix}+\begin{pmatrix}b+c\\ v+w\end{pmatrix}$

③$\begin{pmatrix}a & b+c\\ u & v+w\end{pmatrix}+\begin{pmatrix}b & b+c\\ v & v+w\end{pmatrix}$ ④$\begin{pmatrix}a+b & b\\ u+v & v\end{pmatrix}+\begin{pmatrix}a+b & c\\ u+v & w\end{pmatrix}$

(2)设 A 为 $n\times s$ 矩阵，BA 为 $r\times s$ 矩阵，则 B 为(　　)矩阵。

①$n\times s$ ②$n\times r$ ③$r\times n$ ④$s\times n$

(3)若矩阵 A 与 B 可相加，则下列运算有意义的是(　　)。

①$A+B^T$ ②AB ③BA ④AB^T

(4)设 A,B,C 均为 n 阶方阵，则 $(AB-C)^T=$(　　)。

①A^TB^T-C ②$B^TA^T-C^T$

③$C^T-A^TB^T$ ④$C^T-B^TA^T$

(5)设 A,B,C 为同阶方阵，则下列式子中不一定成立的是(　　)。

①$(AB)C=A(BC)$ ②$(AB)C=(AC)B$

③$(A+B)+C=A+(B+C)$ ④$A(B+C)=AB+AC$

(6)设 k 为实数，A 为四阶方阵，且 $|A|=a$，则 $|kA|=$(　　)。

①ka ②ka^4 ③k^4a ④k^4a^4

(7)设$A=(a_{ij})_{n\times n}$,M_{ij}是元素a_{ij}在$|A|$中的余子式,则A^*中位于第i行第j列的元素是(　　)。

①$(-1)^{i+j}M_{ij}$　　②$(-1)^{i+j}M_{ji}$　　③$(-1)^{i+j}a_{ij}$　　④$(-1)^{i+j}a_{ji}$

(8)方阵A可逆的充分必要条件是(　　)。

①$A\neq 0$　　②$A=0$　　③$|A^*|>0$　　④$|A|\neq 0$

(9)设A,B为n阶可逆方阵,以下结论成立的是(　　)。

①$(AB)^T=A^TB^T$　　②$(AB)^*=A^*B^*$

③$(AB)^{-1}=A^{-1}B^{-1}$　　④$|AB|=|A||B|$

(10)已知n阶方阵

$$A=\begin{pmatrix} 0 & E_{n-1} \\ -1 & 0 \end{pmatrix}$$

则$|A|=$(　　)。

①1　　②-1　　③$(-1)^{n-1}$　　④$(-1)^n$

(11)设

$$A=\begin{pmatrix} 4 & 5 \\ 1 & 1 \end{pmatrix}$$

则$A^{-1}=$(　　)。

①$\begin{pmatrix} -1 & 5 \\ 1 & -4 \end{pmatrix}$　　②$\begin{pmatrix} 1 & 5 \\ 1 & 4 \end{pmatrix}$　　③$\begin{pmatrix} -1 & -5 \\ 1 & 4 \end{pmatrix}$　　④$\begin{pmatrix} -1 & 1 \\ 5 & -4 \end{pmatrix}$

(12)设

$$A=\begin{pmatrix} 1 & 2 & 3 \\ a & b & c \end{pmatrix}\qquad PA=\begin{pmatrix} 1-a & 2-b & 3-c \\ a & b & c \end{pmatrix}$$

则初等方阵$P=$(　　)。

①$\begin{pmatrix} 1 & 0 \\ -1 & 1 \end{pmatrix}$　　②$\begin{pmatrix} 1 & -1 \\ 0 & 1 \end{pmatrix}$　　③$\begin{pmatrix} 1 & 0 & 0 \\ -1 & 1 & 0 \\ 0 & 0 & 1 \end{pmatrix}$　　④$\begin{pmatrix} 1 & -1 & 0 \\ 0 & 1 & 0 \\ 0 & 0 & 1 \end{pmatrix}$

(13)初等方阵(　　)。

①都是可逆阵　　②所对应的行列式的值等于1

③相乘仍为初等方阵　　④相加仍为初等方阵

(14)设

$$A=\begin{pmatrix} 1 & 0 & 2 \\ 0 & 1 & 0 \\ 0 & 0 & 1 \end{pmatrix}$$

则$A^{-1}=$(　　)。

①$\begin{pmatrix} 1 & 0 & 2 \\ 0 & 1 & 0 \\ 0 & 0 & 1 \end{pmatrix}$　　②$\begin{pmatrix} 1 & 0 & \frac{1}{2} \\ 0 & 1 & 0 \\ 0 & 0 & 1 \end{pmatrix}$　　③$\begin{pmatrix} 1 & 0 & -2 \\ 0 & 1 & 0 \\ 0 & 0 & 1 \end{pmatrix}$　　④$\begin{pmatrix} 1 & 0 & -\frac{1}{2} \\ 0 & 1 & 0 \\ 0 & 0 & 1 \end{pmatrix}$

第三章

线性方程组

线性方程组的理论是数学中非常重要的一个基础理论，它具有极为广泛的应用。在本章中，我们将介绍向量组的线性相关与线性无关、向量组的秩和矩阵的秩等重要概念，且利用这些概念对线性方程组解的判定及解的结构作比较详尽的讨论。

第一节　n 维向量的概念

对于线性方程组：

$$\begin{cases} a_{11}x_1+a_{12}x_2+\cdots+a_{1n}x_n=b_1 \\ a_{21}x_1+a_{22}x_2+\cdots+a_{2n}x_n=b_2 \\ \cdots\cdots\cdots\cdots\cdots\cdots\cdots\cdots\cdots \\ a_{m1}x_1+a_{m2}x_2+\cdots+a_{mn}x_n=b_m \end{cases} \tag{3.1}$$

在前两章用行列式和逆矩阵方法讨论其解时，必须是方程的个数与未知数个数相等，即 $m=n$ 情形，且仅仅解决了克兰姆法则所给出的当系数行列式不为零时有唯一解这一结论。但当以上条件 $m\neq n$ 时，方程组(3.1)解的情况如何？即使 $m=n$，若系数行列式为零时，是否线性方程组解仍存在？所以，有必要采用其他方法对线性方程组解作进一步的研究。

线性方程组(3.1)的解问题实质上揭示了组成方程组的每个方程之间的关系。而每一个方程

$$a_{i1}x_1+a_{i2}x_2+\cdots+a_{in}x_n=b_i \quad (i=1,2,\cdots,m)$$

可以用 $n+1$ 个数构成的 $n+1$ 维有序数组

$$(a_{i1},a_{i2},\cdots,a_{in},b_i) \quad (i=1,2,\cdots,m)$$

来代表。所谓方程组之间的关系，实际上就是代表它们的 $n+1$ 维有序数组之间的关系，因此我们先讨论有序数组。

[定义 3.1]　n 个有序的数 $a_1,a_2,\cdots,a_n$ 所组成的数组

$$(a_1,a_2,\cdots,a_n)$$

称为 ***n* 维向量**。其中，a_i 称为向量的第 i 个分量，分量是实数的向量称**实向量**，分量是复数的向量称**复向量**。本书只讨论实向量。

以后我们用小写希腊字母 $\alpha,\beta,\gamma,\alpha_1,\alpha_2,\cdots$来代表向量。

应该指出，向量不只是可以代表线性方程，还可以在其他方面有极其广泛的联系。例如，在解析几何中，以原点为起点，平面中某点 $M(a,b)$为终点的有向线段可表示为二维向量 $\overrightarrow{OM}=(a,b)$。同理，空间中以原点为起点，某点 $M(a,b,c)$为终点的有向线段可表示为三维向量$\overrightarrow{OM}=(a,b,c)$。又如力学中的力、速度、加速度等，由于它们既有大小，又有方向，用一个数

也不能刻画它们,从而在取定坐标系之后,它们就可以用三维向量来刻画。

[定义 3.2] 如果两个 n 维向量

$$\alpha=(a_1,a_2,\cdots,a_n),\qquad \beta=(b_1,b_2,\cdots,b_n)$$

的对应分量都相等,即

$$a_i=b_i\quad (i=1,2,\cdots,n)$$

就称这两个向量是**相等的**。记作 $\alpha=\beta$.

下面我们来简单讨论 n 维向量之间的关系,即加法和数量乘法运算及其性质。

[定义 3.3] 设 n 维向量

$$\alpha=(a_1,a_2,\cdots,a_n),\qquad \beta=(b_1,b_2,\cdots,b_n)$$

则 n 维向量

$$\gamma=(a_1+b_1,a_2+b_2,\cdots,a_n+b_n)$$

称为向量 α 与 β 的和,记作 $\gamma=\alpha+\beta$.

[定义 3.4] 分量全为零的向量 $(0,0,\cdots,0)$ 称为**零向量**,记为 $\boldsymbol{O}$;向量 $(-a_1,-a_2,\cdots,-a_n)$ 称为 $\alpha=(a_1,a_2,\cdots,a_n)$ 的**负向量**,记为 $-\alpha$.

由负向量即可定义向量的减法:

$$\alpha-\beta=\alpha+(-\beta)=(a_1-b_1,a_2-b_2,\cdots,a_n-b_n)$$

注意:以上定义的向量加法和减法运算必须要求向量的维数相同,否则不同维数的向量加、减法是无意义的。

[定义 3.5] 设 n 维向量 $\alpha=(a_1,a_2,\cdots,a_n)$,$\lambda$ 为实数,则向量

$$(\lambda a_1,\lambda a_2,\cdots,\lambda a_n)$$

称为数 λ 与向量 α 的**乘积**,记作 $\lambda\alpha$ 或 $\alpha\lambda$. 即

$$\lambda\alpha=\alpha\lambda=(\lambda a_1,\lambda a_2,\cdots,\lambda a_n)$$

由以上向量加法和数乘运算的定义,我们不难得到以下基本性质:

(1)**加法交换律**: $\alpha+\beta=\beta+\alpha$

(2)**加法结合律**: $(\alpha+\beta)+\gamma=\alpha+(\beta+\gamma)$

(3) $\alpha+O=\alpha$

(4) $\alpha+(-\alpha)=O$

(5)**数乘结合律**: $\lambda(\mu\alpha)=(\lambda\mu)\alpha$ (其中 λ,μ 为实数)

(6)**数乘分配律**: $\lambda(\alpha+\beta)=\lambda\alpha+\lambda\beta$

$(\lambda+\mu)\alpha=\lambda\alpha+\mu\alpha$

(7) $1\alpha=\alpha$

同样,我们还可以得到以下结果:

(8) $0\alpha=O$

(9) $(-1)\alpha=-\alpha$

(10) $\lambda O=O$

[例 3.1] 设 $\alpha_1=(1,1,0)$,$\alpha_2=(0,1,1)$,$\alpha_3=(3,4,5)$

则 $\alpha_1-\alpha_2=(1,0,-1)$

$$\begin{aligned}3\alpha_1+2\alpha_2-\alpha_3&=(3,3,0)+(0,2,2)-(3,4,5)\\&=(3,5,2)-(3,4,5)\\&=(0,1,-3)\end{aligned}$$

下面我们以二维向量为例，说明其加法和数乘的几何意义。设在平面直角坐标系中的两个向量 $\alpha=(a_1,a_2)$，$\beta=(b_1,b_2)$，如图 3－1所示，则 $\alpha+\beta=(a_1+b_1,a_2+b_2)$，这与用平行四边形法则求两个向量的和所得结果是完全一致的。

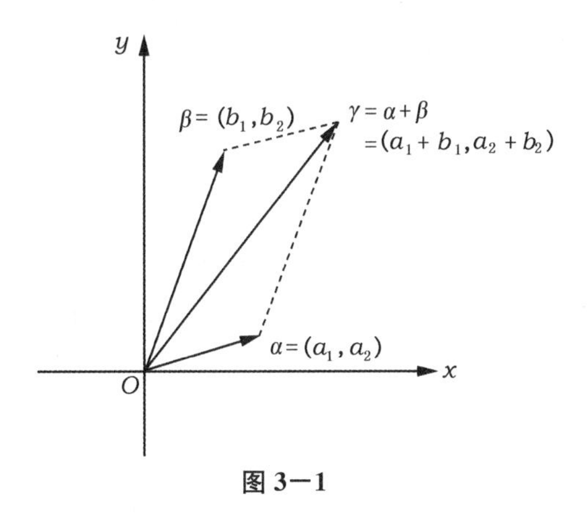

图 3－1

再看图 3－2，设 $\alpha=(a_1,a_2)$，k 是一个常数，则 $k\alpha=(ka_1,ka_2)$表示将 α 这个向量伸长 k 倍(如 $k>0$，表示在正方向伸长 k 倍；如$k<0$，表示在反方向伸长$|k|$倍)。

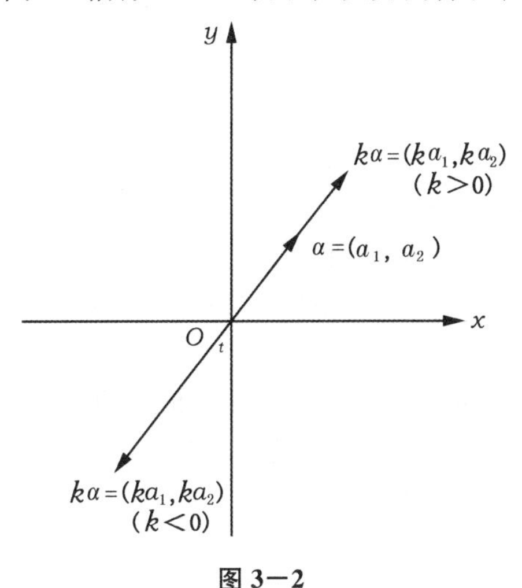

图 3－2

第二节　线性相关与线性无关

在本节中，我们主要利用以上定义的向量运算来讨论向量与向量之间的关系。为了讨论方便，我们将所讨论的向量构成一个向量组，不妨设向量组由 m 个 n 维向量构成。即向量组(I)：$\alpha_1,\alpha_2,\cdots,\alpha_m$，其中 α_i 为 n 维向量($i=1,2,\cdots,m$)。

[定义 3.6]　设对 n 维向量组(I)：$\alpha_1,\alpha_2,\cdots,\alpha_m$，如果存在一组不全为零的数 $k_1,k_2,\cdots,k_m$，使

$$k_1\alpha_1+k_2\alpha_2+\cdots+k_m\alpha_m=O \tag{3.2}$$

则称向量组(Ⅰ)是**线性相关的。**否则称(Ⅰ)**是线性无关的。**

所谓**线性无关**，即不存在不全为零的一组数 $k_1,k_2,\cdots,k_m$，使(3.2)式成立，换句话讲，当

且仅当 $k_1,k_2,\cdots,k_m$ 全为零时,(3.2)式才成立。即有

[定义 3.7] 对向量组(Ⅰ):$\alpha_1,\alpha_2,\cdots,\alpha_m$,如果(3.2)式成立,可以推出 $k_1=k_2=\cdots=k_m=0$,则称向量组(Ⅰ)是**线性无关的**。

[例 3.2] 设 $\alpha_1=(1,0,0),\alpha_2=(1,1,0),\alpha_3=(0,1,1),\alpha_4=(1,2,3)$,如果我们取 $k_1=2$,$k_2=-1,k_3=3,k_4=-1$,即可得:

$$k_1\alpha_1+k_2\alpha_2+k_3\alpha_3+k_4\alpha_4=O$$

所以,$\alpha_1,\alpha_2,\alpha_3,\alpha_4$ 是线性相关的。

[例 3.3] 零向量是线性相关的。

证明 由本章第一节的向量基本性质(10):$\lambda\cdot O=O$,只要取 $\lambda\neq0$ 的任意数,即可得。

此例的结果可以容易地推广:在一个向量组中,只要含有零向量,就一定线性相关。因为只要将非零向量前系数 k 都取零,而零向量前系数取非零数,即有 $0\cdot\alpha_1+0\cdot\alpha_2+\cdots+k_iO+\cdots+0\cdot\alpha_m=O$,从而 $\alpha_1,\alpha_2,\cdots,O,\cdots,\alpha_m$ 一定线性相关。

[例 3.4] 单个非零向量是线性无关的。

证明 如 $k\cdot\alpha=O$ 而 $\alpha\neq O$,则 $k=0$(因 $k\neq0,\alpha\neq O$,则 $k\alpha\neq0$)。

[定理 3.1] 如果向量组(I):$\alpha_1,\alpha_2,\cdots,\alpha_m$ 中的一部分向量线性相关,则向量组(I)也一定线性相关。

证明 不妨设向量组(I)的一部分就是由前面 r 个向量组成,即 $\alpha_1,\alpha_2,\cdots,\alpha_r$。由定理条件得,$\alpha_1,\alpha_2,\cdots,\alpha_r$ 线性相关,即存在不全为零的数 $k_1,k_2,\cdots,k_r$,使

$$k_1\alpha_1+k_2\alpha_2+\cdots+k_r\alpha_r=O$$

取 $k_{r+1}=k_{r+2}=\cdots=k_m=0$,则 $k_1,k_2,\cdots,k_r,k_{r+1},k_{r+2},\cdots,k_m$ 不全为零,且

$$k_1\alpha_1+k_2\alpha_2+\cdots+k_r\alpha_r+0\alpha_{r+1}+0\alpha_{r+2}+\cdots+0\alpha_m=O$$

从而由定义 3.6 得,$\alpha_1,\alpha_2,\cdots,\alpha_m$ 一定线性相关。

推论 若向量组(Ⅰ):$\alpha_1,\alpha_2,\cdots,\alpha_m$ 是线性无关的,则其任何部分向量构成的向量组都是线性无关的。

此推论实际上是定理 3.1 的逆否命题,只要用反证法即可证得。

向量组的线性相关性与齐次线性方程组的解具有紧密联系,下面就来说明之。

设向量组 $\alpha_1,\alpha_2,\cdots,\alpha_m$ 为

$$\alpha_1=(a_{11},a_{12},\cdots,a_{1n}),\alpha_2=(a_{21},a_{22},\cdots,a_{2n}),\cdots,\alpha_m=(a_{m1},a_{m2},\cdots,a_{mn})$$

要证明 $\alpha_1,\alpha_2,\cdots,\alpha_m$ 是否线性相关,就是看是否存在不全为零的数 $x_1,x_2,\cdots,x_m$,使

$$x_1\alpha_1+x_2\alpha_2+\cdots+x_m\alpha_m=O$$

上式用分量写出来就是:

$$\begin{cases}a_{11}x_1+a_{21}x_2+\cdots+a_{m1}x_m=0\\a_{12}x_1+a_{22}x_2+\cdots+a_{m2}x_m=0\\\cdots\cdots\cdots\cdots\cdots\cdots\\a_{1n}x_1+a_{2n}x_2+\cdots+a_{mn}x_m=0\end{cases}\tag{3.3}$$

所以我们有以下定理:

[定理 3.2] 向量组 $\alpha_1,\alpha_2,\cdots,\alpha_m$ 线性相关的充要条件是齐次线性方程组(3.3)有非零解。

同理,$\alpha_1,\alpha_2,\cdots,\alpha_m$ 线性无关的充要条件是齐次线性方程组(3.3)只有零解。

特别地,当 $m=n$ 时,由克莱姆法则知,齐次线性方程组(3.3)的系数行列式 $|A|\neq0$ 时,只有零解,而方程组(3.3)的系数行列式的每列正是由 $\alpha_1,\alpha_2,\cdots,\alpha_n$ 构成,由行列式转置后值不

变性质,我们可得:当由 $\alpha_1,\alpha_2,\cdots,\alpha_n$ 构成每行的行列式:

$$\begin{vmatrix} a_{11} & a_{12} & \cdots & a_{1n} \\ a_{21} & a_{22} & \cdots & a_{2n} \\ \cdots & \cdots & \cdots & \cdots \\ a_{n1} & a_{n2} & \cdots & a_{nn} \end{vmatrix} = \begin{vmatrix} a_{11} & a_{21} & \cdots & a_{n1} \\ a_{12} & a_{22} & \cdots & a_{n2} \\ \cdots & \cdots & \ddots & \cdots \\ a_{1n} & a_{2n} & \cdots & a_{nn} \end{vmatrix} = |A| \neq 0$$

时,$\alpha_1,\alpha_2,\cdots,\alpha_n$ 一定线性无关。

[例 3.5]　n 维单位向量组

$$e_1=(1,0,0,\cdots,0)$$
$$e_2=(0,1,0,\cdots,0)$$
$$\cdots\cdots\cdots\cdots\cdots$$
$$e_n=(0,0,0,\cdots,1)$$

是线性无关的。

解　由单位向量组 $e_1,e_2,\cdots,e_n$ 所构成的齐次线性方程组的系数行列式:

$$|A| = \begin{vmatrix} 1 & 0 & 0 & 0 & \cdots & 0 \\ 0 & 1 & 0 & 0 & \cdots & 0 \\ 0 & 0 & 1 & 0 & \cdots & 0 \\ \cdots & \cdots & \cdots & \cdots & \cdots & \cdots \\ 0 & 0 & 0 & 0 & \cdots & 1 \end{vmatrix} = 1 \neq 0$$

则 $e_1,e_2,\cdots,e_n$ 是线性无关的。

注　上述方法目前只适应于证明向量组的线性无关,且向量的个数应与向量的维数一致。关于向量组的线性相关判别,将在本章的后面给出。

推论 1　对调向量组中每个向量的对应分量位置,向量组的线性相关性保持不变。

证明　设向量组(Ⅰ):$\alpha_1,\alpha_2,\cdots,\alpha_m$,其中 $\alpha_i=(a_{i1},a_{i2},\cdots,a_{in})(i=1,2,\cdots,m)$,向量组(Ⅱ):$\beta_1,\beta_2,\cdots,\beta_m$,其中 $\beta_i=(a_{i2},a_{i1},\cdots,a_{in})(i=1,2,\cdots,m)$,即 β_i 是将 α_i 中的第一与第二分量位置对换,由向量组(Ⅰ)与向量组(Ⅱ)分别可得齐次线性方程组(3.3),其区别就是将方程组(3.3)中的第一、二个方程位置调换,从而不影响其解,则向量组(Ⅰ)和(Ⅱ)具有相同的线性相关性,即如向量组(Ⅰ)线性相关,向量组(Ⅱ)也线性相关;如向量组(Ⅰ)线性无关,向量组(Ⅱ)也线性无关。

推论 2　如果向量组:$\alpha_1,\alpha_2,\cdots,\alpha_m$ 线性无关,其中 $\alpha_i=(a_{i1},a_{i2},\cdots,a_{in})(i=1,2,\cdots,m)$,则在向量组中每一个向量上添一个分量所得的 $n+1$ 维向量组:$\beta_1,\beta_2,\cdots,\beta_m$ 也线性无关,其中 $\beta_i=(a_{i1},a_{i2},\cdots,a_{in},b_i)(i=1,2,\cdots,m)$。

证明　向量组 $\beta_1,\beta_2,\cdots,\beta_m$ 所对应的齐次线性方程组为

$$\begin{cases} a_{11}x_1+a_{21}x_2+\cdots+a_{m1}x_m=0 \\ a_{12}x_1+a_{22}x_2+\cdots+a_{m2}x_m=0 \\ \cdots\cdots\cdots\cdots\cdots\cdots\cdots\cdots\cdots \\ a_{1n}x_1+a_{2n}x_2+\cdots+a_{mn}x_m=0 \\ b_1x_1+b_2x_2+\cdots+b_mx_m=0 \end{cases} \tag{3.4}$$

比较齐次线性方程组(3.3)和(3.4),由于增加一个分量,使得方程组(3.4)中的方程增加一个,其余方程不变。从而齐次线性方程组(3.3)只有零解时,(3.4)也只有零解。则向量组 $\alpha_1,\alpha_2,\cdots,\alpha_m$ 线性无关时,向量组 $\beta_1,\beta_2,\cdots,\beta_m$ 也线性无关。

注 (1)此推论可推广到：如在向量组的每一个向量中增添多个分量的情形；(2)此推论的逆命题不一定成立，即增添分量后的向量组线性无关，原来的向量组不一定线性无关；(3)此推论的逆否命题为：在向量组中的每一个向量去掉相应的分量，则原向量组线性相关，去掉分量后的向量组也线性相关。

[例 3.6] 向量组 $\alpha_1=(0,1,1,2),\alpha_2=(1,1,0,3),\alpha_3=(0,0,2,4)$是线性无关的。

解 在 $\alpha_1,\alpha_2,\alpha_3$ 中去掉最后一个分量，得向量组：

$$\beta_1=(0,1,1),\beta_2=(1,1,0),\beta_3=(0,0,2)$$

因 β_1,β_2,β_3 所构成的行列式

$$|A|=\begin{vmatrix}0&1&1\\1&1&0\\0&0&2\end{vmatrix}=-2\neq0$$

所以 β_1,β_2,β_3 是线性无关的。而 $\alpha_1,\alpha_2,\alpha_3$ 是 β_1,β_2,β_3 增添一个分量后得到的向量组，由推论 2 得，$\alpha_1,\alpha_2,\alpha_3$ 必线性无关。

[例 3.7] 设 $\beta_1=\alpha_2+\alpha_3,\beta_2=\alpha_1+\alpha_3,\beta_3=\alpha_1+\alpha_2$，且 $\alpha_1,\alpha_2,\alpha_3$ 是线性无关的，证明向量组 β_1,β_2,β_3 也线性无关。

证明 设 k_1,k_2,k_3 使

$$k_1\beta_1+k_2\beta_2+k_3\beta_3=O \tag{3.5}$$

将 $\beta_1=\alpha_2+\alpha_3,\beta_2=\alpha_1+\alpha_3,\beta_3=\alpha_1+\alpha_2$ 代入(3.5)式中：

$$k_1(\alpha_2+\alpha_3)+k_2(\alpha_1+\alpha_3)+k_3(\alpha_1+\alpha_2)=O$$

整理得：

$$(k_2+k_3)\alpha_1+(k_1+k_3)\alpha_2+(k_1+k_2)\alpha_3=O$$

因为 $\alpha_1,\alpha_2,\alpha_3$ 线性无关，则其系数皆为零，即满足：

$$\begin{cases}k_2+k_3=0\\k_1+k_3=0\\k_1+k_2=0\end{cases}$$

此方程组显然只有零解，即 $k_1=k_2=k_3=0$，则 β_1,β_2,β_3 是线性无关的。

[定义 3.7] 对于向量组：$\alpha_1,\alpha_2,\cdots,\alpha_m$ 及某个向量 β，如果存在 $k_1,k_2,\cdots,k_m$，使得

$$\beta=k_1\alpha_1+k_2\alpha_2+\cdots+k_m\alpha_m$$

则称向量 β 可由 $\alpha_1,\alpha_2,\cdots,\alpha_m$ 来**线性表出**；或称向量 β 是 $\alpha_1,\alpha_2,\cdots,\alpha_m$ 的一个**线性组合。**

下面的定理说明线性相关性与线性表出之间的关系。

[定理 3.3] 向量组(Ⅰ) $\alpha_1,\alpha_2,\cdots,\alpha_m(m\geqslant2)$ 线性相关的充分必要条件是(Ⅰ)中至少有一个向量可以由其余 $m-1$ 个向量线性表出。

证明 充分性：设(Ⅰ)中有一个向量(不妨设 α_1)能由其余向量线性表出，即有

$$\alpha_1=\lambda_2\alpha_2+\lambda_3\alpha_3+\cdots+\lambda_m\alpha_m$$

故有

$$(-1)\alpha_1+\lambda_2\alpha_2+\cdots+\lambda_m\alpha_m=O$$

取 $k_1=-1,k_2=\lambda_2,\cdots,k_m=\lambda_m$ 不全为零，且有

$$k_1\alpha_1+k_2\alpha_2+\cdots+k_m\alpha_m=O$$

则 $\alpha_1,\alpha_2,\cdots,\alpha_m$ 线性相关。

必要性：设 $\alpha_1,\alpha_2,\cdots,\alpha_m$ 线性相关，即存在不全为零的数 $k_1,k_2,\cdots,k_m$，使 $k_1\alpha_1+k_2\alpha_2+$

$+k_m\alpha_m=O$.

不妨设 $k_1\neq0$，则上式有：

$$\alpha_1=-\frac{k_2}{k_1}\alpha_2-\frac{k_3}{k_1}\alpha_3-\cdots-\frac{k_m}{k_1}\alpha_m$$

即 α_1 可由 $\alpha_2,\alpha_3,\cdots,\alpha_m$ 来线性表出。

［定理 3.4］ 设 $\alpha_1,\alpha_2,\cdots,\alpha_m$ 线性无关，而 $\alpha_1,\alpha_2,\cdots,\alpha_m,\beta$ 线性相关，则 β 能由 $\alpha_1,\alpha_2,\cdots,\alpha_m$ 线性表示，且表达式是唯一的。

证明 由 $\alpha_1,\alpha_2,\cdots,\alpha_m,\beta$ 线性相关，故有 $k_1,k_2,\cdots,k_m,k_{m+1}$ 不全为零，使 $k_1\alpha_1+\cdots+k_m\alpha_m+k_{m+1}\beta=O$.　　(3.6)

若 $k_{m+1}=0$，则上式为：

$$k_1\alpha_1+\cdots+k_m\alpha_m=O$$

且 $k_1,k_2,\cdots,k_m$ 不全为零，从而 $\alpha_1,\alpha_2,\cdots,\alpha_m$ 线性相关，与条件矛盾，故只能是 $k_{m+1}\neq0$。由(3.6)式得：

$$\beta=-\frac{k_1}{k_{m+1}}\alpha_1-\frac{k_2}{k_{m+1}}\alpha_2-\cdots-\frac{k_m}{k_{m+1}}\alpha_m$$

则 β 能由 $\alpha_1,\alpha_2,\cdots,\alpha_m$ 线性表出。

再证明唯一性。设有两个表达式：

$$\beta=\lambda_1\alpha_1+\lambda_2\alpha_2+\cdots+\lambda_m\alpha_m \quad 及 \quad \beta=l_1\alpha_1+l_2\alpha_2+\cdots+l_m\alpha_m$$

两式相减，即得：

$$(\lambda_1-l_1)\alpha_1+(\lambda_2-l_2)\alpha_2+\cdots+(\lambda_m-l_m)\alpha_m=O$$

而因 $\alpha_1,\alpha_2,\cdots,\alpha_m$ 线性无关，则 $\lambda_i-l_i=0$，即 $\lambda_i=l_i(i=1,2,\cdots,m)$，从而 β 能由 $\alpha_1,\alpha_2,\cdots,\alpha_m$ 线性表出且表达式唯一。

［例 3.8］ 证明向量 $\beta=(-1,2,4)$ 可以由向量组 $\alpha_1=(1,3,1)$，$\alpha_2=(-1,1,3)$，$\alpha_3=(2,0,-4)$ 来线性表出。

证明 β 可否由 $\alpha_1,\alpha_2,\alpha_3$ 线性表出，就是看是否存在 k_1,k_2,k_3，使 $k_1\alpha_1+k_2\alpha_2+k_3\alpha_3=\beta$。

将 $\alpha_1,\alpha_2,\alpha_3,\beta$ 代入得：

$$k_1(1,3,1)+k_2(-1,1,3)+k_3(2,0,-4)=(-1,2,4)$$

分量相等得方程组：

$$\begin{cases}k_1-k_2+2k_3=-1\\3k_1+k_2=2\\k_1+3k_2-4k_3=4\end{cases}\tag{3.7}$$

这个方程组的解不止一组，如

$$\begin{cases}k_1=\dfrac{1}{4}\\k_2=\dfrac{5}{4}\\k_3=0\end{cases} \quad 与 \quad \begin{cases}k_1=\dfrac{3}{4}\\k_2=-\dfrac{1}{4}\\k_3=-1\end{cases}$$

都是方程组(3.7)的解。从而 β 可以由 $\alpha_1,\alpha_2,\alpha_3$ 来线性表出，且表达式有无穷多个。

例 3.8 告诉我们，判断一个向量可否由其他一些向量来线性表出问题，可以归结为某个(如例 3.8 的 3.7 式)非齐次线性方程组是否有解，而解的多少又决定了表达式的多少。

一般地，设向量

$$\beta=(b_1,b_2,\cdots,b_n),$$
$$\alpha_i=(a_{i1},a_{i2},\cdots,a_{in}) \quad (i=1,2,\cdots,m)$$

我们可得出结论：β 可由 $\alpha_1,\alpha_2,\cdots,\alpha_m$ 线性表出的充分必要条件是以下非齐次线性方程组：

$$\begin{cases} a_{11}x_1+a_{21}x_2+\cdots+a_{m1}x_m=b_1 \\ a_{12}x_1+a_{22}x_2+\cdots+a_{m2}x_m=b_2 \\ \cdots\cdots\cdots\cdots\cdots\cdots \\ a_{1n}x_1+a_{2n}x_2+\cdots+a_{mn}x_m=b_n \end{cases} \tag{3.8}$$

是否有解。

特别地，当 $m=n$ 时，方程组(3.8)的系数行列式

$$|A|=\begin{vmatrix} a_{11} & a_{21} & \cdots & a_{n1} \\ a_{12} & a_{22} & \cdots & a_{n2} \\ \cdots & \cdots & \cdots & \cdots \\ a_{1n} & a_{2n} & \cdots & a_{nn} \end{vmatrix} \neq 0$$

时，根据克莱姆法则，方程组(3.8)有唯一解。即当 $\alpha_1,\alpha_2,\cdots,\alpha_n$ 所构成的行列式不为零时，任何 n 维向量 β 都可由 $\alpha_1,\alpha_2,\cdots,\alpha_n$ 来线性表出，且表达式唯一。

下面利用线性表出的概念，给出向量组与向量组之间的一种关系。

设有两个 n 维的向量组：

$$(\text{Ⅰ})\alpha_1,\alpha_2,\cdots,\alpha_r$$
$$(\text{Ⅱ})\beta_1,\beta_2,\cdots,\beta_s$$

［定义 3.8］ 如果（Ⅰ）中的每一个向量可由向量组（Ⅱ）中向量来线性表出，则称向量组（Ⅰ）可由向量组（Ⅱ）来**线性表出**；如果向量组（Ⅰ）可由向量组（Ⅱ）来线性表出，并且向量组（Ⅱ）也可由向量组（Ⅰ）来线性表出，则称向量组（Ⅰ）与向量组（Ⅱ）**等价**。

向量组之间的等价具有以下性质：

(1)**反身性**：每一个向量组都与它自身等价；

(2)**对称性**：如果向量组（Ⅰ）与向量组（Ⅱ）等价，那么向量组（Ⅱ）也与向量组（Ⅰ）等价；

(3)**传递性**：如果向量组（Ⅰ）与向量组（Ⅱ）等价，且向量组（Ⅱ）与向量组（Ⅲ）等价，则向量组（Ⅰ）与向量组（Ⅲ）也等价。

第三节 向量组的秩

一般地，如果一个向量组不是仅含有零向量，由于单个非零向量总是线性无关的，所以，在由多个向量所构成的向量组中，不论该向量组是线性相关的还是线性无关的，只要含非零向量，其内部一定包含线性无关的部分向量组。

［例 3.9］ 设向量组 $\alpha_1=(1,0,0)$，$\alpha_2=(1,1,0)$，$\alpha_3=(0,1,1)$，$\alpha_4=(2,2,2)$，在此向量组中包含许多线性无关的部分组。如 α_1；α_1,α_2；α_1,α_3；$\alpha_1,\alpha_2,\alpha_3$；$\alpha_1,\alpha_2,\alpha_4$ 等，都是该向量组中的线性无关组。

由定理 3.3 可知，线性相关的向量组中至少有一个向量可由其他向量来线性表出，从而我们在众多的部分线性无关组中，含有向量个数最多的线性无关组最为重要。如例 3.9 中的 $\alpha_1,\alpha_2,\alpha_3$；$\alpha_1,\alpha_2,\alpha_4$ 等。因为在这些向量组中再增加一个向量，它们就线性相关，如例中再增

加一个向量，即为原向量组 $\alpha_1,\alpha_2,\alpha_3,\alpha_4$，它是线性相关的。所以，本例中个数最多的线性无关组只能由 3 个向量构成。

为了把“含向量个数最多的无关组”这句话说得更确切，下面给出极大无关组的精确定义。

[定义 3.9]　设向量组 $\alpha_1,\alpha_2,\cdots,\alpha_r$ 由某一个向量组的部分向量构成，如果满足以下两个条件：

(1) $\alpha_1,\alpha_2,\cdots,\alpha_r$ 是线性无关的；

(2)在原向量组中任取一个向量 α，则 $\alpha_1,\alpha_2,\cdots,\alpha_r,\alpha$ 一定线性相关。

则称向量组 $\alpha_1,\alpha_2,\cdots,\alpha_r$ 为原向量组的一个**极大线性无关组**，或简称**极大无关组**。

注　由定理 3.4，以上定义 3.9 中的第二个条件可改为：

(2)′ 向量组中的其他任一向量可由 $\alpha_1,\alpha_2,\cdots,\alpha_r$ 来线性表出。

根据定义，我们可以对任一含有向量个数有限的向量组求出其极大无关组。

[例 3.10]　求下列向量组的一个极大无关组：

$$\alpha_1=(1,0,0),\alpha_2=(0,1,0),\alpha_3=(0,0,1),\alpha_4=(2,0,0),\alpha_5=(0,2,0)$$

解　取 $\alpha_1=(1,0,0)$，易见：α_1,α_2 线性无关；添加 α_3，易见 $\alpha_1,\alpha_2,\alpha_3$ 也线性无关。

考察 $\alpha_1,\alpha_2,\alpha_3,\alpha_4$，因为 $\alpha_4=2\alpha_1+0\alpha_2+0\alpha_3$，所以 $\alpha_1,\alpha_2,\alpha_3,\alpha_4$ 是线性相关的。

考察 $\alpha_1,\alpha_2,\alpha_3,\alpha_5$，因为 $\alpha_5=0\alpha_1+2\alpha_2+0\alpha_3$，所以 $\alpha_1,\alpha_2,\alpha_3,\alpha_5$ 是线性相关的。

因此，$\{\alpha_1,\alpha_2,\alpha_3\}$ 是向量组的一个极大无关组。

注　易见，首选的非零向量或添加向量次序不同，可能得到向量组的不同极大无关组。利用上述方法可以验证 $\alpha_1,\alpha_3,\alpha_5$；$\alpha_2,\alpha_3,\alpha_4$；$\alpha_3,\alpha_4,\alpha_5$ 都是向量组的极大无关组，这也说明向量组的极大无关组一般不是唯一的。

虽然向量组的极大无关组不是唯一的，但从例 3.10 中我们可以看到，每个极大无关组所含向量的个数似乎是一致的。以下就这一问题进行讨论。

[定理 3.5]　向量组与它的极大无关组是等价的。

证明　设向量组(Ⅰ) $\alpha_1,\alpha_2,\cdots,\alpha_m$，其极大无关组不妨就是前 r 个向量构成的向量组(Ⅱ) $\alpha_1,\alpha_2,\cdots,\alpha_r$.

由于极大无关组(Ⅱ)是(Ⅰ)的一部分向量，显然(Ⅱ)中所有向量可由(Ⅰ)线性表出，即只要取 $\alpha_i=0\cdot\alpha_1+\cdots+0\cdot\alpha_{i-1}+\alpha_i+\cdots+0\cdot\alpha_m,(i=1,2,\cdots,r)$。

同理，对于(Ⅰ)中任何一个向量 $\alpha_j(j=1,2,3,\cdots,m)$，由极大无关组定义可知：$\alpha_1,\alpha_2,\cdots,\alpha_r,\alpha_j$ 线性相关。根据定理 3.4，α_j 必可由 $\alpha_1,\alpha_2,\cdots,\alpha_r$ 来线性表出，即向量组(Ⅰ)也可由向量组(Ⅱ)来线性表出。由上所证，向量组(Ⅰ)与向量组(Ⅱ)等价。

推论　在向量组中，所有的极大无关组之间是等价的。

此结论可由定理 3.5 及向量组等价的传递性证得。

为了给出向量组的所有极大无关组所含向量个数相等这一结论，下面给出一个重要的定理（证明的过程省略）。

[定理 3.6]　设两个向量组

$$(\text{Ⅰ})\ \alpha_1,\alpha_2,\cdots,\alpha_r$$

$$(\text{Ⅱ})\ \beta_1,\beta_2,\cdots,\beta_s$$

如果满足以下两个条件：

(1)向量组(Ⅰ)可由向量组(Ⅱ)来线性表示；

(2) $\alpha_1,\alpha_2,\cdots,\alpha_r$ 线性无关，

则 $r \leqslant s$.

推论 1 如果向量组(Ⅰ)可由向量组(Ⅱ)来线性表出,且$r>s$,则必有向量组(Ⅰ)$\alpha_1,\alpha_2,\cdots,\alpha_r$ 是线性相关的。

此推论是定理 3.6 的一个逆否命题,从而显然成立。

推论 2 任何 $n+1$ 个 n 维的向量组一定线性相关。

证明 设向量组(Ⅰ):

$$\alpha_1,\alpha_2,\cdots,\alpha_n,\alpha_{n+1}$$

其中

$$\alpha_i=(a_{i1},a_{i2},\cdots,a_{in}) \quad (i=1,2,\cdots,n+1)$$

向量组(Ⅱ):$e_1,e_2,\cdots,e_n$ 为单位向量构成。对于(Ⅰ)中的任何向量 α_i 都有:

$$\alpha_i=a_{i1}e_1+a_{i2}e_2+\cdots+a_{in}e_n \qquad (i=1,2,\cdots,n+1)$$

即向量组(Ⅰ)可由向量组(Ⅱ)来线性表出,又 $n+1>n$,根据上述推论 1,得向量组(Ⅰ)一定是线性相关的。

由此推论的证明过程,我们可以看到,在由所有的 n 维向量构成的向量组中,单位向量组 $e_1,e_2,\cdots,e_n$ 构成其一个极大无关组。

推论 3 等价的线性无关向量组所含向量个数一定相等。

证明 设两个向量组是

$$(\text{Ⅰ})\alpha_1,\alpha_2,\cdots,\alpha_r \qquad (\text{Ⅱ})\beta_1,\beta_2,\cdots,\beta_s$$

已知这两个向量组线性无关,且等价,要证明 $r=s$.

因为向量组(Ⅰ)可由(Ⅱ)线性表出,且向量组(Ⅰ)线性无关,由定理 3.6 可得$r\leqslant s$;同理,向量组(Ⅱ)也可由向量组(Ⅰ)来线性表出及向量组(Ⅱ)的线性无关性,$r\geqslant s$. 综合上述,只能 $r=s$。

推论 4 在向量组中的所有极大无关组所含向量的个数一定相等。

推论的证明可由定理 3.5 的推论及定理 3.6 的推论 3 直接给出。

由上面的讨论可以看到,在一个向量组中,虽然其极大无关组可能有好几个,但其每一个极大无关组所含向量的个数一定相同,从而这“**个数**”就是每个向量组所固有的,我们把它称为向量组的秩。

[定义 3.10] 向量组的极大无关组所含向量的个数称为这个**向量组的秩。**

因为线性无关的向量组就是它本身的极大无关组,所以得到下列结论:向量组线性无关的充分必要条件是它的秩与其所含向量个数相同;反之,向量组线性相关的充分必要条件是它的秩小于其向量的个数。

第四节 矩阵的秩

前几节我们讨论了向量组以及向量组的秩,下面我们建立向量组与矩阵之间的联系。

设一个 $m\times n$ 的矩阵为

$$A=\begin{pmatrix} a_{11} & a_{12} & \cdots & a_{1n} \\ a_{21} & a_{22} & \cdots & a_{2n} \\ \cdots & \cdots & \cdots & \cdots \\ a_{m1} & a_{m2} & \cdots & a_{mn} \end{pmatrix}$$

我们可以把它的每一行看成一个向量,即

$$\alpha_i=(a_{i1},a_{i2},\cdots,a_{in}) \qquad (i=1,2,\cdots,m)$$

从而矩阵 A 就可以认为是由 m 个 n 维的行向量 $\alpha_1,\alpha_2,\cdots,\alpha_m$ 构成;同样我们还可以把它的每一列看成一个向量,即

$$\beta_j=\begin{pmatrix}a_{1j}\\a_{2j}\\\vdots\\a_{mj}\end{pmatrix} \qquad (j=1,2,\cdots,n)$$

那么,矩阵 A 可以认为是由 n 个 m 维的列向量 $\beta_1,\beta_2,\cdots,\beta_n$ 构成的。

注 (1)一般 n 维向量可有两种不同的表示法,即行向量 $\alpha=(a_1,a_2,\cdots,a_n)$ 与列向量 $\alpha=\begin{pmatrix}a_1\\a_2\\\vdots\\a_n\end{pmatrix}$,无论从性质还是运算上,两者都是一致的,我们常以行向量为例加以讨论。

(2)有时我们可把 n 维行向量看成是 $1\times n$ 矩阵,把 n 维列向量看成是 $n\times1$ 矩阵,利用这一观点,可以将上面的 $m\times n$ 矩阵写成:

$$A=\begin{pmatrix}\alpha_1\\\alpha_2\\\vdots\\\alpha_m\end{pmatrix}=(\beta_1,\beta_2,\cdots,\beta_n)$$

这对于比较矩阵和向量的运算以及其有关概念、性质具有一定的帮助。

[定义 3.11] 我们把矩阵的行向量组的秩称为矩阵的**行秩**;把矩阵的列向量组的秩称为矩阵的**列秩**。

下面我们把矩阵的行秩和列秩加以统一。

[例 3.11] 矩阵

$$A=\begin{pmatrix}1&2&1\\-1&-1&0\\0&1&1\\1&3&2\end{pmatrix}$$

的行向量组是:$\alpha_1=(1,2,1)$,$\alpha_2=(-1,-1,0)$,$\alpha_3=(0,1,1)$,$\alpha_4=(1,3,2)$。不难验证 α_1 与 α_2 线性无关。事实上,若

$$k_1\alpha_1+k_2\alpha_2=O$$

即

$$(k_1-k_2,2k_1-k_2,k_1)=(0,0,0)$$

从而 $k_1=k_2=0$,因此 α_1 与 α_2 线性无关。又因为

$$\alpha_3=\alpha_1+\alpha_2$$

$$\alpha_4=2\alpha_1+\alpha_2$$

所以,α_1 与 α_2 是 $\alpha_1,\alpha_2,\alpha_3,\alpha_4$ 的极大无关组,即其秩为 2,也就是 A 的行秩等于 2。

同理,对 A 的列向量组:

$$\beta_1=(1,-1,0,1),\ \beta_2=(2,-1,1,3),\ \beta_3=(1,0,1,2)$$

因为 β_1 与 β_2 线性无关且 $\beta_3=\beta_2-\beta_1$,所以 β_1,β_2 也是 β_1,β_2,β_3 的一个极大无关组,即 A 的列秩等于 2。

从例 3.11 中可以看到，矩阵的行秩等于矩阵的列秩，这一点并不是偶然的。下面我们用第二章学过的矩阵初等变换来证明这一结果。

[**定理 3.7**] 矩阵的初等变换不改变矩阵的行秩和列秩。

证明 下面我们只证明初等行变换不影响矩阵的行秩。

设矩阵

$$A=\begin{pmatrix} a_{11} & a_{12} & \cdots & a_{1n} \\ a_{21} & a_{22} & \cdots & a_{2n} \\ \cdots & \cdots & \cdots & \cdots \\ a_{m1} & a_{m2} & \cdots & a_{mn} \end{pmatrix}$$

其行向量为

$$\alpha_i=(a_{i1},a_{i2},\cdots,a_{in}) \quad (i=1,2,\cdots,n)$$

对矩阵 A 交换两行，显然只将行向量组中相应行向量的位置对调，从而其秩当然保持不变。

对矩阵 A 的某行乘上一个非零常数 k，不妨设第 1 行，此时行向量组为 $k\alpha_1,\alpha_2,\cdots,\alpha_m$ $(k\neq 0)$，显然它与 $\alpha_1,\alpha_2,\cdots,\alpha_m$ 等价从而秩相等。

对矩阵 A 的某行加上另一行的 k 倍。不妨设第二行加上第一行的 k 倍，矩阵 A 就变成：

$$B=\begin{pmatrix} a_{11} & a_{12} & \cdots & a_{1n} \\ ka_{11}+a_{21} & ka_{12}+a_{22} & \cdots & ka_{1n}+a_{2n} \\ \cdots & \cdots & \cdots & \cdots \\ a_{m1} & a_{m2} & \cdots & a_{mn} \end{pmatrix}$$

行向量组为 $\beta_1,\beta_2,\cdots,\beta_m$，从而有下式

$$\begin{cases} \beta_1=\alpha_1 \\ \beta_2=k\alpha_1+\alpha_2 \\ \cdots\cdots\cdots\cdots \\ \beta_m=\alpha_m \end{cases} \quad 或 \quad \begin{cases} \alpha_1=\beta_1 \\ \alpha_2=\beta_2-k\beta_1 \\ \vdots \\ \alpha_m=\beta_m \end{cases}$$

即变换后的行向量组 $\beta_1,\beta_2,\cdots,\beta_m$ 与 $\alpha_1,\alpha_2,\cdots,\alpha_m$ 等价，所以行秩相等。

同理可以证明其他情况。

推论 矩阵的行秩＝矩阵的列秩

此推论可由定理 3.7 及第二章的任何矩阵 A 可以用初等变换唯一地化为其标准型矩阵形式：

$$B=\begin{pmatrix} E_r & O \\ O & O \end{pmatrix}_{m\times n}$$

其中，E_r 由 r 阶单位矩阵的结果推得。

因为矩阵的行秩等于其列秩，所以，把它们统称为**矩阵的秩**，记为$R(A)$.

特别地，我们定义零矩阵的秩为 0.

显然，矩阵的秩总不大于其行数或列数；另外，定理 3.7 也可表述为：初等变换不影响矩阵的秩。

[**定理 3.8**] 设 A 是任意的$m\times n$ 矩阵，B 是任意的 $n\times s$ 矩阵，于是总有

$$R(AB)\leqslant\min\{R(A),R(B)\}$$

即矩阵乘积的秩不超过各因子的秩。

证明 要证明$R(AB)\leqslant\min\{R(A),R(B)\}$，只需证明$R(AB)\leqslant R(A)$和$R(AB)\leqslant R(B)$。下面我们先证明第二个式子。

设

$$A=\begin{pmatrix}a_{11}&a_{12}&\cdots&a_{1n}\\a_{21}&a_{22}&\cdots&a_{2n}\\\cdots&\cdots&\cdots&\cdots\\a_{m1}&a_{m2}&\cdots&a_{mn}\end{pmatrix}\quad B=\begin{pmatrix}b_{11}&b_{12}&\cdots&b_{1s}\\b_{21}&b_{22}&\cdots&b_{2s}\\\cdots&\cdots&\cdots&\cdots\\b_{n1}&b_{n2}&\cdots&b_{ns}\end{pmatrix}=\begin{pmatrix}\beta_1\\\beta_2\\\vdots\\\beta_n\end{pmatrix}$$

$$AB=C=\begin{pmatrix}c_{11}&c_{12}&\cdots&c_{1s}\\c_{21}&c_{22}&\cdots&c_{2s}\\\cdots&\cdots&\cdots&\cdots\\c_{m1}&c_{m2}&\cdots&c_{ms}\end{pmatrix}=\begin{pmatrix}\gamma_1\\\gamma_2\\\vdots\\\gamma_m\end{pmatrix}$$

其中，$\beta_1,\beta_2,\cdots,\beta_n$为$B$的行向量组；$\gamma_1,\gamma_2,\cdots,\gamma_m$为$C$的行向量组，由$AB=C$，即：

$$\begin{pmatrix}\gamma_1\\\gamma_2\\\vdots\\\gamma_m\end{pmatrix}=\begin{pmatrix}a_{11}&a_{12}&\cdots&a_{1n}\\a_{21}&a_{22}&\cdots&a_{2n}\\\cdots&\cdots&\cdots&\cdots\\a_{m1}&a_{m2}&\cdots&a_{mn}\end{pmatrix}\begin{pmatrix}\beta_1\\\beta_2\\\vdots\\\beta_n\end{pmatrix}$$

用分量形式可写成：

$$\gamma_1=a_{11}\beta_1+a_{12}\beta_2+\cdots+a_{1n}\beta_n$$
$$\gamma_2=a_{21}\beta_1+a_{22}\beta_2+\cdots+a_{2n}\beta_n$$
$$\cdots\cdots\cdots\cdots$$
$$\gamma_m=a_{m1}\beta_1+a_{m2}\beta_2+\cdots+a_{mn}\beta_n$$

此式表示$\gamma_1,\gamma_2,\cdots,\gamma_m$可由$\beta_1,\beta_2,\cdots,\beta_n$来线性表出，所以$C$的行向量组的秩小于$B$的行向量组的秩，即$R(AB)=R(C)\leqslant R(B)$。

同理可证C的列向量组可由A的列向量组来线性表示，从而$R(AB)=R(C)\leqslant R(A)$。

推论 若B为可逆的方阵，则$R(AB)=R(A)$。

证明 可由$C=AB$和$CB^{-1}=A$，利用定理3.8分别可得：

$$R(C)=R(AB)\leqslant R(A)$$

和

$$R(A)=R(CB^{-1})\leqslant R(C)$$

从而只能

$$R(C)=R(AB)=R(A)$$

下面我们把矩阵与行列式的概念相联系，用行列式的值去判断矩阵的秩，先讨论矩阵A为n阶方阵的情形。

[定理3.9] $n\times n$矩阵

$$A=\begin{pmatrix}a_{11}&a_{12}&\cdots&a_{1n}\\a_{21}&a_{22}&\cdots&a_{2n}\\\cdots&\cdots&\cdots&\cdots\\a_{n1}&a_{n2}&\cdots&a_{nn}\end{pmatrix}$$

的行列式为零的充分必要条件是A的秩小于n，即$R(A)<n$.

证明

充分性：因为$R(A)<n$，所以A的n个行向量组线性相关。当$n=1$时，A只有一个数，即

只有一个一维向量，它又是线性相关的向量组，就是零向量，从而$|A|=|0|=0$，当$n>1$时，矩阵A中有一行是其余各行的线性组合，从这一行依次减去其余各行的相应的倍数，这一行就全变成零。由行列式的性质可知，$|A|=0$.

其必要性可由数学归纳法证得，这里我们予以省略。

推论1 n阶方阵A的行列式为零的充分必要条件是其行(或列)向量组线性相关。

推论2 齐次线性方程组

$$\begin{cases} a_{11}x_1+a_{12}x_2+\cdots+a_{1n}x_n=0 \\ a_{21}x_1+a_{22}x_2+\cdots+a_{2n}x_n=0 \\ \cdots\cdots\cdots\cdots\cdots\cdots\cdots\cdots \\ a_{n1}x_1+a_{n2}x_2+\cdots+a_{nn}x_n=0 \end{cases}$$

有非零解的充分必要条件是它的系数矩阵

$$A=\begin{pmatrix} a_{11} & a_{12} & \cdots & a_{1n} \\ a_{21} & a_{22} & \cdots & a_{2n} \\ \cdots & \cdots & \ddots & \cdots \\ a_{n1} & a_{n2} & \cdots & a_{nn} \end{pmatrix}$$

的行列式等于零。

此推论的证明可由定理3.2及定理3.9直接得到。

对于一般$m\times n$的矩阵来讲，为了建立矩阵与行列式的关系，我们引入k阶子式的概念。

[定义3.12] 在一个$m\times n$矩阵A中任选k行和k列，位于这些选定的行和列的交点上的k^2个元素，按原来的次序所组成的$k\times k$矩阵的行列式，称为A的一个k阶子式。

[例3.12] 设矩阵为

$$A=\begin{pmatrix} -1 & 0 & 1 & 2 \\ 3 & -2 & -3 & 4 \\ 0 & -1 & 2 & 3 \end{pmatrix}$$

选第1,3行和第3,4列，它们的交点上元素所成的2阶行列式为：

$$\begin{vmatrix} 1 & 2 \\ 2 & 3 \end{vmatrix}=-1$$

是一个2阶子式。又如，选第1,2,3行和第1,3,4列，相交的3阶行列式即3阶子式为：

$$\begin{vmatrix} -1 & 1 & 2 \\ 3 & -3 & 4 \\ 0 & 2 & 3 \end{vmatrix}=20$$

由于行和列的选法很多，所以k阶子式也很多。一般矩阵的秩与行列式的关系表现为：

[定理3.10] 矩阵的秩是r的充分必要条件为矩阵中有一个r阶子式不为零，同时所有$r+1$阶子式全为零。

证明 先证必要性。设矩阵

$$A=\begin{pmatrix} a_{11} & a_{12} & \cdots & a_{1n} \\ a_{21} & a_{22} & \cdots & a_{2n} \\ \cdots & \cdots & \cdots & \cdots \\ a_{m1} & a_{m2} & \cdots & a_{mn} \end{pmatrix}$$

的秩为r。此时，矩阵A中任何$r+1$行都线性相关，即矩阵A的任何$r+1$阶子式的行向量也线性相关，由定理 3.9，这种子式全为零。现在来证矩阵 A 中至少有一个 r 阶子式不为零，因为 A 的秩为 r，所以 A 中有 r 个行向量线性无关，不妨就设前 r 行。由这 r 行可构成新矩阵

$$A_1=\begin{pmatrix} a_{11} & a_{12} & \cdots & a_{1n} \\ a_{21} & a_{22} & \cdots & a_{2n} \\ \cdots & \cdots & \cdots & \cdots \\ a_{r1} & a_{r2} & \cdots & a_{rn} \end{pmatrix}$$

显然矩阵 A_1 的行秩为 r，因而它的列秩也是 r，这就是说在 A_1 中有 r 列线性无关。不妨假设前 r 列线性无关，从而由这 r 行，r 列构成的方阵行列式：

$$\begin{vmatrix} a_{11} & a_{12} & \cdots & a_{1r} \\ a_{21} & a_{22} & \cdots & a_{2r} \\ \cdots & \cdots & \cdots & \cdots \\ a_{r1} & a_{r2} & \cdots & a_{rr} \end{vmatrix} \neq 0$$

它就是矩阵 A 中一个 r 阶子式，即 A 有一个 r 阶子式不为零。必要性得证。

再证充分性。设在矩阵 A 中有一 r 阶子式不为零，而所有 $r+1$ 阶子式全为零，我们证明 A 的秩为 r。

首先，由行列式按一行展开的公式可知，如果 A 的所有 $r+1$ 阶子式全为零，则 A 的 $r+2$ 阶子式也都一定为零，从而 A 的所有大于 r 的 k 阶子式都为零。

设 A 的秩为 t，由必要性知 $t\geqslant r$；否则若 $t<r$，由上 A 的所有大于 t 阶子式全为零，当然所有的 r 阶子式全为零，矛盾。同样 $t\leqslant r$，否则如 $t>r$，即有一个 $t(>r)$ 阶子式不为零，与条件矛盾，故只能 $t=r$。

从定理证明的过程中，可以得到以下两个结论：

推论 1　矩阵 A 的秩 $R(A)\geqslant r$ 的充分必要条件为 A 至少有一个 r 阶子式不为零。

推论 2　矩阵 A 的秩 $R(A)\leqslant r$ 的充分必要条件为 A 的所有 $r+1$ 阶子式全为零。

注意：在定理的证明中可以看到，在秩为 r 的矩阵中，不为零的 r 阶子式所在的行正是行向量组的一个极大无关组，所在的列正是列向量组的一个极大无关组。

［例 3.13］　求矩阵

$$A=\begin{pmatrix} 2 & -3 & 8 & 2 \\ 2 & 12 & -2 & 12 \\ 1 & 3 & 1 & 4 \end{pmatrix}$$

的秩。

解　我们利用矩阵 A 的 k 阶子式来求得。先求出 A 的所有 3 阶子式为

$$\begin{vmatrix} 2 & -3 & 8 \\ 2 & 12 & -2 \\ 1 & 3 & 1 \end{vmatrix}=0 \qquad \begin{vmatrix} 2 & -3 & 2 \\ 2 & 12 & 12 \\ 1 & 3 & 4 \end{vmatrix}=0$$

$$\begin{vmatrix} 2 & 8 & 2 \\ 2 & -2 & 12 \\ 1 & 1 & 4 \end{vmatrix}=0 \qquad \begin{vmatrix} -3 & 8 & 2 \\ 12 & -2 & 12 \\ 3 & 1 & 4 \end{vmatrix}=0$$

而 A 的 2 阶子式中：

$$\begin{vmatrix} 2 & -3 \\ 2 & 12 \end{vmatrix}=30\neq 0$$

由定理 3.10 可知：$R(A)=2$.

从此例看到，用矩阵的 k 阶子式去求其的秩相当繁琐。而根据定理 3.7 我们得到初等变换不改变矩阵的秩，所以我们为了求矩阵的秩，可以先通过初等行变换，将矩阵 A 化简为如下阶梯形矩阵：

$$A \longrightarrow \begin{pmatrix} * & * & \cdots & * & * & \cdots & * \\ 0 & * & \cdots & * & * & \cdots & * \\ 0 & 0 & \cdots & * & * & \cdots & * \\ \cdots & \cdots & \cdots & \cdots & \cdots & \cdots & \cdots \\ 0 & 0 & \cdots & 0 & * & \cdots & * \\ 0 & 0 & \cdots & 0 & 0 & \cdots & 0 \\ \cdots & \cdots & \cdots & \cdots & \cdots & \cdots & \cdots \\ 0 & 0 & \cdots & 0 & 0 & \cdots & 0 \end{pmatrix} \quad \} r\text{行}$$

对此**阶梯形**，再利用定理 3.10 的结论，可知 A 的秩 $R(A)$ 就是阶梯形矩阵中非零行的个数。

[例 3.14] 设矩阵 A（同例 3.13）

$$A=\begin{pmatrix} 2 & -3 & 8 & 2 \\ 2 & 12 & -2 & 12 \\ 1 & 3 & 1 & 4 \end{pmatrix}$$

求 $R(A)$。

解 对 A 作初等行变换：

$$A=\begin{pmatrix} 2 & -3 & 8 & 2 \\ 2 & 12 & -2 & 12 \\ 1 & 3 & 1 & 4 \end{pmatrix} \xrightarrow{r_1 \leftrightarrow r_3} \begin{pmatrix} 1 & 3 & 1 & 4 \\ 2 & 12 & -2 & 12 \\ 2 & -3 & 8 & 2 \end{pmatrix} \xrightarrow[r_3-2r_1]{r_2-2r_1} \begin{pmatrix} 1 & 3 & 1 & 4 \\ 0 & 6 & -4 & 4 \\ 0 & -9 & 6 & -6 \end{pmatrix} \xrightarrow{r_3+\frac{3}{2}r_2} \begin{pmatrix} 1 & 3 & 1 & 4 \\ 0 & 6 & -4 & 4 \\ 0 & 0 & 0 & 0 \end{pmatrix}$$

所以，$R(A)=2$.

用这种方法也可以判断向量组的线性相关性及其求向量组的一个极大无关组。

[例 3.15] 判断向量组 $\alpha_1=(1,1,2,2)$，$\alpha_2=(0,2,1,5)$，$\alpha_3=(2,0,3,-1)$，$\alpha_4=(1,1,0,4)$ 是否线性相关，若线性相关，试求其一个极大线性无关组。

解 将此向量组 $\alpha_1,\alpha_2,\alpha_3,\alpha_4$ 转置为列向量：

$$\alpha_1^{\mathrm{T}}=\begin{pmatrix} 1 \\ 1 \\ 2 \\ 2 \end{pmatrix}, \alpha_2^{\mathrm{T}}=\begin{pmatrix} 0 \\ 2 \\ 1 \\ 5 \end{pmatrix}, \alpha_3^{\mathrm{T}}=\begin{pmatrix} 2 \\ 0 \\ 3 \\ -1 \end{pmatrix}, \alpha_4^{\mathrm{T}}=\begin{pmatrix} 1 \\ 1 \\ 0 \\ 4 \end{pmatrix}$$

构成矩阵为：

$$A=\begin{pmatrix}1&0&2&1\\1&2&0&1\\2&1&3&0\\2&5&-1&4\end{pmatrix}$$

对 A 作初等行变换：

$$\begin{pmatrix}1&0&2&1\\1&2&0&1\\2&1&3&0\\2&5&-1&4\end{pmatrix}\xrightarrow[\substack{r_3-2r_1\\r_4-2r_1}]{r_2-r_1}\begin{pmatrix}1&0&2&1\\0&2&-2&0\\0&1&-1&-2\\0&5&-5&2\end{pmatrix}$$

$$\xrightarrow{r_2\leftrightarrow r_3}\begin{pmatrix}1&0&2&1\\0&1&-1&-2\\0&2&-2&0\\0&5&-5&2\end{pmatrix}$$

$$\xrightarrow[r_4-5r_2]{r_3-2r_2}\begin{pmatrix}1&0&2&1\\0&1&-1&-2\\0&0&0&4\\0&0&0&12\end{pmatrix}$$

$$\xrightarrow{r_4-3r_3}\begin{pmatrix}1&0&2&1\\0&1&-1&-2\\0&0&0&4\\0&0&0&0\end{pmatrix}$$

所以，$R(A)=3$，即向量组 $\alpha_1,\alpha_2,\alpha_3,\alpha_4$ 的秩为 3，因小于 4，则 $\alpha_1,\alpha_2,\alpha_3,\alpha_4$ 线性相关，且 $\alpha_1,\alpha_2,\alpha_4$ 是其一个极大无关组。

第五节　线性方程组解的判别定理

有了向量和矩阵的理论准备，我们现在回到这一章开始所提出的问题，即讨论线性方程组(3.1)：

$$\begin{cases}a_{11}x_1+a_{12}x_2+\cdots+a_{1n}x_n=b_1\\a_{21}x_1+a_{22}x_2+\cdots+a_{2n}x_n=b_2\\\cdots\cdots\cdots\cdots\cdots\cdots\cdots\cdots\cdots\cdots\\a_{m1}x_1+a_{m2}x_2+\cdots+a_{mn}x_n=b_m\end{cases}\tag{3.1}$$

的解。我们的基本问题是：非齐次线性方程组(3.1)什么时候有解？有无穷多个解或唯一解以及无解？且求出其全部的解。

引入列向量

$$\beta=\begin{pmatrix}b_1\\b_2\\\vdots\\b_m\end{pmatrix},\quad \alpha_1=\begin{pmatrix}a_{11}\\a_{21}\\\vdots\\a_{m1}\end{pmatrix},\quad \alpha_2=\begin{pmatrix}a_{12}\\a_{22}\\\vdots\\a_{m2}\end{pmatrix},\cdots,\quad \alpha_n=\begin{pmatrix}a_{1n}\\a_{2n}\\\vdots\\a_{mn}\end{pmatrix}$$

于是，线性方程组(3.1)可以改写成向量方程

$$x_1\alpha_1+x_2\alpha_2+\cdots+x_n\alpha_n=\beta$$

在第三节中我们得到:线性方程组(3.1)有解的充分必要条件为β可由向量组$\alpha_1,\alpha_2,\cdots,\alpha_n$来线性表出，而解的多少与上述线性表出方式是否唯一有关。现在我们可以用矩阵秩的工具，给出线性方程组有解的判别条件，并且对上述问题予以完整的回答。

［**定理 3.11**］ 线性方程组(3.1)有解的充分必要条件为它的系数矩阵

$$A=\begin{pmatrix} a_{11} & a_{12} & \cdots & a_{1n} \\ a_{21} & a_{22} & \cdots & a_{2n} \\ \cdots & \cdots & \cdots & \cdots \\ a_{m1} & a_{m2} & \cdots & a_{mn} \end{pmatrix}$$

与增广矩阵

$$\widetilde{A}=\begin{pmatrix} a_{11} & a_{12} & \cdots & a_{1n} & b_1 \\ a_{21} & a_{22} & \cdots & a_{2n} & b_2 \\ \cdots & \cdots & \cdots & \cdots & \cdots \\ a_{m1} & a_{m2} & \cdots & a_{mn} & b_m \end{pmatrix}$$

有相同的秩，即$R(A)=R(\widetilde{A})$。

证明 先证必要性。设线性方程组(3.1)有解，即β可以由向量组$\alpha_1,\alpha_2,\cdots,\alpha_n$线性表出，由此可以立即推出，向量组$\alpha_1,\alpha_2,\cdots,\alpha_n$与向量组$\alpha_1,\alpha_2,\cdots,\alpha_n,\beta$是等价的，因而有相同的秩。这两个向量组分别是矩阵$A$与$\widetilde{A}$的列向量组，则矩阵$A$与$\widetilde{A}$有相同的秩。

再证充分性。设矩阵A与$\widetilde{A}$有相同的秩，即它们的列向量组$\alpha_1,\alpha_2,\cdots,\alpha_n$与$\alpha_1,\alpha_2,\cdots,\alpha_n,\beta$有相同的秩，令它们的秩为$r$，$\alpha_1,\alpha_2,\cdots,\alpha_n$中的极大无关组是由$r$个向量组成，无妨设$\alpha_1,\alpha_2,\cdots,\alpha_r$是它的一个极大无关组。显然$\alpha_1,\alpha_2,\cdots,\alpha_r$也是向量组$\alpha_1,\alpha_2,\cdots,\alpha_n,\beta$的一个极大无关组，因此向量$\beta$可以经$\alpha_1,\alpha_2,\cdots,\alpha_r$线性表出。而$\alpha_1,\alpha_2,\cdots,\alpha_r$是$\alpha_1,\alpha_2,\cdots,\alpha_n$的一个极大无关组，则$\beta$可由$\alpha_1,\alpha_2,\cdots,\alpha_n$线性表出，即方程组(3.1)有解，从而定理得证。

由于矩阵A与增广矩阵$\widetilde{A}$只差一列向量，由定理3.10可知，当线性方程组(3.1)的系数矩阵与增广矩阵的秩相等时，方程组(3.1)有解；当增广矩阵的秩等于系数矩阵的秩加1时，方程组(3.1)无解。

推论 1 对线性方程组(3.1)，当A与$\widetilde{A}$的秩相等且等于n，即$R(A)=R(\widetilde{A})=n$时，方程组(3.1)有且只有唯一解；当$R(A)$与$R(\widetilde{A})$相等但小于n，即$R(A)=R(\widetilde{A})<n$时，方程组(3.1)有解且有无穷多个解。

证明略。

推论 2 对齐次线性方程组

$$\begin{cases} a_{11}x_1+a_{12}x_2+\cdots+a_{1n}x_n=0 \\ a_{21}x_1+a_{22}x_2+\cdots+a_{2n}x_n=0 \\ \cdots\cdots\cdots\cdots\cdots\cdots\cdots\cdots \\ a_{m1}x_1+a_{m2}x_2+\cdots+a_{mn}x_n=0 \end{cases}$$

有非零解的充分必要条件是它的系数矩阵A的秩小于n.

［**例 3.16**］ 判断线性方程组

$$\begin{cases} x_1 + x_2 - 3x_3 = -1 \\ 2x_1 + x_2 + 2x_3 = 1 \\ x_1 + x_2 + x_3 = 3 \\ x_1 + 2x_2 - 3x_3 = 1 \end{cases}$$

是否有解;如有解,是否有唯一解。

解　方程组的系数矩阵 A 与增广矩阵 $\widetilde{A}$ 为:

$$A = \begin{pmatrix} 1 & 1 & -3 \\ 2 & 1 & 2 \\ 1 & 1 & 1 \\ 1 & 2 & -3 \end{pmatrix} \qquad \widetilde{A} = \begin{pmatrix} 1 & 1 & -3 & -1 \\ 2 & 1 & 2 & 1 \\ 1 & 1 & 1 & 3 \\ 1 & 2 & -3 & 1 \end{pmatrix}$$

我们用初等变换求 A 与 $\widetilde{A}$ 的秩,由于 $\widetilde{A}$ 仅比 A 多最后一列,从而对 $\widetilde{A}$ 作行初等变换,实际就是对 A 作行初等变换,从而仅对 $\widetilde{A}$ 作初等行变换。

$$\widetilde{A} = \begin{pmatrix} 1 & 1 & -3 & -1 \\ 2 & 1 & 2 & 1 \\ 1 & 1 & 1 & 3 \\ 1 & 2 & -3 & 1 \end{pmatrix}$$

$$\xrightarrow[r_4 - r_1]{\substack{r_2 - 2r_1 \\ r_3 - r_1}} \begin{pmatrix} 1 & 1 & -3 & -1 \\ 0 & -1 & 8 & 3 \\ 0 & 0 & 4 & 4 \\ 0 & 1 & 0 & 2 \end{pmatrix}$$

$$\xrightarrow{r_4 + r_2} \begin{pmatrix} 1 & 1 & -3 & -1 \\ 0 & -1 & 8 & 3 \\ 0 & 0 & 4 & 4 \\ 0 & 0 & 8 & 5 \end{pmatrix}$$

$$\xrightarrow{r_4 - 2r_3} \begin{pmatrix} 1 & 1 & -3 & -1 \\ 0 & -1 & 8 & 3 \\ 0 & 0 & 4 & 4 \\ 0 & 0 & 0 & -3 \end{pmatrix}$$

所以,$R(\widetilde{A})=4$。去除 $\widetilde{A}$ 的最后一列,即可得 A 的秩,$R(A)=3$,由定理 3.10,得此线性方程组无解。

[例 3.17]　判断下列方程组

$$\begin{cases} x_1 + x_2 - 2x_3 - x_4 + x_5 = 1 \\ 3x_1 - x_2 + x_3 + 4x_4 + 3x_5 = 4 \\ x_1 + 5x_2 - 9x_3 - 8x_4 + x_5 = 0 \end{cases}$$

是否有解;若有解,是否有唯一解。

解　线性方程组的系数矩阵 A 与增广矩阵 $\widetilde{A}$ 为:

$$A = \begin{pmatrix} 1 & 1 & -2 & -1 & 1 \\ 3 & -1 & 1 & 4 & 3 \\ 1 & 5 & -9 & -8 & 1 \end{pmatrix}$$

$$\widetilde{A}=\begin{pmatrix}1 & 1 & -2 & -1 & 1 & 1\\3 & -1 & 1 & 4 & 3 & 4\\1 & 5 & -9 & -8 & 1 & 0\end{pmatrix}$$

对 $\widetilde{A}$ 作初等行变换：

$$\widetilde{A}\xrightarrow[r_2+(-3)r_1]{r_3-r_1}\begin{pmatrix}1 & 1 & -2 & -1 & 1 & 1\\0 & -4 & 7 & 7 & 0 & 1\\0 & 4 & -7 & -7 & 0 & -1\end{pmatrix}$$

$$\xrightarrow{r_3+r_2}\begin{pmatrix}1 & 1 & -2 & -1 & 1 & 1\\0 & -4 & 7 & 7 & 0 & 1\\0 & 0 & 0 & 0 & 0 & 0\end{pmatrix}$$

所以，$R(\widetilde{A})=2$，且 $R(A)=2$，因此原方程组一定有解。而 $n=5$，则此方程组一定有无穷多个解。

［**例 3.18**］ 讨论 a 取何值时，下列线性方程组有唯一解、无穷多个解和无解。

$$\begin{cases}ax_1+x_2+x_3=1\\x_1+ax_2+x_3=a\\x_1+x_2+ax_3=a^2\end{cases}$$

解

$$\widetilde{A}=\begin{pmatrix}a & 1 & 1 & 1\\1 & a & 1 & a\\1 & 1 & a & a^2\end{pmatrix}\xrightarrow{r_1\leftrightarrow r_2}\begin{pmatrix}1 & a & 1 & a\\a & 1 & 1 & 1\\1 & 1 & a & a^2\end{pmatrix}$$

$$\xrightarrow[r_3-r_1]{r_2-ar_1}\begin{pmatrix}1 & a & 1 & a\\0 & 1-a^2 & 1-a & 1-a^2\\0 & 1-a & a-1 & a^2-a\end{pmatrix}$$

$$\xrightarrow{r_2\leftrightarrow r_3}\begin{pmatrix}1 & a & 1 & a\\0 & 1-a & a-1 & a^2-a\\0 & 1-a^2 & 1-a & 1-a^2\end{pmatrix}$$

$$\xrightarrow{r_3-(1+a)r_2}\begin{pmatrix}1 & a & 1 & a\\0 & 1-a & a-1 & a^2-a\\0 & 0 & (1-a)(a+2) & (1+a)^2(1-a)\end{pmatrix}$$

当 $a\neq1$，且 $a\neq-2$ 时，因 $R(\widetilde{A})=R(A)=3$，$n=3$，则此线性方程组只有唯一的解；当 $a=1$ 时，$R(\widetilde{A})=R(A)=1$，则此线性方程组有无穷多个解；当 $a=-2$ 时，因 $R(\widetilde{A})=3$，而 $R(A)=2$，所以此线性方程组无解。

第六节　线性方程组解的结构

在第五节中，我们讨论了什么时候一个线性方程组有解、什么时候无解以及有解时解有多少，在这一节中我们进一步讨论线性方程组解的结构。在方程组的解是唯一的情况下，当然没有什么结构问题；在有多个解的情况下，所谓解的结构问题就是解与解之间的关系问题。下面我们将证明，虽然这时有无穷多个解，但是全部的解都可以用有限多个解表示出来。注意，下面的讨论当然都是对于有解情况而言的。

我们首先研究齐次线性方程组解的结构。虽然它是一般线性方程组的一种特殊情形，但对进一步研究一般线性方程组解的结构起着根本的作用。

一、齐次线性方程组解的结构

设齐次线性方程组为：

$$\begin{cases} a_{11}x_1+a_{12}x_2+\cdots+a_{1n}x_n=0 \\ a_{21}x_1+a_{22}x_2+\cdots+a_{2n}x_n=0 \\ \cdots\cdots\cdots\cdots\cdots\cdots \\ a_{m1}x_1+a_{m2}x_2+\cdots+a_{mn}x_n=0 \end{cases} \tag{3.9}$$

记其系数矩阵为

$$A=\begin{pmatrix} a_{11} & a_{12} & \cdots & a_{1n} \\ a_{21} & a_{22} & \cdots & a_{2n} \\ \cdots & \cdots & \cdots & \cdots \\ a_{m1} & a_{m2} & \cdots & a_{mn} \end{pmatrix}, \qquad X=\begin{pmatrix} x_1 \\ x_2 \\ \vdots \\ x_n \end{pmatrix}$$

则(3.9)式可写为：

$$AX=O \tag{3.10}$$

且我们总假定 $R(A)<n$，即齐次线性方程组总有非零解。

若有一个 n 维列向量 α 使得：

$$A\alpha=O$$

则称 α 是线性方程组(3.10)的一个解向量，简称解。

根据方程组(3.9)的矩阵形式(3.10)，我们可以讨论方程组(3.9)的解与解之间的关系。

性质 1　若 α_1,α_2 是齐次线性方程组(3.9)的解，则 $\alpha_1+\alpha_2$ 也是齐次线性方程组(3.9)的解。

证明　因为 α_1,α_2 是方程组(3.9)的解，所以 $A\alpha_1=A\alpha_2=O$。又因为 $A(\alpha_1+\alpha_2)=A\alpha_1+A\alpha_2=O+O=O$，从而 $\alpha_1+\alpha_2$ 也是方程组(3.9)的一个解。

性质 2　设 α 是齐次线性方程组(3.9)的解，k 是任何一个常数，则 $k\alpha$ 也一定是齐次线性方程组(3.9)的解。

证明略。

综合以上两点性质，对于齐次线性方程组，解的任何线性组合还是方程组的解，即 $\alpha_1,\alpha_2,\cdots,\alpha_r$ 都是齐次线性方程组(3.9)的解，则 $\beta=\lambda_1\alpha_1+\lambda_2\alpha_2+\cdots+\lambda_r\alpha_r$（其中，$\lambda_1,\lambda_2,\cdots,\lambda_r$ 为任意的常数）仍是方程组(3.9)的解。这个性质说明，对于方程组的 r 个解，这些解的所有可能的线性组合就构成了方程组的很多解。基于这个事实，我们要问：齐次线性方程组的全部解是否能够通过它的 r 个有限解来线性表出？当然要求这有限个解是线性无关的，即构成全部解的一个极大无关组。下面就给出方程组的基础解系概念。

[定义 3.13]　齐次线性方程组(3.9)的一组解 $\eta_1,\eta_2,\cdots,\eta_t$，如果满足以下两个条件：

(1) $\eta_1,\eta_2,\cdots,\eta_t$ 是线性无关的；

(2)(3.9)的任何一个解都可由 $\eta_1,\eta_2,\cdots,\eta_t$ 来线性表示，

则称 $\{\eta_1,\eta_2,\cdots,\eta_t\}$ 是齐次线性方程组(3.9)的**基础解系**。

下面我们就来证明，齐次线性方程组的确存在基础解系。

[定理 3.12]　在齐次线性方程组(3.9)有非零解的情况下，它一定有基础解系，且基础解

系所含解的个数等于 $n-r$，其中 r 为齐次线性方程组(3.9)的系数矩阵的秩。

证明 设方程组(3.9)的系数矩阵的秩为 r，无妨设左上角的 r 阶子式不等于零。于是经过初等行变换，系数矩阵 A 可变换成：

$$B=\begin{pmatrix} b_{11} & b_{12} & \cdots & b_{1r} & \cdots & b_{1n} \\ 0 & b_{22} & \cdots & b_{2r} & \cdots & b_{2n} \\ \cdots & \cdots & \cdots & \cdots & \cdots & \cdots \\ 0 & 0 & \cdots & b_{rr} & \cdots & b_{rn} \\ 0 & 0 & \cdots & 0 & \cdots & 0 \\ \cdots & \cdots & \cdots & \cdots & \cdots & \cdots \\ 0 & 0 & \cdots & 0 & \cdots & 0 \end{pmatrix}$$

其中，$b_{11}b_{22}\cdots b_{rr}\neq 0$.

从而可以证明原方程组(3.9)与下列方程同解：

$$\begin{cases} b_{11}x_1+b_{12}x_2+\cdots+b_{1r}x_r+\cdots+b_{1n}x_n-0 \\ \qquad b_{22}x_2+\cdots+b_{2r}x_r+\cdots+b_{2n}x_n=0 \\ \qquad\qquad \cdots\cdots\cdots\cdots\cdots\cdots \\ \qquad\qquad b_{rr}x_r+\cdots+b_{rn}x_n=0 \end{cases}$$

将其改写为：

$$\begin{cases} b_{11}x_1+b_{12}x_2+\cdots+b_{1r}x_r=-b_{1r+1}x_{r+1}-\cdots-b_{1n}x_n \\ \qquad b_{22}x_2+\cdots+b_{2r}x_r=-b_{2r+1}x_{r+1}-\cdots-b_{2n}x_n \\ \qquad\qquad \cdots\cdots\cdots\cdots\cdots\cdots \\ \qquad\qquad b_{rr}x_r=-b_{rr+1}x_{r+1}-\cdots-b_{rn}x_n \end{cases} \tag{3.11}$$

其中，$b_{11}b_{22}\cdots b_{rr}\neq 0$，而 $x_{r+1},x_{r+2},\cdots,x_n$ 有时称为**自由未知量。**

任取 $x_{r+1}=c_{r+1},x_{r+2}=c_{r+2},\cdots,x_n=c_n$，代入(3.11)式，由克莱姆法则，可唯一确定 $x_1,x_2,\cdots,x_r$ 的一组值 $c_1,c_2,\cdots,c_r$. 从而 $x_1=c_1,x_2=c_2,\cdots,x_r=c_r,x_{r+1}=c_{r+1},\cdots,x_n=c_n$ 为(3.11)式的一个解，即可得原方程(3.9)的一个解：

$$X=\begin{pmatrix} c_1 \\ c_2 \\ \vdots \\ c_n \end{pmatrix}$$

现对自由变量 $x_{r+1},x_{r+2},\cdots x_n$ 分别取：

$$\underbrace{\begin{pmatrix} 1 \\ 0 \\ \vdots \\ 0 \end{pmatrix},\ \begin{pmatrix} 0 \\ 1 \\ \vdots \\ 0 \end{pmatrix}\ \cdots\ \begin{pmatrix} 0 \\ 0 \\ \vdots \\ 1 \end{pmatrix}}_{n-r\text{个}}$$

代入(3.11)式，由上可知，我们可以得到方程组(3.9)的 $n-r$ 个解，不妨设为

$$\eta_1=\begin{pmatrix}c_{11}\\ \vdots\\ c_{1r}\\ 1\\ 0\\ \vdots\\ 0\end{pmatrix}\quad \eta_2=\begin{pmatrix}c_{21}\\ \vdots\\ c_{2r}\\ 0\\ 1\\ \vdots\\ 0\end{pmatrix}\quad \cdots\quad \eta_{n-r}=\begin{pmatrix}c_{n-r\,1}\\ \vdots\\ c_{n-r\,r}\\ 0\\ 0\\ \vdots\\ 1\end{pmatrix} \tag{3.12}$$

我们现在证明(3.12)就是方程组(3.9)的一个基础解系。首先证明 η_1，η_2，…，η_{n-r}线性无关，这实际上可由 $n-r$ 个单位向量

$$\begin{pmatrix}1\\0\\ \vdots\\0\end{pmatrix},\begin{pmatrix}0\\1\\ \vdots\\0\end{pmatrix}\cdots\begin{pmatrix}0\\0\\ \vdots\\1\end{pmatrix}$$

线性无关，而 $\eta_1,\eta_2,\cdots,\eta_{n-r}$只是增加了 r 个分量而得 $\eta_1,\eta_2,\cdots,\eta_{n-r}$也线性无关。

再证明方程组(3.9)的任何一个解都可由 $\eta_1,\eta_2,\cdots,\eta_{n-r}$线性表出。现设

$$\eta=\begin{pmatrix}c_1\\ c_2\\ \vdots\\ c_r\\ c_{r+1}\\ \vdots\\ c_n\end{pmatrix} \tag{3.13}$$

为方程组(3.9)的任一个解。由于 $\eta_1,\eta_2,\cdots,\eta_{n-r}$也是(3.9)的解，根据解的性质，取 $k_1=c_{r+1}$，$k_2=c_{r+2},\cdots,k_{n-r}=c_n$，则有

$$c_{r+1}\eta_1+c_{r+2}\eta_2+\cdots+c_n\eta_{n-r} \tag{3.14}$$

也是线性方程组(3.9)的解，比较(3.13)与(3.14)的最后 $n-r$ 个分量完全相等，从而由方程组解的唯一性可知，(3.13)与(3.14)完全一样，即

$$\eta=c_{r+1}\eta_1+c_{r+2}\eta_2+\cdots+c_n\eta_{n-1} \tag{3.15}$$

综合以上两点证明，得到(3.12)就是方程组(3.9)的基础解系。至于其他的基础解系，由定义，它一定与这个基础解系等价，且含有相同个数的向量。从而我们可证得方程组(3.9)的基础解系所含向量个数都为 $n-r$，其中 r 为方程组(3.9)的系数矩阵的秩。

推论　任何一个线性无关且与某一个基础解系等价的向量组都是基础解系。

由上面定理证明过程，实质上给出了求齐次线性方程组(3.9)的基础解系的一种方法。下面我们举例说明之。

[**例 3.19**]　求齐次线性方程组

$$\begin{cases}x_1+x_2-2x_3-x_4+x_5=0\\3x_1-x_2+x_3+4x_4+3x_5=0\\x_1+5x_2-9x_3-8x_4+x_5=0\end{cases}$$

的基础解系。

解　由例 3.17 可知，对系数矩阵 A 作初等行变换，得：

$$A \longrightarrow \begin{pmatrix} 1 & 1 & -2 & -1 & 1 \\ 0 & -4 & 7 & 7 & 0 \\ 0 & 0 & 0 & 0 & 0 \end{pmatrix}$$

原齐次线性方程组与下列齐次线性方程组同解：

$$\begin{cases} x_1 + x_2 - 2x_3 - x_4 + x_5 = 0 \\ -4x_2 + 7x_3 + 7x_4 = 0 \end{cases}$$

将此式改写为：

$$\begin{cases} x_1 + x_2 = 2x_3 + x_4 - x_5 \\ 4x_2 = 7x_3 + 7x_4 \end{cases}$$

将 $x_3=1, x_4=0, x_5=0$ 代入上式，可解得 $x_1=\frac{1}{4}, x_2=\frac{7}{4}$。从而可得原方程的基础解系中的一个解：

$$\eta_1 = \begin{pmatrix} \frac{1}{4} \\ \frac{7}{4} \\ 1 \\ 0 \\ 0 \end{pmatrix}$$

同理将 $x_3=0, x_4=1, x_5=0$ 以及 $x_3=0, x_4=0, x_5=1$ 分别代入上述方程组中，可得方程组的其他两个基础解系中的解：

$$\eta_2 = \begin{pmatrix} -\frac{3}{4} \\ \frac{7}{4} \\ 0 \\ 1 \\ 0 \end{pmatrix} \qquad \eta_3 = \begin{pmatrix} -1 \\ 0 \\ 0 \\ 0 \\ 1 \end{pmatrix}$$

综上所述，原方程组的一个基础解系为：

$$\eta_1 = \begin{pmatrix} \frac{1}{4} \\ \frac{7}{4} \\ 1 \\ 0 \\ 0 \end{pmatrix} \qquad \eta_2 = \begin{pmatrix} -\frac{3}{4} \\ \frac{7}{4} \\ 0 \\ 1 \\ 0 \end{pmatrix} \qquad \eta_3 = \begin{pmatrix} -1 \\ 0 \\ 0 \\ 0 \\ 1 \end{pmatrix}$$

[例 3.20] 试求齐次线性方程组

$$\begin{cases} x_1 + 2x_2 + x_4 - 2x_5 = 0 \\ 2x_1 + 4x_2 + 2x_3 + 2x_4 + 5x_5 = 0 \\ -x_1 - 2x_2 + x_3 + 3x_4 + 8x_5 = 0 \\ 3x_1 + 6x_3 + x_4 - 2x_5 = 0 \end{cases}$$

全部的解。

解　对系数矩阵 A 作初等行变换：

$$A=\begin{pmatrix}1&2&0&1&-2\\2&4&2&2&5\\-1&-2&1&3&8\\3&0&6&1&-2\end{pmatrix}$$

$$\xrightarrow[r_4-3r_1]{\substack{r_2-2r_1\\r_3+r_1}}\begin{pmatrix}1&2&0&1&-2\\0&0&2&0&9\\0&0&1&4&6\\0&0&0&-2&4\end{pmatrix}$$

$$\xrightarrow{r_2\leftrightarrow r_3}\begin{pmatrix}1&2&0&1&-2\\0&0&1&4&6\\0&0&2&0&9\\0&0&0&-2&4\end{pmatrix}$$

$$\xrightarrow{r_3-2r_2}\begin{pmatrix}1&2&0&1&-2\\0&0&1&4&6\\0&0&0&-8&-3\\0&0&0&-2&4\end{pmatrix}$$

$$\xrightarrow[r_4-r_3]{4r_4}\begin{pmatrix}1&2&0&1&-2\\0&0&1&4&6\\0&0&0&-8&-3\\0&0&0&0&19\end{pmatrix}$$

因为 $R(A)=4,n=5$，所以，其基础解系只由一个非零解向量构成。由上可知，原齐次线性方程组与下列方程组同解：

$$\begin{cases}x_1+2x_2\quad\ +\ x_4-\ 2x_5=0\\ \qquad\qquad x_3+4x_4+\ 6x_5=0\\ \qquad\qquad\quad -8x_4-\ 3x_5=0\\ \qquad\qquad\qquad\qquad 19x_5=0\end{cases}$$

即：

$$\begin{cases}x_1+2x_2=0\\ x_3=0\\ x_4=0\\ x_5=0\end{cases}$$

在上述方程组中任取 $x_2=1$；得出解为：

$$x_1=-2,x_3=0,x_4=0,x_5=0$$

从而原方程组的一个基础解系为：

$$\eta_1=\begin{pmatrix}-2\\1\\0\\0\\0\end{pmatrix}$$

则原齐次线性方程组的解为：

$$\eta=k\eta_1 \qquad (k\text{ 为任意实数})$$

二、非齐次线性方程组解的结构

下面讨论一般线性方程组的解的结构。如果把一般线性方程组

$$\begin{cases}a_{11}x_1+a_{12}x_2+\cdots+a_{1n}x_n=b_1\\a_{21}x_1+a_{22}x_2+\cdots+a_{2n}x_n=b_2\\\cdots\cdots\cdots\cdots\cdots\cdots\cdots\cdots\cdots\cdots\\a_{m1}x_1+a_{m2}x_2+\cdots+a_{mn}x_n=b_m\end{cases} \tag{3.1}$$

的常数项都换成 0，就得到齐次线性方程组

$$\begin{cases}a_{11}x_1+a_{12}x_2+\cdots+a_{1n}x_n=0\\a_{21}x_1+a_{22}x_2+\cdots+a_{2n}x_n=0\\\cdots\cdots\cdots\cdots\cdots\cdots\cdots\cdots\cdots\cdots\\a_{m1}x_1+a_{m2}x_2+\cdots+a_{mn}x_n=0\end{cases} \tag{3.9}$$

我们称方程组(3.9)为方程组(3.1)的**导出组。**方程组(3.1)的解与它的导出组(3.9)的解之间具有紧密的关系。我们记

$$A=\begin{pmatrix}a_{11}&a_{12}&\cdots&a_{1n}\\a_{21}&a_{22}&\cdots&a_{2n}\\\cdots&\cdots&\cdots&\cdots\\a_{m1}&a_{m2}&\cdots&a_{mn}\end{pmatrix}\quad X=\begin{pmatrix}x_1\\x_2\\\vdots\\x_n\end{pmatrix}\quad \beta=\begin{pmatrix}b_1\\b_2\\\vdots\\b_m\end{pmatrix}$$

则(3.1)可表示为：

$$AX=\boldsymbol{\beta}$$

性质 3 线性方程组(3.1)的任意两个解的差是它的导出组的解。

证明 设 X_1,X_2 是(3.1)的解，即 $AX_1=\beta,AX_2=\beta$ 成立，因为

$$A(X_1-X_2)=AX_1-AX_2=\beta-\beta=0$$

所以，X_1-X_2 一定是(3.9)的解。

性质 4 线性方程组(3.1)的一个解与它的导出组(3.9)的一个解之和还是这个线性方程组的一个解。

证明 设 X_1 是线性方程组(3.1)的一个解，X_2 是它的导出组(3.9)的一个解。即满足

$$AX_1=\beta, \qquad AX_2=O$$

因为

$$A(X_1+X_2)=AX_1+AX_2=\beta+O=\beta$$

所以，X_1+X_2 是方程组(3.9)的解。

由上面两点性质，我们容易得出非齐次线性方程组(3.1)的解的结构。

[定理 3.13] 如果 γ_0 是方程组(3.1)的一个特解，那么，方程组(3.1)的任一个解 γ 都可以表示成：

$$\gamma=\gamma_0+\eta$$

其中，η 是导出组(3.9)的一个解。

证明　显然 $\gamma=\gamma_0+(\gamma-\gamma_0)$，由性质 3 得：$\gamma-\gamma_0$ 是导出组(3.2)的一个解，令 $\eta=\gamma-\gamma_0$，就可得出定理的结论。

由此定理结论可知，线性方程组(3.1)的任何一个解都能表示成其特解与导出组(3.9)的解之和，当然当 η 取遍导出组(3.9)的全部解的时候，$\gamma=\gamma_0+\eta$ 就取遍(3.1)的全部解。从而为了求出线性方程组(3.1)的全部解(通解)，只要求出其一个特解以及它的导出组(3.9)的全部解(通解)。根据前段讨论，可知非齐次线性方程组(3.1)的通解为：

$$\gamma=\gamma_0+k_1\eta_1+k_2\eta_2+\cdots+k_{n-r}\eta_{n-r}$$

其中，γ_0 是线性方程组(3.1)的某一特解；$\eta_1,\eta_2,\cdots,\eta_{n-r}$ 是它的导出组(3.9)的一个基础解系，r 为(3.1)的系数矩阵的秩。

[例 3.21]　求方程组(同例 3.17)：

$$\begin{cases} x_1+x_2-2x_3-x_4+x_5=1 \\ 3x_1-x_2+x_3+4x_4+3x_5=4 \\ x_1+5x_2-9x_3-8x_4+x_5=0 \end{cases}$$

的全部解。

解　由例 3.19 得其一个基础解系：

$$\eta_1=\begin{pmatrix} \frac{1}{4} \\ \frac{7}{4} \\ 1 \\ 0 \\ 0 \end{pmatrix} \quad \eta_2=\begin{pmatrix} -\frac{3}{4} \\ \frac{7}{4} \\ 0 \\ 1 \\ 0 \end{pmatrix} \quad \eta_3=\begin{pmatrix} -1 \\ 0 \\ 0 \\ 0 \\ 1 \end{pmatrix}$$

现求方程组的一个特解。由例 3.17，其增广矩阵经初等行变换，方程组与下面方程组同解：

$$\begin{cases} x_1+x_2-2x_3-x_4+x_5=1 \\ \quad -4x_2+7x_3+7x_4 \quad =1 \end{cases}$$

取 $x_3=x_4=x_5=0$，代入上式可解得：$x_2=-\frac{1}{4}$，$x_1=\frac{5}{4}$。从而得方程组的一个特解：

$$\gamma_0=\begin{pmatrix} \frac{5}{4} \\ -\frac{1}{4} \\ 0 \\ 0 \\ 0 \end{pmatrix}$$

综合上述，可得方程组的全部解为：

$$\gamma=\gamma_0+k_1\eta_1+k_2\eta_2+k_3\eta_3$$

其中
$$\gamma_0=\begin{pmatrix}\frac{5}{4}\\-\frac{1}{4}\\0\\0\\0\end{pmatrix},\quad \eta_1=\begin{pmatrix}\frac{1}{4}\\\frac{7}{4}\\1\\0\\0\end{pmatrix},\quad \eta_2=\begin{pmatrix}-\frac{3}{4}\\\frac{7}{4}\\0\\1\\0\end{pmatrix},\quad \eta_3=\begin{pmatrix}-1\\0\\0\\0\\1\end{pmatrix}$$

k_1,k_2,k_3 为任意实数。

[例 3.22] 设方程组为

$$\begin{cases}3x_1+2x_2-x_3+2x_4=1\\4x_1+x_2-3x_4=2\\2x_1-x_2-2x_3+x_4+x_5=-3\\3x_1+x_2+3x_3-9x_4-x_5=6\\3x_1-x_2-5x_3+7x_4+2x_5=-7\end{cases}$$

问其是否有解;若有解,试求其解。

解 (1)对方程组的增广矩阵作初等行变换。

$$\widetilde{A}=\begin{pmatrix}3&2&-1&2&0&1\\4&1&0&-3&0&2\\2&-1&-2&1&1&-3\\3&1&3&-9&-1&6\\3&-1&-5&7&2&-7\end{pmatrix}$$

$$\xrightarrow[r_5-r_1]{\substack{r_2-2r_3\\r_4-r_1}}\begin{pmatrix}3&2&-1&2&0&1\\0&3&4&-5&-2&8\\2&-1&-2&1&1&-3\\0&-1&4&-11&-1&5\\0&-3&-4&5&2&-8\end{pmatrix}$$

$$\xrightarrow{r_1-r_3}\begin{pmatrix}1&3&1&1&-1&4\\0&3&4&-5&-2&8\\2&-1&-2&1&1&-3\\0&-1&4&-11&-1&5\\0&-3&-4&5&2&-8\end{pmatrix}$$

$$\xrightarrow[r_5+r_2]{r_3-2r_1}\begin{pmatrix}1&3&1&1&-1&4\\0&3&4&-5&-2&8\\0&-7&-4&-1&3&-11\\0&-1&4&-11&-1&5\\0&0&0&0&0&0\end{pmatrix}$$

$$\xrightarrow{r_2\leftrightarrow r_4}\begin{pmatrix}1&3&1&1&-1&4\\0&-1&4&-11&-1&5\\0&-7&-4&-1&3&-11\\0&3&4&-5&-2&8\\0&0&0&0&0&0\end{pmatrix}$$

$$\xrightarrow[r_4+3r_2]{r_3-7r_2}\begin{pmatrix}1&3&1&1&-1&4\\0&-1&4&-11&-1&5\\0&0&-32&76&10&-46\\0&0&16&-38&-5&23\\0&0&0&0&0&0\end{pmatrix}$$

$$\xrightarrow{r_4+\frac{1}{2}r_3}\begin{pmatrix}1&3&1&1&-1&4\\0&-1&4&-11&-1&5\\0&0&-16&38&5&-23\\0&0&0&0&0&0\\0&0&0&0&0&0\end{pmatrix}$$

因为$R(\widetilde{A})=R(A)=3<5$，所以方程组一定有解，且有无穷多个解。

(2)求方程组的特解。

由上面的初等行变换，得原方程组与下列方程同解：

$$\begin{cases}x_1+3x_2+\ \ x_3+\ \ x_4-\ x_5=4\\ \quad -x_2+\ 4x_3-11x_4-\ x_5=5\\ \qquad\quad -16x_3+38x_4+5x_5=-23\end{cases}$$

令$x_4=x_5=0$，可得上方程组的一个特解：

$$\gamma_0=\begin{pmatrix}\frac{5}{16}\\ \frac{3}{4}\\ \frac{23}{16}\\ 0\\ 0\end{pmatrix}$$

(3)求导出组的基础解系。

由$n-r=2$及(1)中的初等变换结果可知，原方程组的导出组与下列方程具有相同的解：

$$\begin{cases}x_1+3x_2+\ \ x_3+\ \ x_4-\ x_5=0\\ \quad -\ x_2+\ 4x_3-11x_4-\ x_5=0\\ \qquad\quad -16x_3+38x_4+5x_5=0\end{cases}$$

令$x_4=1,x_5=0$，代入上式，可解得：

$$x_3=\frac{19}{8},\quad x_2=-\frac{3}{2},\quad x_1=\frac{19}{8}$$

令$x_4=0,x_5=1$，代入上式，可解得：

$$x_3=\frac{5}{16},\quad x_2=\frac{1}{4},\quad x_1=-\frac{1}{16}$$

由此得原方程组的一个基础解系：

$$\eta_1=\begin{pmatrix}\frac{9}{8}\\-\frac{3}{2}\\\frac{19}{8}\\1\\0\end{pmatrix},\quad \eta_2=\begin{pmatrix}-\frac{1}{16}\\\frac{1}{4}\\\frac{5}{16}\\0\\1\end{pmatrix}$$

综合(2)、(3),可得原方程组的全部解为:

$$\gamma=\gamma_0+k_1\eta_1+k_2\eta_2$$

其中

$$\gamma_0=\begin{pmatrix}\frac{5}{16}\\\frac{3}{4}\\\frac{23}{16}\\0\\0\end{pmatrix}\quad \eta_1=\begin{pmatrix}\frac{9}{8}\\-\frac{3}{2}\\\frac{19}{8}\\1\\0\end{pmatrix}\quad \eta_2=\begin{pmatrix}-\frac{1}{16}\\\frac{1}{4}\\\frac{5}{16}\\0\\1\end{pmatrix}$$

应该指出,以上仅是求线性方程组的方法之一,线性方程组的解法还可以将增广矩阵化为以下形式直接求得。

[例 3.23] 求解下列非齐次线性方程组:

$$\begin{cases}x_1+x_2-3x_3-x_4=1\\3x_1-x_2-3x_3+4x_4=4\\x_1+5x_2-9x_3-8x_4=0\end{cases}$$

解 对方程组的增广矩阵作如下初等行变换:

$$\begin{pmatrix}1&1&-3&-1&1\\3&-1&-3&4&4\\1&5&-9&-8&0\end{pmatrix}\xrightarrow[r_3-r_1]{r_2-3r_1}\begin{pmatrix}1&1&-3&1&1\\0&-4&6&7&1\\0&4&-6&-7&-1\end{pmatrix}$$

$$\xrightarrow{r_3+r_2}\begin{pmatrix}1&1&-3&-1&1\\0&-4&6&7&1\\0&0&0&0&0\end{pmatrix}$$

$$\xrightarrow{-\frac{1}{4}r_2}\begin{pmatrix}1&1&-3&-1&1\\0&1&-\frac{3}{2}&-\frac{7}{4}&-\frac{1}{4}\\0&0&0&0&0\end{pmatrix}$$

$$\xrightarrow{r_1-r_2}\begin{pmatrix}1&0&-\frac{3}{2}&\frac{3}{4}&\frac{5}{4}\\0&1&-\frac{3}{2}&-\frac{7}{4}&-\frac{1}{4}\\0&0&0&0&0\end{pmatrix}$$

由此得到与原方程组同解的方程组：

$$\begin{cases}x_1-\dfrac{3}{2}x_3+\dfrac{3}{4}x_4=\dfrac{5}{4}\\ x_2-\dfrac{3}{2}x_3-\dfrac{7}{4}x_4=-\dfrac{1}{4}\end{cases},\quad 亦即\quad \begin{cases}x_1=\dfrac{3}{2}x_3-\dfrac{3}{4}x_4+\dfrac{5}{4}\\ x_2=\dfrac{3}{2}x_3+\dfrac{7}{4}x_4-\dfrac{1}{4}\\ x_3=\quad x_3\\ x_4=\qquad\quad x_4\end{cases}$$

由最后矩阵，可直接得到特解 γ_0 和导出组的一个基础解系 η_1,η_2。

原方程组的解为

$$\begin{pmatrix}x_1\\x_2\\x_3\\x_4\end{pmatrix}=k_1\begin{pmatrix}\dfrac{3}{2}\\ \dfrac{3}{2}\\ 1\\ 0\end{pmatrix}+k_2\begin{pmatrix}-\dfrac{3}{4}\\ \dfrac{7}{4}\\ 0\\ 1\end{pmatrix}+\begin{pmatrix}\dfrac{5}{4}\\ -\dfrac{1}{4}\\ 0\\ 0\end{pmatrix}$$

其中，k_1,k_2 为任意实数。

［例 3.24］　一个四元非线性方程组的系数矩阵的秩为 3，设 η_1,η_2,η_3 是其三个解，且

$$\eta_1=\begin{pmatrix}1\\2\\3\\4\end{pmatrix}\qquad \eta_2+\eta_3=\begin{pmatrix}2\\3\\4\\5\end{pmatrix}$$

试求该方程组的全部解。

解　设方程组为 $AX=\beta$，其中 $n=4,R(A)=3$.

由于 η_1,η_2,η_3 是该方程组的三个解，所以该方程组有无穷多个解。

又由于 $n=4,R(A)=3$，则 $s=n-R(A)=1$，即方程组的导出组 $AX=0$ 的基础解系由一个非零解向量构成。而 η_1,η_2,η_3 是 $AX=\beta$ 的三个解，故 $\eta_1-\eta_2,\eta_1-\eta_3$ 是 $AX=0$ 的两个解，从而

$$\eta=(\eta_1-\eta_2)+(\eta_1-\eta_3)=2\eta_1-(\eta_2+\eta_3)=\begin{pmatrix}0\\1\\2\\3\end{pmatrix}$$

也是 $AX=0$ 的一个解，即是 $AX=0$ 的一个基础解系。

所以，该方程组 $AX=\beta$ 的全部解为

$$\eta_1+k\eta=\begin{pmatrix}1\\2\\3\\4\end{pmatrix}+k\begin{pmatrix}0\\1\\2\\3\end{pmatrix}$$

其中，k 为任意实数。

习题三

1. 设 $\alpha_1=(1,1,1)$，$\alpha_2=(2,-1,1)$，$\alpha_3=(4,3,2)$，试求：

(1)$\alpha_1-2\alpha_2$；(2)$2\alpha_1-3\alpha_2+\alpha_3$

2. 已知

$$3(\alpha_1-\alpha)+2(\alpha_2+\alpha)=5(\alpha_3+\alpha)$$

其中 $$\alpha_1=(2,5,1,3),\alpha_2=(10,1,5,10),\alpha_3=(4,1,-1,1)$$

试求向量 α。

3. 试决定下列向量组是线性相关的，还是线性无关的：

(1)$\alpha_1=(1,1,0)$，$\alpha_2=(1,0,1)$，$\alpha_3=(0,1,1)$；

(2)$\alpha_1=(1,0,0,1)$，$\alpha_2=(0,1,0,-1)$，$\alpha_3=(0,0,1,2)$；

(3)$\alpha_1=(1,3,-1)$，$\alpha_2=(-1,1,2)$，$\alpha_3=(3,1,-5)$；

(4)$\alpha_1=(1,3,-1)$，$\alpha_2=(-1,1,2)$，$\alpha_3=(3,1,-5)$，$\alpha_4=(-1,1,-2)$

4. 设 $t_1,t_2,\cdots,t_r$ 是互不相同的数，$r\leqslant n$，证明向量组

$$\alpha_i=(1,t_i,t_i^2,\cdots,t_i^{n-1})\quad(i=1,2,\cdots,r)$$

是线性无关的。

5. 证明：若向量 $\alpha_1,\alpha_2,\alpha_3$ 线性无关，则 $\beta_1=\alpha_1+\alpha_3$，$\beta_2=\alpha_2+\alpha_3$，$\beta_3=\alpha_1+\alpha_2$ 也是线性无关的。

6. 把向量 β 用向量 $\alpha_1,\alpha_2,\alpha_3,\alpha_4$ 来线性表出

(1)$\beta=(2,3,-2,1)$，$\alpha_1=(1,0,0,0)$，$\alpha_2=(0,1,0,0)$，$\alpha_3=(0,0,1,0)$，$\alpha_4=(0,0,0,1)$；

(2)$\beta=(0,0,0,1)$，$\alpha_1=(1,1,0,1)$，$\alpha_2=(2,1,3,1)$，$\alpha_3=(1,1,0,0)$，$\alpha_4=(0,1,-1,1)$

7. 设向量 β 可由向量组 $\alpha_1,\alpha_2,\cdots,\alpha_r$ 线性表出，但不能由 $\alpha_1,\alpha_2,\cdots,\alpha_{r-1}$ 线性表出。证明 $\alpha_1,\alpha_2,\cdots,\alpha_{r-1},\alpha_r$ 与 $\alpha_1,\alpha_2,\cdots,\alpha_{r-1},\beta$ 等价。

8. 用向量的扩充方法，求下列向量组的一个极大无关组：

(1)$\alpha_1=(1,0,0)$，$\alpha_2=(-1,1,0)$，$\alpha_3=(1,1,2)$，$\alpha_4=(1,0,1)$；

(2)$\alpha_1=(-1,2,1,0)$，$\alpha_2=(0,3,1,2)$，$\alpha_3=(-3,9,4,2)$，

$\alpha_4=(1,-1,2,0)$，$\alpha_5=(0,4,4,2)$

9. 证明：如果向量组(Ⅰ)可由向量组(Ⅱ)线性表出，那么向量组(Ⅰ)的秩不超过向量组(Ⅱ)的秩。

10. 已知 $\alpha_1,\alpha_2,\cdots,\alpha_n$ 是一个 n 维向量组，已知单位向量 $e_1,e_2,\cdots,e_n$ 可被它们线性表出，证明 $\alpha_1,\alpha_2,\cdots,\alpha_n$ 线性无关。

11. 设 $\alpha_1,\alpha_2,\cdots,\alpha_n$ 是一组 n 维向量，证明：$\alpha_1,\alpha_2,\cdots,\alpha_n$ 线性无关的充分必要条件是任一 n 维向量都可被它们线性表出。

12. 求下列矩阵的秩

(1) $\begin{pmatrix}1&0&1&0&0\\1&1&0&0&0\\0&1&1&0&0\\0&0&1&1&0\\0&1&0&0&1\end{pmatrix}$　　(2) $\begin{pmatrix}1&1&1&4&-3\\1&1&-1&-2&-1\\2&2&1&5&-5\\3&3&1&6&-7\end{pmatrix}$

(3) $\begin{pmatrix} 1 & -1 & 2 & 3 & 4 \\ 2 & 1 & -1 & 2 & 0 \\ -1 & 2 & 1 & 1 & 3 \\ 3 & -7 & 8 & 9 & 13 \\ 1 & 5 & -8 & -5 & -12 \end{pmatrix}$　(4) $\begin{pmatrix} 0 & 1 & 1 & -1 & 2 \\ 0 & 2 & -2 & -2 & 0 \\ 0 & -1 & -1 & 1 & 1 \\ 1 & 1 & 0 & 1 & -1 \\ -1 & 1 & 2 & -3 & 5 \end{pmatrix}$

13. 求下列向量组的秩，并求其一个极大无关组：

(1) $\alpha_1=(1,2,3,4)$，$\alpha_2=(0,-1,2,3)$，$\alpha_3=(2,3,8,11)$，$\alpha_4=(2,3,6,8)$；

(2) $\alpha_1=(-1,2,1,0)$，$\alpha_2=(1,-2,-1,0)$，$\alpha_3=(-1,0,1,1)$，$\alpha_4=(-2,0,2,2)$；

(3) $\alpha_1=(1,-1,2,4)$，$\alpha_2=(0,3,1,2)$，$\alpha_3=(3,0,7,14)$，$\alpha_4=(1,-1,2,0)$，$\alpha_5=(2,1,5,6)$

14. 证明齐次线性方程组：

$$\begin{cases} a_{11}x_1+a_{12}x_2+\cdots+a_{1n}x_n=0 \\ a_{21}x_1+a_{22}x_2+\cdots+a_{2n}x_n=0 \\ \cdots\cdots\cdots\cdots\cdots\cdots\cdots\cdots\cdots \\ a_{m1}x_1+a_{m2}x_2+\cdots+a_{mn}x_n=0 \end{cases}$$

当 $m<n$ 时，必存在非零解。

15. 已知行列式：

$$\begin{vmatrix} a_{11} & a_{12} & \cdots & a_{1n} \\ a_{21} & a_{22} & \cdots & a_{2n} \\ \cdots & \cdots & \cdots & \cdots \\ a_{n1} & a_{n2} & \cdots & a_{nn} \end{vmatrix} \neq 0$$

求证：线性方程组

$$\begin{cases} a_{11}x_1+a_{12}x_2+\cdots+a_{1n-1}x_{n-1}=a_{1n} \\ a_{21}x_1+a_{22}x_2+\cdots+a_{2n-1}x_{n-1}=a_{2n} \\ \cdots\cdots\cdots\cdots\cdots\cdots\cdots\cdots\cdots \\ a_{n1}x_1+a_{n2}x_2+\cdots+a_{nn-1}x_{n-1}=a_{nn} \end{cases}$$

一定无解。

16. 设方程组为：

$$\begin{cases} x_1-x_2=a_1 \\ x_2-x_3=a_2 \\ x_3-x_4=a_3 \\ x_4-x_5=a_4 \\ x_5-x_1=a_5 \end{cases}$$

试证：它有解的充分必要条件是 $a_1+a_2+a_3+a_4+a_5=0$.

17. 方程组

$$\begin{cases} a_{11}x_1+a_{12}x_2+\cdots+a_{1n}x_n=b_1 \\ a_{21}x_1+a_{22}x_2+\cdots+a_{2n}x_n=b_2 \\ \cdots\cdots\cdots\cdots\cdots\cdots\cdots\cdots\cdots \\ a_{n1}x_1+a_{n2}x_2+\cdots+a_{nn}x_n=b_n \end{cases}$$

对任何 $b_1,b_2,\cdots,b_n$ 都有解的充分必要条件是它的系数行列式 $|A|\neq 0$.

18. 求下列齐次线性方程组的一个基础解系：

(1) $\begin{cases} x_1+x_2-2x_3-x_4+x_5=0 \\ 3x_1-x_2+x_3+4x_4+3x_5=0 \\ x_1+5x_2-9x_3-8x_4+x_5=0 \end{cases}$

(2) $\begin{cases} x_1-2x_2+3x_3-4x_4=0 \\ x_2-x_3+x_4=0 \\ x_1+3x_2-3x_4=0 \\ x_1-4x_2+3x_3-2x_4=0 \end{cases}$

(3) $\begin{cases} x_1-2x_2+x_3-x_4+x_5=0 \\ 2x_1+x_2-x_3+2x_4-3x_5=0 \\ 3x_1-2x_2-x_3+x_4-2x_5=0 \\ 2x_1-5x_2+x_3-2x_4+2x_5=0 \end{cases}$

(4) $\begin{cases} x_1+x_2+x_3+4x_4-3x_5=0 \\ x_1+3x_2-x_3-2x_4-x_5=0 \\ 2x_1+3x_2+x_3+5x_4-5x_5=0 \\ 3x_1+5x_2+x_3+6x_4-7x_5=0 \end{cases}$

19. 设齐次线性方程组：

$$\begin{cases} a_{11}x_1+a_{12}x_2+\cdots+a_{1n}x_n=0 \\ a_{21}x_1+a_{22}x_2+\cdots+a_{2n}x_n=0 \\ \cdots\cdots\cdots\cdots\cdots\cdots\cdots\cdots \\ a_{m1}x_1+a_{m2}x_2+\cdots+a_{mn}x_n=0 \end{cases}$$

的系数矩阵秩为 r.

试证：方程组的任意 $n-r$ 个线性无关的解都是它的一个基础解系。

20. 判断方程组

$$\begin{cases} ax_1+x_2+x_3=4 \\ x_1+bx_2+x_3=3 \\ x_1+2bx_2+x_3=4 \end{cases}$$

当 a,b 为何值时，有解、有唯一解以及无解。

21. 求下列方程组的全部解：

(1) $\begin{cases} 2x_1+x_2-x_3+x_4=1 \\ x_1+2x_2+x_3-x_4=2 \\ x_1+x_2+2x_3+x_4=3 \end{cases}$

(2) $\begin{cases} 3x_1+2x_2-x_3+2x_4=1 \\ 4x_1+x_2-3x_4=2 \\ 2x_1-x_2-2x_3+x_4+x_5=-3 \\ 3x_1+x_2+3x_3-9x_4-x_5=6 \\ 3x_1-x_2-5x_3+7x_4+2x_5=-7 \end{cases}$

(3) $\begin{cases} x_1+x_2-3x_3-x_4=1 \\ 3x_1-x_2-3x_3+4x_4=4 \\ x_1+5x_2-9x_3-8x_4=0 \end{cases}$

(4)$\begin{cases} x_1+2x_2-x_3+3x_4-x_5+2x_6=-5 \\ 2x_1-x_2+3x_3-4x_4+x_5-x_6=14 \\ 3x_1+x_2-x_3+2x_4+x_5+3x_6=-11 \\ 4x_1-7x_2+8x_3-15x_4+6x_5-5x_6=32 \\ 5x_1+5x_2-6x_3+11x_4+9x_6=-41 \end{cases}$

22. 解非齐次线性方程组：

$$\begin{cases} x_1+x_2+x_3+x_4+x_5=1 \\ 3x_1+2x_2+x_3+x_4-3x_5=a \\ x_2+2x_3+2x_4+6x_5=3 \\ 5x_1+4x_2+3x_3+3x_4-x_5=b \end{cases}$$

23.* 对非齐次线性方程：

$$\begin{cases} a_{11}x_1+a_{12}x_2+\cdots+a_{1n}x_n=b_1 \\ a_{21}x_1+a_{22}x_2+\cdots+a_{2n}x_n=b_2 \\ \cdots\cdots\cdots\cdots\cdots\cdots\cdots\cdots \\ a_{m1}x_1+a_{m2}x_2+\cdots+a_{mn}x_n=b_m \end{cases}$$

设 η_0 是其一个特解，$\eta_1,\eta_2,\cdots,\eta_t$ 是它的导出组的一个基础解系，令：

$$\gamma_1=\eta_0,\ \gamma_2=\eta_1+\eta_0,\ \cdots,\ \gamma_{t+1}=\eta_t+\eta_0$$

证明：该线性方程组的任一个解都可表成

$$\gamma=u_1\gamma_1+u_2\gamma_2+\cdots+u_{t+1}\gamma_{t+1}$$

其中

$$u_1+u_2+\cdots+u_{t+1}=1$$

24. 单项选择题：

(1)两个向量 α 与 β 线性相关的充要条件是(　　)。

①$\alpha=\beta$　　②$\alpha=-\beta$

③$\alpha=0,\beta=0$　　④$k_1\alpha+k_2\beta=0$(k_1,k_2 不全为零)

(2)一个 n 维向量组 $\alpha_1,\alpha_2,\cdots,\alpha_m(m>1)$，线性相关的充要条件是(　　)。

①含有零向量　　②有两个向量对应成比例

③至少有一个向量是其余向量的线性组合　　④每一个向量是其余向量的线性组合

(3)设 A 为 n 阶方阵，且 $|A|=0$，则(　　)。

①A 中必有两行(或列)的元素对应成比例

②A 中至少有一行(或列)的元素全为零

③A 中必有一行(或列)向量可由其余各行(或列)向量来线性表出

④A 中任意一行(或列)向量可由其余各行(或列)向量来线性表出

(4)设 $\alpha_1,\alpha_2,\cdots,\alpha_m$ 是 m 个 n 维向量，且 $m>n$，则此向量组 $\alpha_1,\alpha_2,\cdots,\alpha_m$ 必定(　　)。

①线性相关　　②线性无关　　③含有零向量　　④有两个向量相等

(5)设 $\alpha_1=(1,0,1),\alpha_2=(1,1,0),\alpha_3=(0,1,1),\alpha_4=(1,1,1)$，则向量组 $\alpha_1,\alpha_2,\alpha_3,\alpha_4$ 的不同极大无关组共有(　　)个。

①1　　②2　　③3　　④4

(6)设两个向量组：(Ⅰ)$\alpha_1,\alpha_2,\cdots,\alpha_r$，(Ⅱ)$\beta_1,\beta_2,\cdots,\beta_s$，如果向量组(Ⅰ)中的每一个向量都可由向量组(Ⅱ)线性表出，且 $r>s$，则(　　)。

①(Ⅰ)线性相关　　②(Ⅰ)线性无关　　③(Ⅱ)线性相关　　④(Ⅱ)线性无关

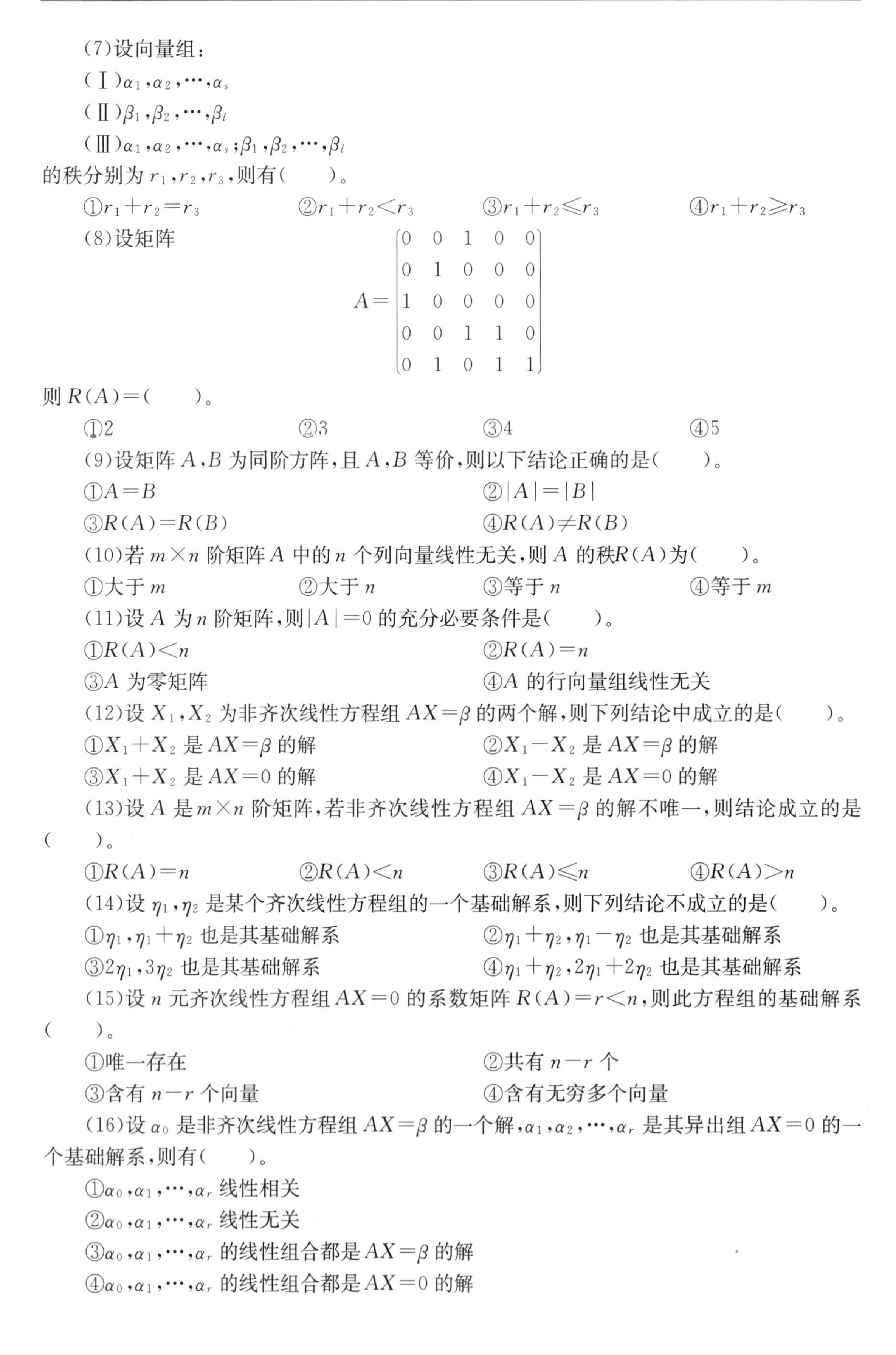

(7)设向量组：

(Ⅰ)$\alpha_1,\alpha_2,\cdots,\alpha_s$

(Ⅱ)$\beta_1,\beta_2,\cdots,\beta_l$

(Ⅲ)$\alpha_1,\alpha_2,\cdots,\alpha_s;\beta_1,\beta_2,\cdots,\beta_l$

的秩分别为 r_1,r_2,r_3，则有(　　)。

①$r_1+r_2=r_3$　　②$r_1+r_2<r_3$　　③$r_1+r_2\leqslant r_3$　　④$r_1+r_2\geqslant r_3$

(8)设矩阵

$$A=\begin{pmatrix}0&0&1&0&0\\0&1&0&0&0\\1&0&0&0&0\\0&0&1&1&0\\0&1&0&1&1\end{pmatrix}$$

则 $R(A)=$(　　)。

①2　　②3　　③4　　④5

(9)设矩阵 A,B 为同阶方阵，且 A,B 等价，则以下结论正确的是(　　)。

①$A=B$　　②$|A|=|B|$

③$R(A)=R(B)$　　④$R(A)\neq R(B)$

(10)若 $m\times n$ 阶矩阵 A 中的 n 个列向量线性无关，则 A 的秩$R(A)$为(　　)。

①大于 m　　②大于 n　　③等于 n　　④等于 m

(11)设 A 为 n 阶矩阵，则$|A|=0$ 的充分必要条件是(　　)。

①$R(A)<n$　　②$R(A)=n$

③A 为零矩阵　　④A 的行向量组线性无关

(12)设 X_1,X_2 为非齐次线性方程组 $AX=\beta$ 的两个解，则下列结论中成立的是(　　)。

①X_1+X_2 是 $AX=\beta$ 的解　　②X_1-X_2 是 $AX=\beta$ 的解

③X_1+X_2 是 $AX=0$ 的解　　④X_1-X_2 是 $AX=0$ 的解

(13)设 A 是 $m\times n$ 阶矩阵，若非齐次线性方程组 $AX=\beta$ 的解不唯一，则结论成立的是(　　)。

①$R(A)=n$　　②$R(A)<n$　　③$R(A)\leqslant n$　　④$R(A)>n$

(14)设 η_1,η_2 是某个齐次线性方程组的一个基础解系，则下列结论不成立的是(　　)。

①$\eta_1,\eta_1+\eta_2$ 也是其基础解系　　②$\eta_1+\eta_2,\eta_1-\eta_2$ 也是其基础解系

③$2\eta_1,3\eta_2$ 也是其基础解系　　④$\eta_1+\eta_2,2\eta_1+2\eta_2$ 也是其基础解系

(15)设 n 元齐次线性方程组 $AX=0$ 的系数矩阵 $R(A)=r<n$，则此方程组的基础解系(　　)。

①唯一存在　　②共有 $n-r$ 个

③含有 $n-r$ 个向量　　④含有无穷多个向量

(16)设 α_0 是非齐次线性方程组 $AX=\beta$ 的一个解，$\alpha_1,\alpha_2,\cdots,\alpha_r$ 是其异出组 $AX=0$ 的一个基础解系，则有(　　)。

①$\alpha_0,\alpha_1,\cdots,\alpha_r$ 线性相关

②$\alpha_0,\alpha_1,\cdots,\alpha_r$ 线性无关

③$\alpha_0,\alpha_1,\cdots,\alpha_r$ 的线性组合都是 $AX=\beta$ 的解

④$\alpha_0,\alpha_1,\cdots,\alpha_r$ 的线性组合都是 $AX=0$ 的解

第四章

特征值与特征向量

通过前几章的学习，我们知道矩阵的秩是能反映矩阵许多特性的一个重要的量，如矩阵是否可逆、线性方程组是否可解、齐次线性方程组的基础解系含几个解向量以及矩阵在初等变换下等价于怎样的最简对角形式等。在本章中我们将介绍反映矩阵另一个重要特性的量——特征值与特征向量，且讨论如何用特征值与特征向量来反映任何一个方阵相似于怎样的最简对角形式。当然，特征值与特征向量在其他方面还有广泛的应用，如解微分方程组、工程技术中的振动问题和稳定性问题等。

第一节　特征值与特征向量

[定义 4.1]　设 A 是一个 n 阶方阵，若存在一个数 λ 以及一个非零列向量 $\boldsymbol{X}$ 使得

$$A\boldsymbol{X}=\lambda\boldsymbol{X} \tag{4.1}$$

则称 λ 是矩阵 A 的**特征值**，向量 $\boldsymbol{X}$ 称为矩阵 A 关于特征值 λ 的**特征向量**，有时简称为 A 的特征向量。

[例 4.1]　设 $\boldsymbol{X}$ 是 A 对应于特征值 λ 的特征向量，则 $k\boldsymbol{X}$ 也是 A 对应于 λ 的特征向量，其中 $k\neq0$.

解　由已知　$A\boldsymbol{X}=\lambda\boldsymbol{X}$，　$\boldsymbol{X}$ 为非零向量，则有：

$$A(kX)=k(A\boldsymbol{X})=k(\lambda\boldsymbol{X})=\lambda(k\boldsymbol{X})$$

即

$$A(k\boldsymbol{X})=\lambda(k\boldsymbol{X})\quad 且\ k\boldsymbol{X}\neq\boldsymbol{O}$$

所以 $k\boldsymbol{X}$ 是属于 λ 的 A 的特征向量。

此例说明，一个特征值所对应的特征向量必有无穷多个，但是一个特征向量只能属于一个特征值。此结论的证明作为习题留给大家。

我们还可以证明，属于同一特征值的特征向量的线性组合仍是其特征向量，即设 $\boldsymbol{X}_1,\boldsymbol{X}_2,\cdots,\boldsymbol{X}_m$ 都是 A 的属于特征值 λ 的特征向量，则 $k_1\boldsymbol{X}_1+k_2\boldsymbol{X}_2+\cdots+k_m\boldsymbol{X}_m$ 也是 A 的属于特征值 λ 的特征向量。

现在我们给出寻找特征值和特征向量的方法，由定义 4.1 中的(4.1)式可得：

$$(\lambda E_n-A)\boldsymbol{X}=\boldsymbol{O} \tag{4.2}$$

其中，E_n 为 n 阶单位矩阵。

如果设 A 矩阵与 $\boldsymbol{X}$ 为

$$A=\begin{pmatrix} a_{11} & a_{12} & \cdots & a_{1n} \\ a_{21} & a_{22} & \cdots & a_{2n} \\ \cdots & \cdots & \cdots & \cdots \\ a_{n1} & a_{n2} & \cdots & a_{nn} \end{pmatrix} \qquad \boldsymbol{X}=\begin{pmatrix} x_1 \\ x_2 \\ \cdots \\ x_n \end{pmatrix}$$

即(4.2)式可写成：

$$\begin{pmatrix} \lambda-a_{11} & -a_{12} & \cdots & -a_{1n} \\ -a_{21} & \lambda-a_{22} & \cdots & -a_{2n} \\ \cdots & \cdots & \cdots & \cdots \\ -a_{n1} & -a_{n2} & \cdots & \lambda-a_{nn} \end{pmatrix}\begin{pmatrix} x_1 \\ x_2 \\ \cdots \\ x_n \end{pmatrix}=\begin{pmatrix} 0 \\ 0 \\ \cdots \\ 0 \end{pmatrix} \tag{4.3}$$

显然(4.3)式就是一个含有 n 个方程和 n 个未知数的齐次线性方程组，特征向量 $\boldsymbol{X}$ 是方程组(4.3)的一个非零解，由齐次线性方程组存在非零解的充要条件是其系数行列式等于零，即方程组(4.2)中的 $|\lambda E_n-A|=0$。从而如果 $\boldsymbol{X}$ 是矩阵 A 的属于某个特征值 λ_0 的特征向量，λ_0 必须满足行列式：

$$|\lambda_0 E_n-A|=0$$

即 λ_0 是 $|\lambda E_n-A|=0$ 的一个根，且属于 λ_0 的特征向量 $\boldsymbol{X}$ 必满足方程组(4.3)：

$$\begin{pmatrix} \lambda_0-a_{11} & -a_{12} & \cdots & -a_{1n} \\ -a_{21} & \lambda_0-a_{22} & \cdots & -a_{2n} \\ \cdots & \cdots & \cdots & \cdots \\ -a_{n1} & -a_{n2} & \cdots & \lambda_0-a_{nn} \end{pmatrix}\begin{pmatrix} x_1 \\ x_2 \\ \cdots \\ x_n \end{pmatrix}=\begin{pmatrix} 0 \\ 0 \\ \cdots \\ 0 \end{pmatrix} \tag{4.4}$$

即是齐次线性方程组(4.4)的解。

[定义 4.2] 对 n 阶方阵 A 及未知常数 λ，称矩阵 λE_n-A 的行列式

$$f(\lambda)=|\lambda E_n-A| \tag{4.5}$$

为 A 的**特征多项式**。

如设

$$A=\begin{pmatrix} a_{11} & a_{12} & \cdots & a_{1n} \\ a_{21} & a_{22} & \cdots & a_{2n} \\ \cdots & \cdots & \cdots & \cdots \\ a_{n1} & a_{n2} & \cdots & a_{nn} \end{pmatrix}$$

则(4.5)式可写为：

$$f(\lambda)=|\lambda E_n-A|=\begin{vmatrix} \lambda-a_{11} & -a_{12} & \cdots & -a_{1n} \\ -a_{21} & \lambda-a_{22} & \cdots & -a_{2n} \\ \cdots & \cdots & \cdots & \cdots \\ -a_{n1} & -a_{n2} & \cdots & \lambda-a_{nn} \end{vmatrix} \tag{4.6}$$

是 λ 的 n 次多项式。

上面分析说明，如果 λ_0 是矩阵 A 的特征值，那么，λ_0 一定是矩阵 A 的特征多项式的一个根；反之，如果 λ_0 是矩阵 A 的特征多项式的一个根，即 $|\lambda_0 E_n-A|=0$，那么齐次线性方程组(4.3)就存在非零解 $\boldsymbol{X}_0$，从而 λ_0 就是 A 的一个特征值，$\boldsymbol{X}_0$ 就是属于特征值 λ_0 的一个特征向量。

因此，确定一个 n 阶方阵 A 的特征值与特征向量的方法可以分以下几步：

(1)求出 A 的特征多项式 $|\lambda E_n - A|$ 的全部根，即解方程

$$|\lambda E_n - A| = 0$$

得全部的特征值 $\lambda_1, \lambda_2, \cdots, \lambda_s (s \leqslant n)$。

(2)将每个特征值分别代入以上齐次线性方程组(4.3)中，可以求出其对应的特征向量，即为(4.3)的解。当然由于方程组(4.3)有无穷多个解，从而应先求出方程组(4.3)的基础解系，然后写出其全部解(不包括零解)，就是每个特征值的全部特征向量。

另外，我们还应该指出，对于不同的矩阵，它们可能有相同的特征值，然而它们的特征向量却不一定相同，我们以下例来加以说明。

[例 4.2]　证明任何方阵 A 与其转置矩阵 A^T 的特征值相等。

证明　设 A 的特征多项式 $f(\lambda) = |\lambda E_n - A|$，而 A^T 的特征多项式为 $g(\lambda) = |\lambda E_n - A^T|$。

由行列式性质知，矩阵 $\lambda E_n - A$ 与它的转置 $(\lambda E_n - A)^T$ 的行列式值相等，即

$$f(\lambda) = |\lambda E_n - A| = |(\lambda E_n - A)^T| = |\lambda E_n - A^T| = g(\lambda)$$

从而 A 的特征值与 A^T 的特征值相等。

下面我们举例求 A 的特征值与特征向量。

[例 4.3]　求

$$A = \begin{pmatrix} 1 & -2 & 2 \\ -2 & -2 & 4 \\ 2 & 4 & -2 \end{pmatrix}$$

的特征值与特征多项式。

解　A 的特征多项式：

$$|\lambda E_3 - A| = \begin{vmatrix} \lambda-1 & 2 & -2 \\ 2 & \lambda+2 & -4 \\ -2 & -4 & \lambda+2 \end{vmatrix}$$

$$\xlongequal{r_3+r_2} \begin{vmatrix} \lambda-1 & 2 & -2 \\ 2 & \lambda+2 & -4 \\ 0 & \lambda-2 & \lambda-2 \end{vmatrix}$$

$$\xlongequal{c_2-c_3} \begin{vmatrix} \lambda-1 & 4 & -2 \\ 2 & \lambda+6 & -4 \\ 0 & 0 & \lambda-2 \end{vmatrix}$$

$$= (\lambda-2) \begin{vmatrix} \lambda-1 & 4 \\ 2 & \lambda+6 \end{vmatrix}$$

$$= (\lambda-2)[(\lambda-1)(\lambda+6)-8] = (\lambda-2)^2(\lambda+7)$$

所以其根为 $\lambda_1 = \lambda_2 = 2$(重根)，$\lambda_3 = -7$ 都是 A 的特征值。

将 $\lambda_1 = 2$ 代入：

$$(\lambda_1 E_3 - A)\boldsymbol{X} = \boldsymbol{O}$$

即

$$\begin{pmatrix} 1 & 2 & -2 \\ 2 & 4 & -4 \\ -2 & -4 & 4 \end{pmatrix} \begin{pmatrix} x_1 \\ x_2 \\ x_3 \end{pmatrix} = \begin{pmatrix} 0 \\ 0 \\ 0 \end{pmatrix}$$

对上式的系数矩阵作初等行变换：

$$\begin{pmatrix}1&2&-2\\2&4&-4\\-2&-4&4\end{pmatrix}\xrightarrow[r_3+2r_1]{r_2-2r_1}\begin{pmatrix}1&2&-2\\0&0&0\\0&0&0\end{pmatrix}$$

即原方程组与下列方程同解：

$$x_1+2x_2-2x_3=0$$

对 x_2,x_3 分别取 $x_2=1,x_3=0$ 与 $x_2=0,x_3=1$，代入上式，可得原方程组的一个基础解系：

$$\eta_1=\begin{pmatrix}-2\\1\\0\end{pmatrix},\qquad \eta_2=\begin{pmatrix}2\\0\\1\end{pmatrix}$$

所以，A 的对应于特征值 $\lambda_1=2$ 的所有特征向量为：

$$\eta=k_1\eta_1+k_2\eta_2=k_1\begin{pmatrix}-2\\1\\0\end{pmatrix}+k_2\begin{pmatrix}2\\0\\1\end{pmatrix}$$

其中，k_1,k_2 为不全为零的任意常数。

将 $\lambda_3=-7$ 代入方程组 $(\lambda_3E_3-A)\boldsymbol{X}=\boldsymbol{O}$，得方程组：

$$\begin{pmatrix}-8&2&-2\\2&-5&-4\\-2&-4&-5\end{pmatrix}\begin{pmatrix}x_1\\x_2\\x_3\end{pmatrix}=\begin{pmatrix}0\\0\\0\end{pmatrix}$$

同样对系数矩阵作初等行变换：

$$\begin{pmatrix}-8&2&-2\\2&-5&-4\\-2&-4&-5\end{pmatrix}\xrightarrow{r_1\leftrightarrow r_2}\begin{pmatrix}2&-5&-4\\-8&2&-2\\-2&-4&-5\end{pmatrix}$$

$$\xrightarrow[r_3+r_1]{r_2+4r_1}\begin{pmatrix}2&-5&-4\\0&-18&-18\\0&-9&-9\end{pmatrix}\xrightarrow[-\frac{1}{18}r_2]{r_3-\frac{1}{2}r_2}\begin{pmatrix}2&-5&-4\\0&1&1\\0&0&0\end{pmatrix}$$

从而原方程组与下列方程组同解：

$$\begin{cases}2x_1-5x_2-4x_3=0\\ \qquad\ \ x_2+\ x_3=0\end{cases}$$

取 $x_3=1$ 代入上式，可得原方程组的一个基础解系

$$\eta_1=\begin{pmatrix}-\frac{1}{2}\\-1\\1\end{pmatrix}$$

从而得到 A 对应于特征值 $\lambda_3=-7$ 的特征向量为

$$\eta=k_1\eta_1=k_1\begin{pmatrix}-\frac{1}{2}\\-1\\1\end{pmatrix}$$

其中，k_1 为不为零的常数。

［例 4.4］　设

$$A=\begin{pmatrix}3&1&0\\-4&-1&0\\4&-8&-2\end{pmatrix}$$

试求 A 的特征值与特征向量。

解　因为：

$$|\lambda E_3-A|=\begin{vmatrix}\lambda-3&-1&0\\4&\lambda+1&0\\-4&8&\lambda+2\end{vmatrix}=(\lambda+2)(\lambda-1)^2$$

所以，得到 A 的特征值为 $\lambda_1=\lambda_2=1$（重根），$\lambda_3=-2$.

将 $\lambda_1=1$ 代入方程 $(\lambda E_3-A)\boldsymbol{X}=\boldsymbol{O}$，得：

$$\begin{pmatrix}-2&-1&0\\4&2&0\\-4&8&3\end{pmatrix}\begin{pmatrix}x_1\\x_2\\x_3\end{pmatrix}=\begin{pmatrix}0\\0\\0\end{pmatrix}$$

对系数矩阵作初等行变换：

$$\begin{pmatrix}-2&-1&0\\4&2&0\\-4&8&3\end{pmatrix}\xrightarrow[r_3-2r_1]{r_2+2r_1}\begin{pmatrix}-2&-1&0\\0&0&0\\0&10&3\end{pmatrix}$$

原方程组与下列方程组同解：

$$\begin{cases}-2x_1-x_2=0\\10x_2+3x_3=0\end{cases}$$

令 $x_2=1$，可得方程组的一个基础解系：

$$\eta_1=\begin{pmatrix}-\dfrac{1}{2}\\1\\-\dfrac{10}{3}\end{pmatrix}$$

所以，A 的对应于 $\lambda_1=1$ 的特征向量为：

$$\eta=k_1\eta_1=k_1\begin{pmatrix}-\dfrac{1}{2}\\1\\-\dfrac{10}{3}\end{pmatrix}$$

其中，k_1 为任一非零常数。

同理，可将 $\lambda_3=-2$ 代入 $(\lambda E_3-A)\boldsymbol{X}=\boldsymbol{O}$，得：

$$\begin{pmatrix}-5&-1&0\\4&-1&0\\-4&8&0\end{pmatrix}\begin{pmatrix}x_1\\x_2\\x_3\end{pmatrix}=\begin{pmatrix}0\\0\\0\end{pmatrix}$$

可以求得它的一个基础解系为：

$$\eta_1=\begin{pmatrix}0\\0\\1\end{pmatrix}$$

所以,A 的对应于$\lambda_3=-2$ 的特征向量为:

$$\eta=k_1\eta_1=k_1\begin{pmatrix}0\\0\\1\end{pmatrix}$$

其中,k 为任意非零常数。

从以上讨论中,我们看到一个 n 阶矩阵的特征值与特征向量是否存在与特征多项式$|\lambda E_n-A|=0$是否有根具有直接联系;另外,属于不同特征值的特征向量之间是否线性无关?

下面我们就来讨论这些问题。

[定理 4.1] 任一 n 阶矩阵 A 必存在 n 个复的特征值。

证明 由中学代数知,一元 n 次方程必有 n 个复数根(包括重根),因此特征多项式构成的方程$|\lambda E_n-A|=0$ 是一个 λ 的 n 次多项式方程,即有 n 个复数根,从而矩阵 A 有 n 个复的特征值。

应当注意的是:

(1)上面 n 个特征值把重根也计算在内,如例 4.3 中 A 的特征根为$\lambda_1=2,\lambda_3=-7$,如计算重根,其特征值应为 3 个,即 $\lambda_1=\lambda_2=2,\lambda_3=-7$。

(2)虽然一个 n 阶矩阵总有 n 个复特征值,但是它不一定存在实的特征值。例如,矩阵$A=\begin{pmatrix}1&-2\\1&-1\end{pmatrix}$,它的特征多项式为 $f(\lambda)=\lambda^2+1$,不存在实根,即不存在实特征值当然也不存在实的特征向量。但是,如果 A 是一个实对称矩阵,我们不加证明地给出下面定理。

[定理 4.2] n 阶实对称矩阵 A 必有 n 个实的特征值。

关于不同特征值的特征向量的关系,我们有如下定理:

[定理 4.3] 属于不同特征值的特征向量是线性无关的。

证明 设矩阵 A 的互不相同特征值为$\lambda_1,\lambda_2,\cdots,\lambda_s(s\leqslant n)$,属于 λ_i 的特征向量为$\boldsymbol{X}_i(i=1,2,\cdots,s)$,则

$$A\boldsymbol{X}_i=\lambda_i\boldsymbol{X}_i\qquad(i=1,2,\cdots,s)\tag{4.7}$$

我们要证明 $\boldsymbol{X}_1,\boldsymbol{X}_2,\cdots,\boldsymbol{X}_s$ 是线性无关的。我们采用对特征值的个数 s 用数学归纳法。

当 $s=1$ 时,由于一个非零向量是线性无关的,所以一个特征向量是线性无关的。

现假设结论对 $s-1$ 时成立,即 $\boldsymbol{X}_1,\boldsymbol{X}_2,\cdots,\boldsymbol{X}_{s-1}$是线性无关的,要证明对 s 也成立,即$\boldsymbol{X}_1,\boldsymbol{X}_2,\cdots,\boldsymbol{X}_s$是线性无关的。若存在 $k_1,k_2,\cdots,k_s$,使得:

$$k_1\boldsymbol{X}_1+k_2\boldsymbol{X}_2+\cdots+k_s\boldsymbol{X}_s=\boldsymbol{O}\tag{4.8}$$

在(4.8)两边同乘矩阵 A,得:

$$k_1A\boldsymbol{X}_1+k_2A\boldsymbol{X}_2+\cdots+k_sA\boldsymbol{X}_s=\boldsymbol{O}$$

由(4.7)式,上式为:

$$k_1\lambda_1\boldsymbol{X}_1+k_2\lambda_2\boldsymbol{X}_2+\cdots+k_s\lambda_s\boldsymbol{X}_s=\boldsymbol{O}\tag{4.9}$$

将(4.9)两边同乘 λ_s,得:

$$k_1\lambda_s\boldsymbol{X}_1+k_2\lambda_s\boldsymbol{X}_2+\cdots+k_s\lambda_s\boldsymbol{X}_s=\boldsymbol{O}\tag{4.10}$$

将(4.10)、(4.9)两式相减,可得:

$$\boldsymbol{k}_1(\boldsymbol{\lambda}_s-\boldsymbol{\lambda}_1)\boldsymbol{X}_1+k_2(\lambda_s-\lambda_2)\boldsymbol{X}_2+\cdots+k_{s-1}(\lambda_s-\lambda_{s-1})\boldsymbol{X}_{s-1}=\boldsymbol{O}$$

又因为 $\boldsymbol{X}_1,\boldsymbol{X}_2,\cdots,\boldsymbol{X}_{s-1}$ 线性无关,因此有

$$k_1(\lambda_s-\lambda_1)=k_2(\lambda_s-\lambda_2)=\cdots=k_{s-1}(\lambda_s-\lambda_{s-1})=0$$

而 $\lambda_1,\lambda_2,\cdots,\lambda_{s-1},\lambda_s$ 互不相同,所以上式只有 $k_1=k_2=\cdots=k_{s-1}=0$,代入(4.10)式可得:

$$k_s\boldsymbol{X}_s=\boldsymbol{O}$$

而 $\boldsymbol{X}_s$ 是特征向量即不为零向量,只有 $k_s=0$.

这就证明了 $\boldsymbol{X}_1,\boldsymbol{X}_2,\cdots,\boldsymbol{X}_s$ 是线性无关的。

推论 1　如 n 阶方阵 A 有 n 个不同的特征值,则 A 有一组由 n 个线性无关的向量组成的特征向量。

第二节　相似矩阵

本节实质上讨论 n 阶矩阵的对角化问题。在第二章中我们知道对任何 n 阶矩阵 A,都存在两个可逆的矩阵 P,Q,使

$$QAP=\begin{pmatrix} Er & \boldsymbol{O} \\ \boldsymbol{O} & \boldsymbol{O} \end{pmatrix}$$

其中 r 为矩阵 A 的秩,即矩阵 A 总等价于一个对角矩阵(标准型)的形式。当然 Q,P 不是唯一的,问题是否能找出 Q,使之与 P 具有一定的关系。本节就是要借助特征值与特征向量,找出 P,Q 具有关系 $Q=P^{-1}$,且使 $P^{-1}AP$ 简化成为一种对角矩阵的形式。

[**定义 4.3**]　设 A 和 B 都是 n 阶方阵,若存在一个 n 阶可逆矩阵 P,使得

$$P^{-1}AP=B$$

则称 A 与 B 是**相似的**,记为 $A\sim B$.

由矩阵相似定义 4.3,可知它具有以下几个性质:

(1)**反身性**　矩阵 A 与其自身相似,即 $A\sim A$.

只要取 $P=E_n$,即可得 $E_n^{-1}AE_n=A$.

(2)**对称性**　若 A 与 B 相似,则 B 与 A 也相似。

因 A 与 B 相似,即 $P^{-1}AP=B$,则 $A=PBP^{-1}=(P^{-1})^{-1}B(P^{-1})$,即 B 与 A 也相似。

(3)**传递性**　若 A 与 B 相似,且 B 与 C 相似,则 A 与 C 也相似。

证明　因 $A\sim B,B\sim C$,所以存在可逆阵 P_1,P_2,使得:

$$P_1^{-1}AP_1=B,\qquad P_2^{-1}BP_2=C$$

取 $P=P_1P_2$,则

$$\begin{aligned} P^{-1}AP &=(P_1P_2)^{-1}A(P_1P_2) \\ &=P_2^{-1}(P_1^{-1}AP_1)P_2 \\ &=P_2^{-1}BP_2=C \end{aligned}$$

即　$A\sim C$.

下面讨论两个相似矩阵所具有的共同性质。

[**定理 4.4**]　如两个矩阵 A,B 相似,则其行列式相等,即 $|A|=|B|$。

证明　因 A 与 B 相似,即存在一个可逆阵 P,使

$$P^{-1}AP=B$$

两边取行列式,且由行列式乘积的可交换性得:

$$
\begin{aligned}
|B|=|P^{-1}AP|&=|P^{-1}||A||P| \\
&=|A||P^{-1}||P| \\
&=|A||E_n| \\
&=|A|
\end{aligned}
$$

从此定理可推得以下结果：相似矩阵同时可逆，或同时不可逆；另外，相似矩阵都是等价的，以及相似矩阵的秩也都是相等的。

［定理 4.5］ 相似矩阵具有相同的特征多项式，从而它们的特征值都相等。

证明 设矩阵 A,B 相似，即存在可逆阵 P 使 $P^{-1}AP=B$，因为 B 的特征多项式

$$
\begin{aligned}
|\lambda E_n-B|&=|\lambda E_n-P^{-1}AP| \\
&=|P^{-1}(\lambda E_n)P-P^{-1}AP| \\
&=|P^{-1}(\lambda E_n-A)P| \\
&=|P^{-1}||\lambda E_n-A||P| \\
&=|P^{-1}||P||\lambda E_n-A| \\
&=|P^{-1}P||\lambda E_n-A| \\
&=|\lambda E_n-A|
\end{aligned}
$$

则 A,B 有相同的特征多项式。既然 A,B 的特征多项式相同，从而特征多项式的根即特征值都应相等。

注意：(1)正如本章第一节所述不同矩阵可有相同的特征值一样，上面定理的逆命题不成立，即两个矩阵有相同特征多项式或特征根，但这两个矩阵可以不相似。例如

$$
A=\begin{pmatrix}1&0\\0&1\end{pmatrix},\qquad B=\begin{pmatrix}1&1\\0&1\end{pmatrix}
$$

它们的特征多项式都是$(\lambda-1)^2$，但 A 和 B 是不相似的，因为与 A 相似的矩阵只能是 A 本身。

(2)虽然相似矩阵有相同的特征值，但它们的特征向量不一定相同。两个相似矩阵关于同一个特征值的特征向量有如下关系：

［定理 4.6］ 设 $P^{-1}AP=B$，λ_0 是 A 与 B 的某个特征值，如果 $\boldsymbol{X}_0$ 是 A 的关于 λ_0 的特征向量，则 $P^{-1}\boldsymbol{X}_0$ 就是 B 关于 λ_0 的特征向量。

证明 由条件 $A\boldsymbol{X}_0=\lambda_0\boldsymbol{X}_0$ 及 $P^{-1}AP=B$，即 $A=PBP^{-1}$，得到：

$$
PBP^{-1}\boldsymbol{X}_0=\lambda_0\boldsymbol{X}_0
$$

上式两边左乘 P^{-1}：

$$
P^{-1}(PBP^{-1})\boldsymbol{X}_0=P^{-1}(\lambda_0\boldsymbol{X}_0)
$$

即

$$
B(P^{-1}\boldsymbol{X}_0)=\lambda_0(P^{-1}\boldsymbol{X}_0)
$$

此式即说明 $P^{-1}\boldsymbol{X}_0$ 是 B 的关于 λ_0 的特征向量。

第三节 矩阵的对角化

下面我们考虑上节开头提出的问题：对一个给定的矩阵 A，能否使之相似于一个对角形矩阵。一般来说，可以证明任意一个矩阵并不一定能相似于一个对角形矩阵，但对于某一类矩阵，它确实相似于对角形的矩阵。

［定理 4.7］ 设 A 是 n 阶方阵，则 A 相似于一个对角形矩阵的充分必要条件是 A 恰有 n 个线性无关的特征向量。

证明 先证必要性。设 A 相似于一个对角形矩阵，即存在可逆矩阵 P，使

$$P^{-1}AP=\begin{pmatrix}\lambda_1 & & & \\ & \lambda_2 & & \\ & & \ddots & \\ & & & \lambda_n\end{pmatrix} \tag{4.11}$$

将 P 用列向量形式表示：

$$P=(\eta_1,\eta_2,\cdots,\eta_n)$$

由 P 的可逆性知 $\eta_1,\eta_2,\cdots,\eta_n$ 是线性无关的，下面只要证明 $\lambda_1,\lambda_2,\cdots,\lambda_n$ 是 A 的特征值，η_i 是 A 的关于 λ_i 的特征向量 $(i=1,2,\cdots,n)$ 即可。

将上式(4.11)两边同左乘 P，得：

$$A\cdot(\eta_1,\eta_2,\cdots,\eta_n)=(\eta_1,\eta_2,\cdots,\eta_n)\begin{pmatrix}\lambda_1 & & & \\ & \lambda_2 & & \\ & & \ddots & \\ & & & \lambda_n\end{pmatrix}$$

比较分量即得：

$$A\eta_i=\lambda_i\eta_i \qquad (i=1,2,\cdots,n)$$

这就说明，$\eta_1,\eta_2,\cdots,\eta_n$ 分别是 A 的关于 $\lambda_1,\lambda_2,\cdots,\lambda_n$ 的特征向量，且线性无关。

因上面步骤都是可逆的，从而其充分性显然可得到。

从以上证明的过程中可以看到：(1)如果 A 可相似于对角形矩阵，那么可逆矩阵 P 是由 A 的 n 个线性无关的特征向量构成的，对角形的矩阵由其特征值所确定，且除了排列次序外被特征值所唯一确定。例如：A 是一个 3 阶方阵，其特征值为 $\lambda_1=1,\lambda_2=2,\lambda_3=3$，则 A 必相似于如下对角矩阵

$$\begin{pmatrix}1&0&0\\0&2&0\\0&0&3\end{pmatrix},\begin{pmatrix}2&0&0\\0&1&0\\0&0&3\end{pmatrix},\begin{pmatrix}2&0&0\\0&3&0\\0&0&1\end{pmatrix}$$

等等。(2)因为属于某个特征值的特征向量有无穷多个，所以由特征向量构成的可逆的变换矩阵 P 一般不是唯一的，但特征值与所属的特征向量在 P 中与对角阵的列位置应保持一致。

另外应注意的是：一个矩阵相似于对角阵，它必有 n 个特征值(计算重根)；但反之 A 有 n 个特征值，则不一定 A 相似于对角阵。当然，如果这 n 个特征值都互不相同，则由定理 4.3 我们可得：

推论 2 具有 n 个互不相同特征值的 n 阶矩阵一定相似于一个对角矩阵。

[例 4.5] 判断矩阵

$$A=\begin{pmatrix}1&-2&2\\-2&-2&4\\2&4&2\end{pmatrix}$$

是否相似于对角阵，如相似，试求出变换阵 P.

解 由例 4.3 可知：A 的特征值为 $\lambda_1=2$(重根)，$\lambda_2=-7$，且属于 $\lambda_1=2$ 的特征向量

$$\eta=k_1\begin{pmatrix}-2\\1\\0\end{pmatrix}+k_2\begin{pmatrix}2\\0\\1\end{pmatrix}$$

同理,属于 $\lambda_2=-7$ 的特征向量

$$\eta=k_1\begin{pmatrix}-\frac{1}{2}\\-1\\1\end{pmatrix}$$

在以上的所有特征向量中,取它们的基础解系向量:

$$\eta_1=\begin{pmatrix}-2\\1\\0\end{pmatrix},\ \eta_2=\begin{pmatrix}2\\0\\1\end{pmatrix},\ \eta_3=\begin{pmatrix}-\frac{1}{2}\\-1\\0\end{pmatrix}$$

它们是线性无关的,所以 A 一定相似于对角阵。

且如取

$$P=\begin{pmatrix}-2&2&-\frac{1}{2}\\1&0&-1\\0&1&1\end{pmatrix}$$

就有

$$P^{-1}AP=\begin{pmatrix}2&0&0\\0&2&0\\0&0&-7\end{pmatrix}$$

[例 4.6] 试判断矩阵

$$A=\begin{pmatrix}3&1&0\\-4&-1&0\\4&-8&-2\end{pmatrix}$$

是否相似于对角阵,如相似,求出变换阵 P.

解 由例 4.4 的结果可知:A 的特征根为 $\lambda_1=1$(重根),$\lambda_2=-2$,且属于 $a_1=1$ 的特征向量为

$$\eta=k_1\begin{pmatrix}-\frac{1}{2}\\1\\-\frac{10}{3}\end{pmatrix}$$

而属于特征值 $\lambda_2=-2$ 的特征向量为

$$\eta=k_1\begin{pmatrix}0\\0\\1\end{pmatrix}$$

显然在所有的特征向量中,极大线性无关的个数只能是 2 个,小于方阵的阶数 $n=3$,从而由定理 4.7 可知,这个 3 阶矩阵 A 不能相似于对角矩阵。

[例 4.7] 设矩阵

$$A=\begin{pmatrix}2&-1&-1&1\\-1&2&1&-1\\-1&1&2&-1\\1&-1&-1&2\end{pmatrix}$$

求可逆阵 P，使 $P^{-1}AP$ 为对角阵。

解 A 的特征多项式：

$$|\lambda E_4-A|=\begin{vmatrix}\lambda-2&1&1&-1\\1&\lambda-2&-1&1\\1&-1&\lambda-2&1\\-1&1&1&\lambda-2\end{vmatrix}$$

$$\xlongequal{c_1+c_2+c_3+c_4}\begin{vmatrix}\lambda-1&1&1&-1\\\lambda-1&\lambda-2&-1&1\\\lambda-1&-1&\lambda-2&1\\\lambda-1&1&1&\lambda-2\end{vmatrix}$$

$$\xrightarrow[r_4-r_1]{\substack{r_2-r_1\\r_3-r_1}}\begin{vmatrix}\lambda-1&1&1&-1\\0&\lambda-3&-2&2\\0&-2&\lambda-3&2\\0&0&0&\lambda-1\end{vmatrix}$$

$$=(\lambda-1)^2[(\lambda-3)^2-4]$$

$$=(\lambda-1)^3(\lambda-5)$$

所以，得到 A 的 4 个特征值：$\lambda_1=\lambda_2=\lambda_3=1,\lambda_4=5$.

对于特征值 $\lambda_1=\lambda_2=\lambda_3=1$，其特征向量可由下列方程组 $(E_4-A)\boldsymbol{X}=\boldsymbol{O}$ 的解给出，即：

$$\begin{pmatrix}-1&1&1&-1\\1&-1&-1&1\\1&-1&-1&1\\-1&1&1&-1\end{pmatrix}\begin{pmatrix}x_1\\x_2\\x_3\\x_4\end{pmatrix}=\begin{pmatrix}0\\0\\0\\0\end{pmatrix}$$

对其系数矩阵作行变换：

$$\begin{pmatrix}-1&1&1&-1\\1&-1&-1&1\\1&-1&-1&1\\-1&1&1&-1\end{pmatrix}\xrightarrow[r_4-r_1]{\substack{r_2-r_1\\r_3-r_1}}\begin{pmatrix}-1&1&1&-1\\0&0&0&0\\0&0&0&0\\0&0&0&0\end{pmatrix}$$

即原方程组与下列方程同解：

$$-x_1+x_2+x_3-x_4=0$$

对自由变量 x_2,x_3,x_4 分别取 1,0,0;0,1,0;0,0,1，可得原方程组的基础解系：

$$\eta_1=\begin{pmatrix}1\\1\\0\\0\end{pmatrix},\quad \eta_2=\begin{pmatrix}1\\0\\1\\0\end{pmatrix},\quad \eta_3=\begin{pmatrix}-1\\0\\0\\1\end{pmatrix}$$

它们也是特征值 $\lambda=1$ 的特征向量。

同理可以求出对应于特征值 $\lambda_4=5$ 的方程组

$$(5E_4-A)\boldsymbol{X}=\boldsymbol{O}$$

的一个基础解系：

$$\eta_4=\begin{pmatrix}1\\-1\\-1\\1\end{pmatrix}$$

由于 $\eta_1,\eta_2,\eta_3,\eta_4$ 是线性无关的特征向量，且个数等于 $n=4$，所以 A 可以变换成对角阵，且取

$$P=\begin{pmatrix}1&1&-1&1\\1&0&0&-1\\0&1&0&-1\\0&0&1&1\end{pmatrix}$$

时，就有

$$P^{-1}AP=\begin{pmatrix}1&0&0&0\\0&1&0&0\\0&0&1&0\\0&0&0&5\end{pmatrix}$$

注 以后我们可以看到，如果 A 是实对称矩阵，它一定相似于一个对角矩阵。

［**例 4.8**］ 判断下列矩阵能否变换成对角阵：

$$A=\begin{pmatrix}1&2&2\\1&-1&1\\4&-12&1\end{pmatrix}$$

解 A 的特征多项式为

$$\begin{aligned}|\lambda E_3-A|&=\lambda^3-\lambda^2+\lambda-1\\&=(\lambda-1)(\lambda^2+1)\end{aligned}$$

由于特征多项式在实数范围内只有一个根 $\lambda_1=1$，从而矩阵 A 在实数范围内不相似于一个实的对角矩阵。

但如果考虑的范围是复数，以上多项式当然有 3 个不同的特征值 $\lambda_1=1,\lambda_2=i,\lambda_3=-i$，由推论，矩阵 A 一定相似于对角阵

$$\begin{pmatrix}1&0&0\\0&i&0\\0&0&-i\end{pmatrix}$$

其中 $1,i,-i$ 的次序可以不同，且变换矩阵 P 一定是个复矩阵。

第四节 矩阵的约当标准型介绍

由第三节已知，一个 n 阶矩阵只有当它含 n 个线性无关的特征向量时，才相似于对角阵，而一般矩阵如不满足于这条件，就不相似于对角阵。本节我们讨论对一般矩阵虽不相似于对角阵，但它相似于所谓的约当型矩阵。由于这部分理论比较复杂，我们不打算全面介绍它，而只介绍其中一些最主要的结果，以及怎样使用这些结果。

［**定义 4.4**］　形式为

$$J(\lambda)=\begin{pmatrix}\lambda & 1 & 0 & \cdots & 0 & 0\\ 0 & \lambda & 1 & \cdots & 0 & 0\\ \cdots & \cdots & \ddots & \ddots & \cdots & \cdots\\ 0 & 0 & 0 & \cdots & \lambda & 1\\ 0 & 0 & 0 & \cdots & 0 & \lambda\end{pmatrix}_{s\times s}$$

的 s 阶方阵，称为一个 **s 阶约当块**，其中 λ 为任意常数。

从定义 4.4 中可以看到，一个约当块中，它的主对角线的元素都为某一常数 λ，次主对角线上的元素都为 1，而除此以外的元素取值都为 0；且每个约当块随着 λ 的取值以及阶数 s 的不同而不同。

［**定义 4.5**］　一个由约当块构成的分块矩阵

$$J=\begin{pmatrix}J_1(\lambda_1) & \boldsymbol{O} & \cdots & \boldsymbol{O}\\ \boldsymbol{O} & J_2(\lambda_2) & \cdots & \boldsymbol{O}\\ \cdots & \cdots & \ddots & \cdots\\ \boldsymbol{O} & \cdots & \cdots & J_t(\lambda_t)\end{pmatrix}$$

称为约当型矩阵。

从定义 4.5 中我们知道，一个约当型矩阵就是将矩阵分块后，其主对角线上元素都是约当块，而其他元素都是零矩阵。约当型矩阵的阶数等于每个约当块阶数之和。

当然应当注意，每个约当块也是一个约当型矩阵；每个对角矩阵也是一个约当型矩阵，只不过构成其对角线上的每个约当块都是 1 阶的。

［**例 4.9**］　下面矩阵哪些是约当块：

(1) $\begin{pmatrix}2 & 1 & 0\\ 0 & 2 & 1\\ 0 & 0 & 2\end{pmatrix}$　　(2) $\begin{pmatrix}0 & 1 & 0\\ 0 & 0 & 1\\ 0 & 0 & 0\end{pmatrix}$

(3) $\begin{pmatrix}-2 & 1\\ 0 & -2\end{pmatrix}$　　(4) $\begin{pmatrix}2 & 1 & 0\\ 0 & 2 & 1\\ 0 & 0 & 1\end{pmatrix}$

解　(1)是 $\lambda=2$ 的 3 阶约当块；

(2)是 $\lambda=0$ 的 3 阶约当块；

(3)是 $\lambda=-2$ 的 2 阶约当块；

(4)由于主对角上元素不相等，所以不是约当块。

［**例 4.10**］　下列哪些矩阵是约当型矩阵：

(1) $\begin{pmatrix}2 & 1 & 0 & 0\\ 0 & 2 & 0 & 0\\ 0 & 0 & -1 & 1\\ 0 & 0 & 0 & -1\end{pmatrix}$　　(2) $\begin{pmatrix}2 & 1 & 0\\ 0 & 2 & 1\\ 0 & 0 & 1\end{pmatrix}$

(3) $\begin{pmatrix} 1 & 1 & 0 & 0 & 0 \\ 0 & 1 & 0 & 0 & 0 \\ 0 & 0 & 2 & 0 & 0 \\ 0 & 0 & 0 & \sqrt{2} & 1 \\ 0 & 0 & 0 & 0 & \sqrt{2} \end{pmatrix}$ (4) $\begin{pmatrix} 4 & 1 & 0 & 0 \\ 0 & 4 & 0 & 0 \\ 0 & 0 & 1 & -1 \\ 0 & 0 & 0 & 1 \end{pmatrix}$

(5) $\begin{pmatrix} 0 & 1 & 0 & 0 & 0 \\ 0 & 0 & 1 & 0 & 0 \\ 0 & 0 & 0 & 0 & 0 \\ 0 & 0 & 0 & -1 & 1 \\ 0 & 0 & 0 & 0 & -1 \end{pmatrix}$

解

(1)
$$\left(\begin{array}{cc:cc} 2 & 1 & 0 & 0 \\ 0 & 2 & 0 & 0 \\ \hdashline 0 & 0 & -1 & 1 \\ 0 & 0 & 0 & -1 \end{array}\right) = \begin{pmatrix} J_1(2) & \boldsymbol{O} \\ \boldsymbol{O} & J_2(-1) \end{pmatrix}$$

是由两个 2 阶约当块构成的约当型矩阵；

(2)
$$\left(\begin{array}{cc:c} 2 & 1 & 0 \\ 0 & 2 & 1 \\ \hdashline 0 & 0 & 1 \end{array}\right)$$

因右上角不是零矩阵，则不是约当型矩阵；

(3)
$$\left(\begin{array}{cc:c:cc} 1 & 1 & 0 & 0 & 0 \\ 0 & 1 & 0 & 0 & 0 \\ \hdashline 0 & 0 & 2 & 0 & 0 \\ \hdashline 0 & 0 & 0 & \sqrt{2} & 1 \\ 0 & 0 & 0 & 0 & \sqrt{2} \end{array}\right) = \begin{pmatrix} J_1(1) & \boldsymbol{O} & \boldsymbol{O} \\ \boldsymbol{O} & J_2(2) & \boldsymbol{O} \\ \boldsymbol{O} & \boldsymbol{O} & J_3(\sqrt{2}) \end{pmatrix}$$

是由两个 2 阶约当块，一个 1 阶约当块构成的约当型矩阵；

(4)
$$\left(\begin{array}{cc:cc} 4 & 1 & 0 & 0 \\ 0 & 4 & 0 & 0 \\ \hdashline 0 & 0 & 1 & -1 \\ 0 & 0 & 0 & 1 \end{array}\right)$$

因下右分块不是一个约当块，所以它不是约当型矩阵；

(5)
$$\left(\begin{array}{ccc:cc} 0 & 1 & 0 & 0 & 0 \\ 0 & 0 & 1 & 0 & 0 \\ 0 & 0 & 0 & 0 & 0 \\ \hdashline 0 & 0 & 0 & -1 & 1 \\ 0 & 0 & 0 & 0 & -1 \end{array}\right) = \begin{pmatrix} J(0) & \boldsymbol{O} \\ \boldsymbol{O} & J(-1) \end{pmatrix}$$

是由一个 3 阶约当块，一个 2 阶约当块构成的约当型矩阵。

下面不加证明地给出约当型矩阵的理论结论：

[**定理 4.8**] 任意 n 阶方阵 A 都相似于一个 n 阶的约当型矩阵。

此定理说明,对一般矩阵 A 而言,一定存在可逆矩阵 P,使得 $P^{-1}AP=J$.

当然我们由上面约当型矩阵的定义可以知道:约当型矩阵都是一个上三角矩阵,其特征值就是对角线上的元素。又相似矩阵有相同的特征值,所以约当型矩阵的主对角线上的元素就是由矩阵 A 的特征值唯一确定(不论其次序排列)。

[例 4.11] 见例 4.2,因矩阵

$$A=\begin{pmatrix}3 & 1 & 0\\ -4 & -1 & 0\\ 4 & -8 & -2\end{pmatrix}$$

的全部特征向量中最多只有 2 个线性无关的,所以我们说它不相似于一个对角阵,但它必与以下约当型矩阵相似,即

$$A\sim\left(\begin{array}{cc:c}1 & 1 & 0\\ 0 & 1 & 0\\ \hdashline 0 & 0 & -2\end{array}\right)$$

或

$$A\sim\left(\begin{array}{c:cc}-2 & 0 & 0\\ \hdashline 0 & 1 & 1\\ 0 & 0 & 1\end{array}\right)$$

注　由相似的传递性可知,以上两个约当型矩阵是相似的。

习题四

1. 证明:矩阵的一个特征向量只能属于一个特征值。

2. 已知 $\boldsymbol{x}_1,\boldsymbol{x}_2$ 都是 A 的关于特征值 λ_0 的特征向量,则 $\boldsymbol{x}_1,\boldsymbol{x}_2$ 的任意线性组合中的非零向量也是 A 关于 λ_0 的特征向量。

3. 若 n 阶矩阵 A 满足 $A^2=E_n$,则 A 的特征值只可取 1或-1.

4. 求下列矩阵的特征值与特征向量:

(1) $\begin{pmatrix}2 & 3\\ 1 & 4\end{pmatrix}$　(2) $\begin{pmatrix}1 & -2 & 0\\ -4 & -1 & 0\\ 6 & 3 & 1\end{pmatrix}$

(3) $\begin{pmatrix}-1 & 1 & 4\\ 0 & -2 & 0\\ -2 & -2 & -10\end{pmatrix}$　(4) $\begin{pmatrix}1 & 1 & 0 & 0\\ 0 & 1 & 1 & 0\\ 0 & 0 & 1 & 1\\ 0 & 0 & 0 & 1\end{pmatrix}$

5. 设 $\boldsymbol{x}_1,\boldsymbol{x}_2$ 分别是 A 的属于 λ_1,λ_2 的特征向量,且 $\lambda_1\neq\lambda_2$,试证:$\boldsymbol{x}_1+\boldsymbol{x}_2$ 不可能是 A 的特征向量。

6. 如果 A 可逆,证明:AB 与 BA 相似。

7. 如果 A 与 B 相似,C 与 D 相似,证明

$$\begin{pmatrix}A & \boldsymbol{O}\\ \boldsymbol{O} & C\end{pmatrix}与\begin{pmatrix}B & \boldsymbol{O}\\ \boldsymbol{O} & D\end{pmatrix}$$

也一定相似。

8. 证明以下矩阵

$$\begin{pmatrix}1&0&0&0\\0&1&0&0\\0&0&2&0\\0&0&0&3\end{pmatrix} 与 \begin{pmatrix}1&0&0&0\\0&2&0&0\\0&0&1&0\\0&0&0&3\end{pmatrix}$$

是相似的。

9. 设 A 是 n 阶上三角矩阵，证明：

(1)如果对角线元素全不相同，则 A 相似于一个对角矩阵；

(2)如果对角线元素全都相等，且至少有一个非对角线上元素不为零，则矩阵 A 不相似于一个对角矩阵。

10. 判断下列矩阵是否相似于对角矩阵，若可以，试求出可逆矩阵 P，使 $P^{-1}AP$ 为对角矩阵。

(1) $\begin{pmatrix}-1&4&-2\\-3&4&0\\-3&1&3\end{pmatrix}$　　(2) $\begin{pmatrix}0&0&0\\0&0&0\\3&0&1\end{pmatrix}$

(3) $\begin{pmatrix}1&1&1&1\\1&1&-1&-1\\1&-1&1&-1\\1&-1&-1&1\end{pmatrix}$　　(4) $\begin{pmatrix}2&-1&1\\0&3&-1\\2&1&3\end{pmatrix}$

11. 已知矩阵

$$A=\begin{pmatrix}1&0&0\\0&0&1\\0&1&x\end{pmatrix} \quad 与 \quad B=\begin{pmatrix}1&0&0\\0&y&0\\0&0&-1\end{pmatrix}$$

相似。试求：(1) x 与 y 的值；(2)满足 $P^{-1}AP=B$ 的可逆矩阵 P.

12. 单项选择题：

(1)矩阵 $A=\begin{pmatrix}1&-1\\-1&1\end{pmatrix}$ 的特征值为 0,2，则 $3A$ 的特征值为(　　)。

①0,2　　②0,6　　③0,0　　④2,6

(2)设 $B=P^{-1}AP$，λ_0 是 A,B 的一个特征值，α 是 A 的关于 λ_0 的特征向量，则 B 的关于 λ_0 的特征向量是(　　)。

①α　　②$P\alpha$　　③$P^{-1}\alpha$　　④$P^T\alpha$

(3)当矩阵 A 满足 $A^2=A$ 时，则 A 的特征值为(　　)。

①0 或 1　　②±1　　③都是 0　　④都是 1

(4)设矩阵 A,B 相似，则下列结论不成立的是(　　)。

①A,B 有相同的特征多项式　②A,B 有相同的特征值

③A,B 有相同的特征向量　　④$|A|=|B|$

(5)下列矩阵中，与矩阵 $\begin{bmatrix}1&0&0\\0&2&0\\0&0&0\end{bmatrix}$ 不相似的是(　　)。

① $\begin{bmatrix}1&0&0\\0&0&0\\0&0&2\end{bmatrix}$　　② $\begin{bmatrix}1&0&0\\0&0&0\\0&2&0\end{bmatrix}$

③$\begin{bmatrix} 2 & 0 & 0 \\ 0 & 1 & 0 \\ 0 & 0 & 0 \end{bmatrix}$　　④$\begin{bmatrix} 2 & 0 & 0 \\ 0 & 0 & 0 \\ 0 & 0 & 1 \end{bmatrix}$

(6)设 A 为一个三阶方阵，且 1,2,3 都是其特征值，则 A 不能相似于以下(　　)矩阵。

①$\begin{bmatrix} 1 & 0 & 0 \\ 0 & 2 & 0 \\ 0 & 0 & 3 \end{bmatrix}$　　②$\begin{bmatrix} 2 & 0 & 0 \\ 0 & 1 & 0 \\ 0 & 0 & 3 \end{bmatrix}$

③$\begin{bmatrix} 3 & 0 & 0 \\ 0 & 1 & 0 \\ 0 & 0 & 2 \end{bmatrix}$　　④$\begin{bmatrix} 0 & 2 & 0 \\ 1 & 0 & 0 \\ 0 & 0 & 3 \end{bmatrix}$

(7)以下矩阵中不是约当块的为(　　)。

①$\begin{bmatrix} 3 & 1 & 0 \\ 0 & 3 & 1 \\ 0 & 0 & 3 \end{bmatrix}$　　②$\begin{bmatrix} 0 & 1 & 0 \\ 0 & 0 & 1 \\ 0 & 0 & 0 \end{bmatrix}$

③$\begin{pmatrix} -1 & 0 \\ 0 & -1 \end{pmatrix}$　　④$\begin{pmatrix} -1 & 1 \\ 0 & -1 \end{pmatrix}$

(8)以下矩阵中不是约当型矩阵的为(　　)。

①$\begin{bmatrix} 1 & 1 & 0 & 1 \\ 0 & 1 & 0 & 0 \\ 0 & 0 & -1 & 1 \\ 0 & 0 & 0 & -1 \end{bmatrix}$　　②$\begin{bmatrix} 0 & 1 & 0 & 0 \\ 0 & 0 & 1 & 0 \\ 0 & 0 & 0 & 0 \\ 0 & 0 & 0 & 3 \end{bmatrix}$

③$\begin{bmatrix} 1 & 0 & 0 \\ 0 & 2 & 0 \\ 0 & 0 & 0 \end{bmatrix}$　　④$\begin{bmatrix} 1 & 0 & 0 \\ 0 & 2 & 1 \\ 0 & 0 & 2 \end{bmatrix}$

(9)三阶方阵 A 的特征值为 1,1,1，则 A 的约当型矩阵为(　　)。

①$\begin{bmatrix} 1 & 0 & 0 \\ 0 & 1 & 0 \\ 0 & 0 & 1 \end{bmatrix}$　　②$\begin{bmatrix} 1 & 1 & 0 \\ 0 & 1 & 0 \\ 0 & 0 & 1 \end{bmatrix}$

③$\begin{bmatrix} 1 & 1 & 0 \\ 0 & 1 & 1 \\ 0 & 0 & 1 \end{bmatrix}$　　④上述三种都不是

(10)n 阶矩阵 A 与对角矩阵相似的充要条件是(　　)。

①矩阵 A 有 n 个特征值

②矩阵 A 有 n 个线性无关的特征向量

③矩阵 A 的行列式 $|A|\neq 0$

④矩阵 A 的特征多项式没有重根

第五章

实二次型

本章主要讨论实二次型以及它与对称矩阵的关系，并且利用矩阵的合同关系讨论实二次型在非退化线性变换下的标准形和规范形。最后还要讨论某种特殊的二次型即正定二次型。

第一节　二次型与合同矩阵

关于二次型问题的讨论，起源于解析几何中二次曲线和二次曲面的分类问题。例如，在平面解析几何中，要将二次曲线方程：

$$ax^2+2bxy+cy^2+2dx+2ey+f=0$$

化为标准方程，进而对二次曲线分类。首先需将左边各项次数为 2 的多项式：

$$ax^2+2bxy+y^2 \quad \text{（称其为二次型）}$$

通过坐标的旋转**变换**

$$\begin{cases} x=x'\cos\theta-y'\sin\theta \\ y=x'\sin\theta+y'\cos\theta \end{cases}$$

化为平方和形式：

$$a'x'^2+b'y'^2 \quad \text{（称其为二次型的标准形）}$$

然后通过配方及坐标轴平移，便可得原二次曲线方程的标准方程。由此我们看到二次曲线的标准化问题，主要是将 $ax^2+2bxy+y^2$ 化为它的标准形 $a'x'^2+b'y'^2$ 的问题，当然坐标旋转是其一种方法。下面我们讨论未知量个数为 n 的一般情形。

［定义 5.1］　含有 n 个变量 $x_1,x_2,\cdots,x_n$ 的实系数二次齐次多项式

$$\begin{aligned} f(x_1,x_2,\cdots,x_n)= & a_{11}x_1^2+2a_{12}x_1x_2+2a_{13}x_1x_3+\cdots+2a_{1n}x_1x_n \\ & +a_{22}x_2^2 \qquad +2a_{23}x_2x_3+\cdots+2a_{2n}x_2x_n \\ & \qquad\qquad\qquad\qquad +\cdots+a_{nn}x_n^2 \end{aligned} \tag{5.1}$$

称为 ***n* 元实二次型**，简称**二次型。**

从定义 5.1 中我们看到，实二次型的特点是每项变量次数之和为 2，且系数皆为实数。例如下列齐次多项式：

(1) $f(x_1,x_2,x_3)=x_1^2+x_1x_2+x_2^2-x_3^2$

(2) $f(x,y,z)=x^2-2xy+2xz-3y^2+2yz$

都是实二次型。

而定义 5.1 中的交叉项的系数写成 2 倍形式，是为了便于将矩阵与二次型相联系，为此我们在定义 5.1 中令 $a_{ij}=a_{ji}$（当 $i<j$；$i,j=1,2,\cdots,n$ 时），从而

$$2a_{ij}x_ix_j=a_{ij}x_ix_j+a_{ji}x_jx_i$$

于是，二次型(5.1)又可以写成：

$$
\begin{aligned}
f(x_1,x_2,\cdots,x_n)=&a_{11}x_1^2+a_{12}x_1x_2+a_{13}x_1x_3+\cdots+a_{1n}x_1x_n\\
&+a_{21}x_2x_1+a_{22}x_2^2+a_{23}x_2x_3+\cdots+a_{2n}x_2x_n\\
&\cdots\cdots\\
&+a_{n1}x_nx_1+a_{n2}x_2^2+a_{n3}x_nx_3+\cdots+a_{nn}x_n^2\\
=&\sum_{j=1}^{n}a_{1j}x_1x_j+\sum_{j=1}^{n}a_{2j}x_2x_j+\cdots+\sum_{j=1}^{n}a_{nj}x_nx_j\\
=&\sum_{i=1}^{n}\sum_{j=1}^{n}a_{ij}x_ix_j
\end{aligned}
\tag{5.2}
$$

其中，$a_{ij}=a_{ji}\quad(i<j,i,j=1,2,\cdots,n)$.

例如二次型

(1) $f(x_1,x_2,x_3)=x_1^2+x_1x_2+x_2^2-x_3^2$

$$
\begin{aligned}
&=x_1^2+\frac{1}{2}x_1x_2+0\cdot x_1x_3+\frac{1}{2}x_2x_1+x_2^2+0\cdot x_2x_3\\
&\quad+0x_3x_1+0x_3x_2+(-1)x_3^2
\end{aligned}
$$

(2) $f(x,y,z)=x^2-2xy+2xz-3y^2+2yz$

$$
\begin{aligned}
&=x^2+(-1)xy+1xz+(-1)yx+(-3)y^2+1yz\\
&\quad+1xz+1yz+0z^2
\end{aligned}
$$

下面我们用矩阵形式来表示二次型(5.2)。为此我们设：

$$
A=\begin{pmatrix}a_{11}&a_{12}&\cdots&a_{1n}\\a_{21}&a_{22}&\cdots&a_{2n}\\\cdots&\cdots&\cdots&\cdots\\a_{n1}&a_{n2}&\cdots&a_{nn}\end{pmatrix}\quad X=\begin{pmatrix}x_1\\x_2\\\cdots\\x_n\end{pmatrix}
$$

从而二次型(5.2)式可写为：

$$
f(x_1,x_2,\cdots,x_n)=X^{\mathrm{T}}AX \tag{5.3}
$$

称(5.3)式为二次型 $f(x_1,x_2,\cdots,x_n)$ 的**矩阵形式**，且称 A 为**二次型 f 的矩阵**。

如上例中的二次型

(1) $f(x_1,x_2,x_3)=(x_1\quad x_2\quad x_3)\begin{pmatrix}1&\frac{1}{2}&0\\\frac{1}{2}&1&0\\0&0&-1\end{pmatrix}\begin{pmatrix}x_1\\x_2\\x_3\end{pmatrix}$

(2) $f(x,y,z)=(x\quad y\quad z)\begin{pmatrix}1&-1&1\\-1&-3&1\\1&1&0\end{pmatrix}\begin{pmatrix}x\\y\\z\end{pmatrix}$

由上面讨论，我们可以得到任何一个二次型的矩阵都是对称的，且每一个二次型都有唯一确定的一个对称矩阵 A 与之对应；反之，每一个对称矩阵都唯一确定一个二次型，因此，二次型与对称矩阵相互唯一确定。从而可以把二次型 f 称为**对称阵 A 的二次型**，也将 A 的秩称为**二次型 f 的秩**。于是对二次型的讨论，通常可归结为对其矩阵 A 的讨论。

与处理许多数学问题一样，我们常常寻求变量的线性变换来化简二次型。设变量 x_1,x_2，

$\cdots,x_n$ 能由变量 $y_1,y_2,\cdots,y_n$ 线性表示，即

$$\begin{cases}x_1=c_{11}y_1+c_{12}y_2+\cdots+c_{1n}y_n\\x_2=c_{21}y_1+c_{22}y_2+\cdots+c_{2n}y_n\\\cdots\cdots\cdots\cdots\cdots\cdots\\x_n=c_{n1}y_1+c_{n2}y_2+\cdots+c_{nn}y_n\end{cases}\tag{5.4}$$

其中，系数 $c_{ij}(i,j=1,2,\cdots,n)$ 均为实数。

我们称(5.4)式为由变量 $y_1,y_2,\cdots,y_n$ 到变量 $x_1,x_2,\cdots,x_n$ 的**一个线性变换**(或**线性替换**)。若(5.4)式的系数矩阵

$$C=\begin{pmatrix}c_{11}&c_{12}&\cdots&c_{1n}\\c_{21}&c_{22}&\cdots&a_{2n}\\\cdots&\cdots&\cdots&\cdots\\c_{n1}&c_{n2}&\cdots&c_{nn}\end{pmatrix}$$

是可逆的，则称这线性变换是**可逆的或非退化的**，也称为**满秩的**，否则称为**退化的**。

设

$$X=\begin{pmatrix}x_1\\x_2\\\vdots\\x_n\end{pmatrix},\quad Y=\begin{pmatrix}y_1\\y_2\\\vdots\\y_n\end{pmatrix}$$

则线性变换(5.4)可以写成矩阵形式

$$X=CY\tag{5.5}$$

应该注意，对于可逆的线性变换(5.5)，存在逆变换 $Y=C^{-1}X$，于是 X 与 Y 相互唯一确定；而退化的线性变换对给定的 X，却不能唯一确定 Y，当然在讨论二次型中，我们总是设法找到可逆的线性变换来化简二次型。

对于二次型(5.3)

$$f(x_1,x_2,\cdots,x_n)=X^{\mathrm{T}}AX$$

将可逆变换 $X=CY$ 代入，得：

$$\begin{aligned}f(x_1,x_2,\cdots,x_n)&=X^{\mathrm{T}}AX\\&=(CY)^{\mathrm{T}}A(CY)\\&=Y^{\mathrm{T}}(C^{\mathrm{T}}AC)Y\end{aligned}\tag{5.6}$$

[定理 5.1] 设 A 为 n 阶对称阵，C 为 n 阶可逆阵，则矩阵 $B=C^{\mathrm{T}}AC$ 也为对称阵，且 $R(B)=R(A)$。

证明 因 A 对称，即 $A^{\mathrm{T}}=A$，所以

$$B^{\mathrm{T}}=(C^{\mathrm{T}}AC)^{\mathrm{T}}=C^{\mathrm{T}}A^{\mathrm{T}}(C^{\mathrm{T}})^{\mathrm{T}}=C^{\mathrm{T}}AC=B$$

即 B 也是对称阵。另外由 C 可逆，立即可得 C^{T} 也可逆，且

$$R(B)=R(C^{\mathrm{T}}AC)=R(AC)=R(A)$$

由(5.5)式及定理 5.1 讨论，可知二次型 $f(x_1,x_2,\cdots,x_n)$ 经过可逆的线性替换 $X=CY$ 后，得到新二次型的矩阵 B 为

$$B=C^{\mathrm{T}}AC$$

与之对应，我们引入：

[定义 5.2] 设 A,B 均是 n 阶方阵，若存在可逆的 n 阶方阵 C，使得

$$B=C^{T}AC$$

则称矩阵 A 与 B 是**合同的**。

对于矩阵的合同概念，我们能容易得到矩阵的合同必满足以下三个性质：

(1)**反身性**，A 与 A 自身合同；

(2)**对称性**，A 与 B 合同，则 B 也与 A 合同；

(3)**传递性**，A 与 B 合同，且 B 与 C 合同，则 A 与 C 也合同。

我们只证性质(3)，其他两个性质的证明作为习题留给读者。

证明　因为 A 与 B 合同，B 与 C 也合同，所以由定义，存在可逆方阵 C_1,C_2，使：

$$B=C_1^{T}AC_1,\quad C=C_2^{T}BC_2$$

则

$$\begin{aligned}C&=C_2^{T}(C_1^{T}AC_1)C_2=C_2^{T}C_1^{T}AC_1C_2\\&=(C_1C_2)^{T}A(C_1C_2)\end{aligned}$$

且 C_1C_2 是可逆的，从而根据定义，A 与 C 是合同的。

应该指出，与第四章讨论的矩阵相似一样，矩阵的合同也是矩阵之间的一种关系，且合同矩阵具有相同的秩。

另外，综合上述二次型矩阵的讨论可知：经过可逆的线性变换后，新的二次型矩阵与原来的二次型矩阵是合同的，且秩相等，从而可以从新的二次型特点推断出原来的二次型特点。下面几节我们将讨论通过可逆线性变换求二次型的最简形式。

第二节　二次型的标准形

[定义 5.3]　只含有平方项的 n 元实二次型

$$f=d_1y_1^2+d_2y_2^2+\cdots+d_ny_n^2 \tag{5.7}$$

称为**二次型的标准形**。

显然，标准形的矩阵是实对角阵

$$\begin{pmatrix}d_1&&&\\&d_2&&\\&&\ddots&\\&&&d_n\end{pmatrix}$$

即二次型矩阵与此矩阵合同。

下面我们不加证明地给出以下定理：

[定理 5.2]　任意一个实二次型都可以经过可逆的线性变换化为标准形(5.7)。

事实上，有多种方法可将一个二次型化为标准形，本节将介绍比较常用的配方法和矩阵的初等变换法求二次型的标准形，在下一章，还将介绍正交变换化法。

一、用拉格朗日配方法化二次型为标准形

这种方法实际相当于初等数学中的“配平方法”，下面我们举例予以说明。

[例 5.1]　用配方法将二次型

$$f(x_1,x_2,x_3)=x_1^2-2x_1x_2+2x_1x_3-3x_2^2+2x_2x_3$$

化为标准形，并求出所用的可逆线性变换矩阵 C。

解　因为 f 中含有变量 x_1 的平方项，故把含 x_1 的项归并在一起(注：若 f 中不含任何平

方项，就要改变方法，见本章例 5.2)，配方后可得：

$$
\begin{aligned}
f(x_1,x_2,x_3)&=x_1^2-2x_1x_2+2x_1x_3-3x_2^2+2x_2x_3\\
&=[x_1^2-2x_1(x_2-x_3)+(x_2-x_3)^2]\\
&\quad-(x_2-x_3)^2-3x_2^2+2x_2x_3\\
&=[x_1-(x_2-x_3)]^2-4x_2^2+4x_2x_3-x_3^2
\end{aligned}
$$

上式右端除第一项外，已不含 x_1，于是继续配方，有

$$f(x_1,x_2,x_3)=(x_1-x_2+x_3)^2-(2x_2-x_3)^2$$

令

$$\begin{cases}y_1=x_1-x_2+x_3\\y_2=\quad 2x_2-x_3\\y_3=\quad\quad x_3\end{cases}$$

即

$$\begin{cases}x_1=y_1+\dfrac{1}{2}y_2-\dfrac{1}{2}y_3\\x_2=\quad\dfrac{1}{2}y_2+\dfrac{1}{2}y_3\\x_3=\quad\quad y_3\end{cases}$$

从而

$$f(x_1,x_2,x_3)=y_1^2-y_2^2$$

其中

$$X=CY$$

$$C=\begin{pmatrix}1&\dfrac{1}{2}&-\dfrac{1}{2}\\0&\dfrac{1}{2}&\dfrac{1}{2}\\0&0&1\end{pmatrix}\quad\left(|C|=\frac{1}{2}\neq0\right)$$

[例 5.2] 用配方法将二次型

$$f(x,y,z)=3xy+3xz-9yz$$

化为标准形，并给出所用的可逆线性变换。

解 因 f 中不含平方项，然而含有乘积项 xy，故可先作如下可逆变换：

$$\begin{cases}x=y_1+y_2\\y=y_1-y_2\\z=\quad\quad y_3\end{cases}$$

或

$$\begin{pmatrix}x\\y\\z\end{pmatrix}=\begin{pmatrix}1&1&0\\1&-1&0\\0&0&1\end{pmatrix}\begin{pmatrix}y_1\\y_2\\y_3\end{pmatrix}\tag{5.8}$$

代入 f 中，得

$$
\begin{aligned}
f(x,y,z)&=3(y_1+y_2)(y_1-y_2)+3(y_1+y_2)y_3-9(y_1-y_2)y_3\\
&=3y_1^2-6y_1y_3-3y_2^2+12y_2y_3
\end{aligned}
$$

如例 5.1，进行配方，得

$$
\begin{aligned}
f(x,y,z)&=3(y_1-y_3)^2-3y_2^2+12y_2y_3-3y_3^2\\
&=3(y_1-y_3)^2-3(y_2-2y_3)^2+9y_3^2
\end{aligned}
$$

令
$$\begin{cases}t_1=y_1 & -\ y_3\\ t_2= & y_2-2y_3\\ t_3= & y_3\end{cases}$$

即
$$\begin{cases}y_1=t_1 & +\ t_3\\ y_2= & t_2+2t_3\\ y_3= & t_3\end{cases}$$

或
$$\begin{pmatrix}y_1\\y_2\\y_3\end{pmatrix}=\begin{pmatrix}1&0&1\\0&1&2\\0&0&1\end{pmatrix}\begin{pmatrix}t_1\\t_2\\t_3\end{pmatrix}$$

代入 f，即得到标准形
$$f(x,y,z)=3t_1^2-3t_2^2+9t_3^2$$

所用的可逆线性变换为：
$$\begin{aligned}\begin{pmatrix}x\\y\\z\end{pmatrix}&=\begin{pmatrix}1&1&0\\1&-1&0\\0&0&1\end{pmatrix}\begin{pmatrix}y_1\\y_2\\y_3\end{pmatrix}\\&=\begin{pmatrix}1&1&0\\1&-1&0\\0&0&1\end{pmatrix}\begin{pmatrix}1&0&1\\0&1&2\\0&0&1\end{pmatrix}\begin{pmatrix}t_1\\t_2\\t_3\end{pmatrix}\\&=\begin{pmatrix}1&1&3\\1&-1&-1\\0&0&1\end{pmatrix}\begin{pmatrix}t_1\\t_2\\t_3\end{pmatrix}\end{aligned}$$

二、利用矩阵的初等变换求标准形

设 A 为 n 阶实对称阵，构作辅助的 $(2n)\times n$ 矩阵：
$$M=\begin{pmatrix}A\\ \cdots\\ E\end{pmatrix}$$
对子块 A 所在的位置每施行一次初等行变换，紧接着就对 M 作一次同样的初等列变换，直至把 A 处化为对角阵 D：
$$M=\begin{pmatrix}A\\ \cdots\\ E\end{pmatrix}\longrightarrow\cdots\longrightarrow\begin{pmatrix}D\\ \cdots\\ C\end{pmatrix}$$
则 D 就是 A 所对应的二次型标准形的矩阵，而 C 恰好是将二次型化为该标准形所用的可逆变换矩阵。

[例 5.3]　用初等变换法把二次型
$$f(x_1,x_2,x_3)=2x_1^2+4x_2^2+5x_3^2-4x_1x_2+4x_2x_3$$
化为标准形，并指出所用的可逆线性变换。

解　上面二次型 f 的矩阵
$$A=\begin{pmatrix}2&-2&0\\-2&4&2\\0&2&5\end{pmatrix}$$

构作：

$$M=\begin{pmatrix}A\\E\end{pmatrix}=\begin{pmatrix}2&-2&0\\-2&4&2\\0&2&5\\\hdashline 1&0&0\\0&1&0\\0&0&1\end{pmatrix}\xrightarrow{r_2+r_1}\begin{pmatrix}2&-2&0\\0&2&2\\0&2&5\\\hdashline 1&0&0\\0&1&0\\0&0&1\end{pmatrix}$$

$$\xrightarrow{c_2+c_1}\begin{pmatrix}2&0&0\\0&2&2\\0&2&5\\\hdashline 1&1&0\\0&1&0\\0&0&1\end{pmatrix}\xrightarrow{r_3-r_2}\begin{pmatrix}2&0&0\\0&2&2\\0&0&3\\1&1&0\\0&1&0\\0&0&1\end{pmatrix}$$

$$\xrightarrow{c_3-c_2}\begin{pmatrix}2&0&0\\0&2&0\\0&0&3\\\hdashline 1&1&-1\\0&1&-1\\0&0&1\end{pmatrix}$$

所以
$$f(x_1,x_2,x_3)=2y_1^2+2y_2^2+3y_3^2$$
且所作的可逆线性变换为：
$$\begin{pmatrix}x_1\\x_2\\x_3\end{pmatrix}=\begin{pmatrix}1&1&-1\\0&1&-1\\0&0&1\end{pmatrix}\begin{pmatrix}y_1\\y_2\\y_3\end{pmatrix}$$

第三节　惯性定理与正定二次型

在第二节中，我们用了两种方法将二次型化为标准形。但应该指出：用不同的方法化简二次型，得到的标准形往往不尽相同，但因标准形的矩阵是相互合同的，且标准形矩阵皆为对角阵，从而主对角线上非零元素的个数，即标准形中非零项数是确定不变的，且等于二次型的秩。

设实二次型 $f(x_1,x_2,\cdots,x_n)$ 的秩为 r，而且经过某一可逆的线性变换将 f 变为标准形。不妨设标准形中正系数的个数为 k，于是再适当排列变量的次序，总可使 f 化为形如

$$d_1y_1^2+d_2y_2^2+\cdots+d_ky_k^2-d_{k+1}y_{k+1}^2-\cdots-d_ry_r^2 \tag{5.9}$$

其中，$d_i>0(i=1,2,\cdots,r)$。

我们对(5.9)再作可逆变换

$$\begin{cases} y_1=\dfrac{1}{\sqrt{d_1}}z_1 \\ \cdots\cdots \\ y_k=\dfrac{1}{\sqrt{d_k}}z_k \\ y_{k+1}=z_{k+1}\dfrac{1}{\sqrt{d_{k+1}}} \\ \cdots\cdots \\ y_r=z_r\dfrac{1}{\sqrt{d_r}} \end{cases}$$

可将上式化为：

$$z_1^2+z_2^2+\cdots+z_k^2-z_{k+1}^2-\cdots-z_r^2 \tag{5.10}$$

从而将二次型 f 化为(5.10)的形式，称(5.10)式为二次型 f 的**规范形**。一般地，我们有以下定理：

[定理 5.3](惯性定理)　对于秩为 r 的实二次型

$$f(x_1,x_2,\cdots,x_n)=X^{\mathrm{T}}AX$$

总可找到可逆的线性变换：

$$X=CY$$

使二次型 f 化为规范形：

$$f(x_1,x_2,\cdots,x_n)=y_1^2+y_2^2+\cdots+y_k^2-y_{k+1}^2-\cdots-y_r^2$$

且规范形是唯一的。

“唯一性”是指对同一个二次型，秩 r 及正系数项个数 k 是确定不变的，与 n 元变量用何种字母表示无关。

[定义 5.4]　在实二次型 f 的规范形(5.10)中，正平方项的个数 k 称为 f 的**正惯性指数**，负平方项的个数 $r-k$ 称为 f 的**负惯性指数**，它们的差 $k-(r-k)=2k-r$ 称为 f 的**符号差**。

综上所述，二次型总可经过可逆的线性变换化为标准形，虽然标准形不是唯一的，但标准形中非零平方项的个数是唯一确定的，且等于二次型的秩；标准形中正系数的个数与规范形中的相同，即为二次型的正惯性指数；标准形中负平方项系数的个数就等于负惯性指数。

下面我们讨论一类特殊的二次型，即正(负)定二次型，在这类二次型的标准形中，满秩且标准形中系数全为正(或全为负)，它是许多数学和实际问题中最常见的一类。

[定义 5.5]　设 $f(x_1,x_2,\cdots,x_n)=X^{\mathrm{T}}AX$ 是一个实二次型，对于任意一组不全为零的实数 $c_1,c_2,\cdots,c_n$，如果总有

$$f(c_1,c_2,\cdots,c_n)>0$$

则称二次型 $f(x_1,x_2,\cdots,x_n)$ 是**正定的**；如果总有

$$f(c_1,c_2,\cdots,c_n)<0$$

则称 f 是**负定的**；如果总有

$$f(c_1,c_2,\cdots,c_n)\geqslant 0$$

则称 f 是**半正定的**；如果总有

$$f(c_1,c_2,\cdots,c_n)\leqslant 0$$

则称 f 是**半负定的**；如果它既不是半正定的又不是半负定的，则称 f 是**不定的**。

例如，二次型

$$f(x_1,x_2,\cdots,x_n)=x_1^2+x_2^2+\cdots+x_n^2$$

是正定的，因为当且仅当 $x_1,x_2,\cdots x_n$ 全为零时，f 才为零。

同样可以验证：实二次型 $f(x_1,x_2,\cdots,x_n)=\sum_{i=1}^{n}d_ix_i^2$ 是正定的充分必要条件为 $d_i>0$ $(i=1,2,\cdots,n)$。

下面我们给出几个判断二次型为正、负定的定理，定理的证明我们加以省略。

[定理 5.4] n 元实二次型 f 为正(负)定的充分必要条件是它的正(负)惯性指数为 n.

推论 1 n 元实二次型 f 为正(负)定的充分必要条件是它的标准形中的 n 个系数全为正(负)数。

如上节例 5.3 中的二次型 $f(x_1,x_2,x_3)$ 是正定的；同样，四元二次型 $f(x_1,x_2,x_3,x_4)=-x_1^2-x_2^2-2x_3^2-x_4^2$ 是负定的。

[定义 5.6] 实对称矩阵 A 称为**正定的**，如果它的二次型

$$f=X^{\mathrm{T}}AX$$

则它是正定的。

由定理我们可知，正定二次型 $f(x_1,x_2,\cdots,x_n)$ 的规范形为

$$y_1^2+y_2^2+\cdots+y_n^2$$

而其矩阵是单位矩阵 E，所以

推论 2 实对称矩阵是正定的充分必要条件是它与单位矩阵 E 合同。

推论 3 正定矩阵的行列式大于零。

证明 设 A 是正定矩阵，即 A 与 E 合同，则有可逆矩阵 C，使

$$A=C^{\mathrm{T}}EC=C^{\mathrm{T}}C$$

即

$$|A|=|C^{\mathrm{T}}C|=|C^{\mathrm{T}}||C|=|C|^2>0$$

有时我们可以直接从二次型的矩阵着手来判定正定性，而无需先考察其标准形或规范形，我们有：

[定理 5.5] (1)实二次型 $f(x_1,x_2,\cdots,x_n)=X^{\mathrm{T}}AX$ 为正定的充分必要条件是 $A=(a_{ij})_{n\times n}$ 的顺序主子式(即左上角的各阶子式)全都大于零，亦即

$$a_n>0,\begin{vmatrix}a_{11}&a_{12}\\a_{21}&a_{22}\end{vmatrix}>0,\cdots,\begin{vmatrix}a_{11}&a_{12}&\cdots&a_{1n}\\a_{21}&a_{22}&\cdots&a_{2n}\\\cdots&\cdots&\cdots&\cdots\\a_{n1}&a_{n2}&\cdots&a_{nn}\end{vmatrix}>0$$

(2)实二次型 $f(x_1,x_2,\cdots,x_n)=X^{\mathrm{T}}AT$ 为负定的充分必要条件是其奇数阶顺序主子式小于零，而偶数阶顺序主子式都大于零，即

$$(-1)^i\begin{vmatrix}a_{11}&a_{12}&\cdots&a_{1i}\\a_{21}&a_{22}&\cdots&a_{2i}\\\cdots&\cdots&\cdots&\cdots\\a_{i1}&a_{i2}&\cdots&a_{ii}\end{vmatrix}>0\quad(i=1,2,\cdots,n)$$

定理的证明我们予以省略。

[例 5.4] 判断二次型

$$f(x_1,x_2,x_3)=2x_1^2+4x_2^2+5x_3^2-4x_1x_2+4x_2x_3$$

的正定性。

解　二次型 f 的矩阵

$$A=\begin{pmatrix}2&-2&0\\-2&4&2\\0&2&5\end{pmatrix}$$

因为其顺序主子式：

$$a_{11}=2>0,\begin{vmatrix}a_{11}&a_{12}\\a_{21}&a_{22}\end{vmatrix}=\begin{vmatrix}2&-2\\-2&4\end{vmatrix}=4>0$$

$$\begin{vmatrix}a_{11}&a_{12}&a_{13}\\a_{21}&a_{22}&a_{23}\\a_{31}&a_{32}&a_{33}\end{vmatrix}=\begin{vmatrix}2&-2&0\\-2&4&2\\0&2&5\end{vmatrix}=12>0$$

所以,此二次型 f 是正定的(或矩阵 A 为正定的)。

[例 5.5]　二次型 $f(x_1,x_2,x_3)=-x_1^2+2x_1x_2-3x_2^2+2x_2x_3-2x_3^2$ 是正定的还是负定的?

解　二次型 f 的矩阵为

$$A=\begin{pmatrix}-1&1&0\\1&-3&1\\0&1&-2\end{pmatrix}$$

因为

$$a_{11}=-1<0,\quad \begin{vmatrix}a_{11}&a_{12}\\a_{21}&a_{22}\end{vmatrix}=\begin{vmatrix}-1&1\\1&-3\end{vmatrix}=2>0$$

$$\begin{vmatrix}a_{11}&a_{12}&a_{13}\\a_{21}&a_{22}&a_{23}\\a_{31}&a_{32}&a_{33}\end{vmatrix}=\begin{vmatrix}-1&1&0\\1&-3&1\\0&1&-2\end{vmatrix}=-3<0$$

所以,此二次型 f 是负定的。

习题五

1. 指出下列各式是不是二次型:

(1) $f_1(x_1,y,z)=x^2-3y^2+z^2+xyz$

(2) $f_2(x,y)=x^2-y^2+xy$

(3) $f_3(x_1,x_2)=x_1^2+x_2^2-2x_2$

(4) $f_4(x_1,x_2,x_3)=x_1(x_2-x_3)+x_2x_3$

(5) $f_5(x_1,x_2,x_3)=x_1(x_2-1)+x_2x_3$

2. 试用矩阵形式表示下列二次型:

(1) $f(x_1,x_2)=2x_1^2+5x_1x_2-3x_2^2$

(2) $f(x_1,x_2,x_3)=x_1^2+4\sqrt{3}x_2x_3+2x_2^2+5x_3^2$

(3) $f(x_1,x_2,x_3,x_4)=x_1x_2-x_3x_4$

3. 试用配方法化下列二次型为标准形,并给出所用的可逆线性变换:

(1)$f_1(x_1,x_2,x_3)=x_1^2+2x_1x_2+2x_1x_3+5x_2^2+6x_2x_3+2x_3^2$

(2)$f_2(x_1,x_2,x_3)=-2x_1^2-x_2^2+4x_1x_2+4x_2x_3$

(3)$f_3(x,y,z)=xy+xz-3yz$

(4)$f_4(x,y,z)=xy+xz+yz$

4. 证明

$$\begin{pmatrix}\lambda_1 & & & \\ & \lambda_2 & & \\ & & \ddots & \\ & & & \lambda_n\end{pmatrix} 与 \begin{pmatrix}\lambda_{i1} & & & \\ & \lambda_{i2} & & \\ & & \ddots & \\ & & & \lambda_{in}\end{pmatrix}$$

合同,其中 $i_1,i_2,\cdots,i_n$ 是 $1,2,\cdots,n$ 的一个排列。

5. 试利用初等变换法将下列二次型化为标准形,并指出所用的变换矩阵:

(1)$f_1(x_1,x_2,x_3)=2x_1^2+x_2^2-4x_1x_2+4x_2x_3$

(2)$f_2(x,y,z)=xy+yz+xz$

6. 判断下列二次型的正定性:

(1)$f=x^2+5y^2+3z^2-2xy-4yz$

(2)$g=2x^2+y^2+8z^2+2xy+4yz+4xz$

(3)$h=-5x_1^2-6x_2^2-4x_3^2+4x_1x_2+4x_1x_3$

(4)$v=-3x_1^2-6x_2^2-7x_3^2+4x_1x_2+4x_1x_3$

7. λ 满足什么条件时,二次型

$$f(x_1,x_2,x_3)=\lambda x_1^2+\lambda x_2^2+\lambda x_3^2+2x_1x_2-2x_2x_3+2x_1x_3$$

是正定的。

8. 证明:如果 A 是正定矩阵,那么 A^{-1} 也是正定矩阵。

9. 如果 A,B 都是 n 阶正定矩阵,证明:$A+B$ 也是正定矩阵。

10. 单项选择题:

(1)二次型 $f(x_1,x_2)=3x_1^2+6x_1x_2+x_2^2$ 的矩阵(　　)。

①$\begin{pmatrix}3 & 6\\ 6 & 1\end{pmatrix}$　　②$\begin{pmatrix}3 & 3\\ 3 & 1\end{pmatrix}$

③$\begin{pmatrix}3 & 5\\ 1 & 1\end{pmatrix}$　　④$\begin{pmatrix}3 & 4\\ 2 & 1\end{pmatrix}$

(2)矩阵

$$A=\begin{pmatrix}0 & 1 & 0\\ 1 & 1 & -2\\ 0 & -2 & -2\end{pmatrix}$$

对应的实二次型为(　　)。

①$2x_1x_2+x_2^2-4x_2x_3-2x_3^2$　　②$x_1x_2-x_2^2-2x_2x_3-x_3^2$

③$x_1x_2+2x_2^2-2x_2x_3-4x_3^2$　　④$2x_1x_2+2x_2^2-2x_2x_3-x_3^2$

(3)若将任意的全不为零的数 x_1,x_2,x_3 代入实二次型 $f(x_1,x_2,x_3)$ 都有 $f>0$,则此二次型 $f(x_1,x_2,x_3)$ 为(　　)。

①正定　　②负定

③非正定　　④未必正定

(4)n 阶方阵 A 为正定阵的充分必要条件是(　　)。

①$|A|>0$

②A 的特征值全大于零

③存在某个 n 维列向量 $\alpha\neq 0$，有 $\alpha^T A\alpha>0$

④存在 n 阶矩阵 C，使 $A=C^TC$

(5)设矩阵

$$A=\begin{pmatrix}1 & 0\\ 0 & 2\end{pmatrix},\ B=\begin{pmatrix}1 & 0\\ 0 & -2\end{pmatrix}$$

则有(　　)。

①$R(A)\neq R(B)$　　②A 与 B 等价

③A 与 B 相似　　④A 与 B 合同

(6)当(　　)时，二次型 $f(x_1,x_2,x_3)=(k-1)x_1^2+(k-2)x_2^2+(k+1)x_3^2$ 是正定二次型。

①$k<-1$　　②$k>1$

③$k<1$　　④$k>2$

(7)设 A 与 B 是同阶的正定阵，则下列结论中一定成立的是(　　)。

①AB 与 $A+B$ 都是正定阵

②AB 是正定阵但 $A+B$ 不是正定阵

③AB 未必是正定阵但 $A+B$ 是正定阵

④AB 与 $A+B$ 都不是正定阵

(8)下列矩阵中合同于矩阵 $\begin{pmatrix}1 & 0 & 0\\ 0 & 2 & 0\\ 0 & 0 & -3\end{pmatrix}$ 的是(　　)。

①$\begin{pmatrix}1 & 0 & 0\\ 0 & -1 & 0\\ 0 & 0 & 1\end{pmatrix}$　　②$\begin{pmatrix}-1 & 0 & 0\\ 0 & -1 & 0\\ 0 & 0 & 1\end{pmatrix}$

③$\begin{pmatrix}-1 & 0 & 0\\ 0 & -2 & 0\\ 0 & 0 & 3\end{pmatrix}$　　④$\begin{pmatrix}1 & 0 & 0\\ 0 & 2 & 0\\ 0 & 0 & 3\end{pmatrix}$

(9)若 A 是 n 阶正定阵，则 A 与 A^{-1}(　　)。

①不一定合同　　②等价

③相似　　④相似于同一对角阵

(10)正定二次型 $f(x_1,x_2,\cdots,x_n)=X^TAX$ 的矩阵 A 应是对称阵且(　　)。

①在主对角线上元素都是正数　　②所有元素都是正数

③$|A|$是正数　　④各顺序主子式都是正数

第六章

正交矩阵

在前两章中我们讨论了两种将矩阵变换为对角阵的方法，即对具有 n 个线性无关的特征向量矩阵总相似于对角矩阵；以及一个实对称矩阵必合同于一个对角矩阵。本章我们要给出，对于实对称矩阵，以上两种变换方式，可以是一致的，即 $C'=P^{-1}$。为此，我们首先要介绍向量组的正交、正交矩阵的概念。

第一节　向量空间

［**定义 6.1**］　设 V 是一个由非空的向量构成的集合，K 是一个数域。如果对于所定义的加法和数量乘法是封闭的，即：

(1)对 V 中任意两个向量 α 和 β，有 $\alpha+\beta\in V$；

(2)对数域 K 中的数 k 与 V 中的向量 α，有 $k\alpha\in V$.

则称集合 V 为数域 K 上的一个**向量空间。**

由第三章向量加法和数乘运算的定义，我们可以得到：如果 V 是由所有 3 维向量组成的集合，K 为实数，则 V 是 K 上的一个向量空间，这空间就是我们常见的三维空间。一般地，所有 n 维向量所构成的集合都是数域 K 上的向量空间，记为 R^n.

另外，由第三章讨论我们还可以得到，任何一个向量空间都应满足以下规律：

(1)$\alpha+\beta=\beta+\alpha$　　（加法交换律）

(2)$(\alpha+\beta)+\gamma=\alpha+(\beta+\gamma)$　　（加法结合律）

(3)$\alpha+(-\alpha)=O$

(4)$\alpha+O=\alpha$

(5)$1\alpha=\alpha$

(6)$k(l\alpha)=(kl)\alpha$　　（数乘的结合律）

(7)$k(\alpha+\beta)=k\alpha+k\beta$　　（数乘的分配律）

(8)$(k+l)\alpha=k\alpha+l\alpha$　　（数乘的分配律）

应该指出，由于很多数学问题其研究对象不是向量，如微积分中的函数，以及本书中的 $m\times n$ 矩阵等，从而有必要将定义 6.1 中的集合 V 的元素由向量推广为一般元素。由此得到线性代数的最基本的概念之一——**线性空间。**

［**定义 6.2**］　设 V 是一个非空集合，K 是一个数域。如果：

(1)在集合 V 的元素之间定义了一种运算叫做**加法**，即对于 V 中任意两个元素 α 与 β，按照定义的加法法则，可得到 V 中唯一的对应元素 γ，记为 $\gamma=\alpha+\beta$.

(2)在数域 K 与集合 V 的元素之间定义一种运算叫**数量乘法**，即对数域 K 的任意一个数

k 与 V 中任意一个元素 α，按定义的数量乘法，可得到 V 中唯一的对应元素 δ，记 $\delta=k\alpha$.

(3)对于以上所定义的加法和数量乘法满足以上八条规律，那么称集合 V 为数域 K 上的一个**线性空间**。

[例 6.1]　全体实函数构成的集合，按照函数的加法和数与函数的乘法，它就是一个实数域上的线性空间。

[例 6.2]　元素属于实数域的一切 $m\times n$ 矩阵所构成的集合，按矩阵的加法和矩阵与数的乘法，它也是一个实数域上的线性空间。

有了线性空间的定义，我们可以将本书讨论的向量空间中向量的性质以及关系推广为一般线性空间中元素的性质与关系。

当然，限于本书学习的对象，我们对所有问题的研究只是在向量空间中进行。

下面我们介绍向量空间的维数与基的概念。

[定义 6.3]　设 V 是一个向量空间，如果 V 中有 n 个线性无关的向量 $\alpha_1,\alpha_2,\cdots,\alpha_n$，且 V 中的其他向量都可以 $\alpha_1,\alpha_2,\cdots,\alpha_n$ 来线性表出，则称 V 是 **n 维向量空间**，称 n 为向量空间的**维数**，称线性无关组 $\alpha_1,\alpha_2,\cdots,\alpha_n$ 为 V 的**一组基**。

从上述定义中我们易见，向量空间 V 的一组基就是向量空间 V 的一个极大无关组，它所含的向量个数就是向量空间 V 的维数，当然我们只讨论维数是有限情况。

由以前极大无关组的讨论我们可知，向量组的极大无关组不唯一，从而向量空间的基不是唯一的，但其维数一定是唯一确定的。一般只要一个向量组是线性无关的，且它的个数等于向量空间的维数，它就是向量空间的一组基。

[例 6.3]　任意 n 维向量构成的向量空间是 n 维的，且单位向量组 $e_1,e_2,\cdots,e_n$ 就是它的一组基。

[例 6.4]　对于齐次线性方程组：

$$\begin{cases}a_{11}x_1+a_{12}x_2+\cdots+a_{1n}x_n=0\\a_{21}x_1+a_{22}x_2+\cdots+a_{2n}x_n=0\\\cdots\cdots\cdots\cdots\cdots\cdots\cdots\cdots\cdots\\a_{m1}x_1+a_{m2}x_2+\cdots+a_{mn}x_n=0\end{cases}$$

如果其系数矩阵 $R(A)=r$，则上列方程组的所有解向量构成的集合就是一个向量空间，且其维数为 $n-r$。

解　由第三章第六节的性质 1、性质 2 可知，齐次方程组的解对于向量加法和数量乘法是封闭的，即所有解构成的集合一定是一个向量空间。

另外我们可知，其基础解系 $\eta_1,\eta_2,\cdots,\eta_{n-r}$ 是线性无关的，且其他解可以由它们线性表出，从而知齐次线性方程组的解向量空间的维数是 $n-r$，且 $\eta_1,\eta_2,\cdots,\eta_{n-r}$ 就是其的一组基。

下面我们给出对于 n 维向量空间，如果我们知道其一个线性无关组，但由于其个数小于向量空间的维数 n，那么，我们增添一些向量后，必可构成向量空间的一组基。即

[定理 6.1]　n 维向量空间 V 中任意一组线性无关的向量都可以扩充为 V 的一组基。

定理的证明予以省略，但我们以下例给出具体的方法。

[例 6.5]　$\alpha_1=(-1,1,2)$ 是 R^3 中的向量，试将它扩充为 R^3 的一组基。

解　R^3 的一组基一定由三个线性无关的 3 维向量构成，当然单位向量 $e_1=(1,0,0)$，$e_2=(0,1,0)$，$e_3=(0,0,1)$ 是其一组基。

对于 $\alpha_1=(-1,1,2)$，考虑增添两个单位向量，如 e_2,e_3，显然这三个向量 α_1,e_2,e_3 构成的

行列式

$$\begin{vmatrix} -1 & 1 & 2 \\ 0 & 1 & 0 \\ 0 & 0 & 1 \end{vmatrix} = -1 \neq 0$$

所以它们线性无关，且个数等于向量的维数，即 α_1, e_2, e_3 是 R^3 的一组基。

由例 6.5，我们一般要将一个线性无关组 $\alpha_1, \alpha_2, \cdots, \alpha_r$ 扩充为 n 维向量空间 V 的一组基，只要在单位向量 $e_1, e_2, \cdots, e_n$ 中选出$n-r$个添加到 $\alpha_1, \alpha_2, \cdots, \alpha_r$ 中去，使之线性无关，即可得出 V 的一组基。

第二节　向量的内积

[定义 6.4]　设 n 维向量空间中的两个向量为：

$$\alpha = (a_1, a_2, \cdots, a_n), \qquad \beta = (b_1, b_2, \cdots, b_n)$$

则我们定义 α 与 β 的内积：

$$\alpha \cdot \beta = a_1 b_1 + a_2 b_2 + \cdots + a_n b_n$$

由定义 6.4 可知，所谓向量的内积就是这两个向量对应分量的乘积之和。我们应注意向量的内积是一个数，从而 $\alpha \cdot \beta + \alpha$ 是无意义的，$(\alpha \cdot \beta)\gamma$ 实际上是数$(\alpha \cdot \beta)$与向量 γ 的乘积。另外，α 与 β 的内积记号中的圆点不能省略。

如果将 α 与 β 看成是行矩阵，根据矩阵乘法，可知：

$$\alpha \cdot \beta = \alpha \beta^{\mathrm{T}}$$

其中，β^{T} 为 β 的转置。

[例 6.6]　设向量 $\alpha = (1, 2, 3)$，$\beta = (1, -1, 1)$，$\gamma = (3, 2, -1)$，则：

$$\begin{aligned}(\alpha + \beta) \cdot \gamma &= (2, 1, 4) \cdot (3, 2, -1) \\ &= 2 \times 3 + 1 \times 2 + 4 \times (-1) = 4\end{aligned}$$

对于以上定义的内积，我们可以证明以下性质：

性质 1　$\alpha \cdot \beta = \beta \cdot \alpha$　　（交换律）

性质 2　$(\alpha + \beta) \cdot \gamma = \alpha \cdot \gamma + \beta \cdot \gamma$　　（分配律）

性质 3　$k(\alpha \cdot \beta) = (k\alpha) \cdot \beta = \alpha \cdot (k\beta)$　　（分配律）

性质 4　若 $\alpha \neq \boldsymbol{O}$，则 $\alpha \cdot \alpha > 0$；

若 $\alpha = \boldsymbol{O}$，则 $\alpha \cdot \alpha = 0$

只证明性质 4，性质 4 说明 α 是零向量的充要条件是$\alpha \cdot \alpha = 0$，要证明这个结果，只要设 $\alpha = (a_1, a_2, \cdots, a_n)$，则：

$$\alpha \cdot \alpha = a_1^2 + a_2^2 + \cdots + a_n^2$$

从而其值为零的充要条件是 $a_1 = a_2 = \cdots = a_n = 0$，即 α 为零向量。

[定义 6.5]　设 $\alpha = (a_1, a_2, \cdots, a_n)$是 R^n 中的向量，我们定义 α 的**长度**为：

$$\| \alpha \| = \sqrt{\alpha \cdot \alpha} = \sqrt{a_1^2 + a_2^2 + \cdots + a_n^2}$$

如果 n 维向量α 的长度为 1，即 $\| \alpha \| = 1$，则称向量 α 为 n 维**单位向量。**例如，我们以前的 $e_1 = (1, 0, \cdots, 0)$，$e_2 = (0, 1, \cdots, 0)$，$\cdots$，$e_n = (0, 0, \cdots, 1)$都是 n 维单位向量。当然 n 维向量空间中其单位向量还有许多，如向量 $\alpha = \left(\frac{1}{\sqrt{2}}, \frac{1}{\sqrt{2}}\right)$就是 2 维向量空间的一个单位向量。

对于一个非零向量 α，只要除以它的长度，都可以变为单位向量，即设 $\alpha=(a_1,a_2,\cdots,a_n)$，则向量

$$\beta=\frac{\alpha}{\|\alpha\|}=\left(\frac{a_1}{\|\alpha\|},\frac{a_2}{\|\alpha\|},\cdots,\frac{a_n}{\|\alpha\|}\right)$$

必是一个单位向量。这是因为

$$\begin{aligned}\|\beta\| &= \sqrt{\left(\frac{a_1}{\|\alpha\|}\right)^2+\left(\frac{a_2}{\|\alpha\|}\right)^2+\cdots+\left(\frac{a_n}{\|\alpha\|}\right)^2}\\ &=\frac{1}{\|\alpha\|}\sqrt{a_1^2+a_2^2+\cdots+a_n^2}\\ &=\frac{1}{\|\alpha\|}\|\alpha\|=1\end{aligned}$$

［**例 6.7**］　将向量 $\alpha=(1,1,1,1)$ 单位化。

解　∵　　$\|\alpha\|=\sqrt{4}$

∴　　$$\beta=\frac{\alpha}{\|\alpha\|}=\left(\frac{1}{\sqrt{4}},\frac{1}{\sqrt{4}},\frac{1}{\sqrt{4}},\frac{1}{\sqrt{4}}\right)$$

是一个单位向量。

注　根据第三章向量数乘的几何意义及 $\|\alpha\|>0$ 可知，由于非零向量 α 与单位向量 $\frac{\alpha}{\|\alpha\|}$ 共线且同向；而 $\alpha=\|\alpha\|\frac{\alpha}{\|\alpha\|}$，即任意一个非零向量等于它的长度 $\|\alpha\|$ 与它的同向的单位向量 $\frac{\alpha}{\|\alpha\|}$ 之积。这说明一个非零向量可以用长度和方向这两个量来刻画。

最后，我们应用内积来定义向量之间的距离与夹角。

［**定义 6.6**］　设 $\alpha=(a_1,a_2,\cdots,a_n)$，$\beta=(b_1,b_2,\cdots,b_n)$ 是 R^n 中的两个向量，则定义向量 α 与 β 的**距离**。

$$\begin{aligned}d=\|\alpha-\beta\| &= \sqrt{(\alpha-\beta)\cdot(\alpha-\beta)}\\ &= \sqrt{(a_1-b_1)^2+(a_2-b_2)^2+\cdots+(a_n-b_n)^2}\end{aligned}$$

［**定义 6.7**］　设 α,β 是 R^n 中的两个非零向量，定义：

$$\cos\theta=\frac{\alpha\cdot\beta}{\|\alpha\|\;\|\beta\|}$$

$$\text{或}\quad \theta=\arccos\frac{\alpha\cdot\beta}{\|\alpha\|\;\|\beta\|}\qquad(0\leqslant\theta\leqslant\pi)$$

其中，θ 称为向量 α 与 β 的**夹角**。

［**例 6.8**］　求向量 $\alpha_1=(1,-2,0,2)$，$\beta_2=(2,0,0,2)$ 之间的距离和夹角。

解　由

$$\begin{aligned}d &= \sqrt{(a_1-b_1)^2+(a_2-b_2)^2+(a_3-b_3)^2+(a_4-b_4)^2}\\ &= \sqrt{(-1)^2+(-2)^2+0^2+(2-2)^2}=\sqrt{5}\end{aligned}$$

又由

$$\alpha\cdot\beta=1\times2+(-2)\times0+0\times0+2\times2=6$$

$$\|\alpha\|=\sqrt{1^2+(-2)^2+0^2+2^2}=3$$

$$\|\beta\|=\sqrt{2^2+0^2+0^2+2^2}=2\sqrt{2}$$

所以
$$\cos\theta=\frac{6}{3\times2\sqrt{2}}=\frac{\sqrt{2}}{2}$$
$$\theta=\frac{\pi}{4}$$
即 α 与 β 的夹角为 $\frac{\pi}{4}$.

应该指出，当以上定义的向量长度、距离以及夹角在 $n=2$ 时，其结果与平面中相应公式是一致的。例如，设 $\alpha_1=(a_1,a_2)$，$\beta=(b_1,b_2)$ 为 2 维向量，其长度为 $\|\alpha\|=\sqrt{a_1^2+a_2^2}$，$\|\beta\|=\sqrt{b_1^2+b_2^2}$；$\alpha$ 与 β 的距离为 $d=\sqrt{(a_1-b_1)^2+(a_2-b_2)^2}$，夹角 $\cos\theta=\frac{a_1b_1+a_2b_2}{\sqrt{a_1^2+a_2^2}\sqrt{b_1^2+b_2^2}}$。这些结果和点与原点的距离公式、点与点的距离公式以及向量所在直线的夹角公式都是一致的，只不过以上公式是平面($n=2$)和空间($n=3$)公式的一个推广。

第三节　向量组的正交化

[**定义 6.8**]　设 α 和 β 是 R^n 中的两个向量，如果
$$\alpha\cdot\beta=0$$
则称向量 α 与 β 是**正交的**或相互**垂直的**。记作 $\alpha\perp\beta$.

显然，这里正交的定义与解析几何中对于正交的说法是一致的。另外，两个向量正交的充分必要条件是它们的夹角为 $\frac{\pi}{2}$。这个结论也可从本章第二节中向量夹角的定义中直接得出。

由定义 6.8 立即看出，只有零向量才与自己正交，且零向量与任何向量都是正交的。

[**例 6.9**]　如果向量 α 与 β 正交，则 $\|\alpha+\beta\|^2=\|\alpha\|^2+\|\beta\|^2$.

证　由定义：
$$\|\alpha+\beta\|^2=(\alpha+\beta)\cdot(\alpha+\beta)$$
$$\|\alpha\|^2=\alpha\cdot\alpha;\ \|\beta\|^2=\beta\cdot\beta$$
根据内积的性质 2：
$$\begin{aligned}\|\alpha+\beta\|^2&=(\alpha+\beta)\cdot\alpha+(\alpha+\beta)\cdot\beta\\&=\alpha\cdot\alpha+\beta\cdot\alpha+\alpha\cdot\beta+\beta\cdot\beta\\&=\alpha\cdot\alpha+\beta\cdot\beta\\&=\|\alpha\|+\|\beta\|\end{aligned}$$
此例在平面中就是我们常见的勾股定理。

[**定义 6.9**]　设 R^n 中的一组非零向量 $\alpha_1,\alpha_2,\cdots,\alpha_m$，如果这组向量两两正交，则称这组向量为**正交向量组**。如果 $\alpha_1,\alpha_2,\cdots,\alpha_m$ 都是单位向量，且两两正交，则称这组向量为**标准正交向量组**。

[**例 6.10**]　向量组 $e_1=(1,0,0)$，$e_2=(0,1,0)$，$e_3=(0,0,1)$ 为标准正交向量组。

证明
$$\because e_1\cdot e_2=0, e_1\cdot e_3=0, e_2\cdot e_3=0$$
$$\therefore e_1,e_2,e_3\text{是两两正交的}$$
又因为
$$\|e_1\|=\|e_2\|=\|e_3\|=1$$
所以，e_1,e_2,e_3 为标准正交向量组。

一般可以证明：R^n 中的单位向量组 $e_1,e_2,\cdots,e_n$ 是标准正交向量组。

[定理 6.2] 正交向量组是线性无关的。

证明 设 $\alpha_1,\alpha_2,\cdots,\alpha_m$ 是一组正交向量组，即 $(\alpha_i,\alpha_j)=0\ (i\neq j)$，如果存在 $k_1,k_2,\cdots,k_m$，使

$$k_1\alpha_1+k_2\alpha_2+\cdots+k_m\alpha_m=O$$

用 $\alpha_i(i=1,2,\cdots,m)$ 与等式两边作内积：

$$k_1\alpha_1\cdot\alpha_i+k_2\alpha_2\cdot\alpha_i+\cdots+k_m\alpha_m\cdot\alpha_i=O\cdot\alpha_i$$

由正交性，上式为：

$$k_i\alpha_i\cdot\alpha_i=0\qquad(i=1,2,\cdots,m)$$

而 $\alpha_i\cdot\alpha_i>0$，所以 $k_i=0(i=1,2,\cdots,m)$，即 $\alpha_1,\alpha_2,\cdots,\alpha_m$ 都是线性无关的。

由此定理，我们可以得到：在 n 维向量空间 R^n 中，两两正交的非零向量不能超过 n 个。这个事实的几何意义是显然易见的。例如，在平面上找不到三个两两垂直的非零向量；在空间中，找不到四个两两垂直的非零向量。

[定义 6.10] 在 n 维向量空间 R^n 中，由 n 个向量组成的正交向量组称为它的一个**正交基**，由 n 个单位向量组成的标准正交向量组称为它的一个**标准正交基。**

定义说明任意一个标准正交向量组，当其个数等于向量空间的维数时，标准正交向量组就是向量空间的一组标准正交基。

与定理 6.1 相似，任何一个标准正交向量组都可扩大为向量空间 R^n 的一个标准正交基。此结果的证明过程我们予以省略。下面给出将向量空间 R^n 的一组基化为标准正交基的施密特(Schmidt)正交化方法。该方法当然也适用于将一组线性无关的向量组化为标准正交向量组。

设向量组 $\alpha_1,\alpha_2,\cdots,\alpha_m$ 线性无关，首先将其正交化，取

$$\beta_1=\alpha_1$$

$$\beta_2=\alpha_2-\frac{\alpha_2\cdot\beta_1}{\|\beta_1\|^2}\beta_1$$

$$\beta_3=\alpha_3-\frac{\alpha_3\cdot\beta_1}{\|\beta_1\|^2}\beta_1-\frac{\alpha_3\cdot\beta_2}{\|\beta_2\|^2}\beta_2$$

$$\cdots\cdots$$

$$\beta_m=\alpha_m-\frac{\alpha_m\cdot\beta_1}{\|\beta_1\|^2}\beta_1-\cdots-\frac{\alpha_m\cdot\beta_{m-1}}{\|\beta_{m-1}\|^2}\beta_{m-1}$$

则可以证明：$\beta_1,\beta_2,\cdots,\beta_m$ 为正交向量组。然后将 $\beta_1,\beta_2,\cdots,\beta_m$ 进行单位化，即取

$$\gamma_i=\frac{\beta_i}{\|\beta_i\|}\qquad(i=1,2,\cdots,m)$$

从而，$\gamma_1,\gamma_2,\cdots,\gamma_m$ 为标准正交向量组。如果 m 与向量空间维数相同，则它们就是向量空间的标准正交基。

当 m 小于向量空间维数 n 时，可利用定理 6.1，先将 $\alpha_1,\alpha_2,\cdots,\alpha_m$ 扩展为其一组基，然后再经过上面正交化与单位化的过程。

[例 6.11] 将向量 $\alpha_1=(1,1,0,0),\alpha_2=(0,0,1,1),\alpha_3=(0,1,1,0)$ 用施密特方法化为标准正交向量组。

解 首先做正交化：

取 $$\beta_1=\alpha_1=(1,1,0,0)$$

$$\beta_2=\alpha_2-\frac{\alpha_2\cdot\beta_1}{\|\beta_1\|^2}\beta_1$$

$$=(0,0,1,1)-\frac{0}{2}\beta_1=(0,0,1,1)$$

$$\beta_3=\alpha_3-\frac{\alpha_3\cdot\beta_1}{\|\beta_1\|^2}\beta_1-\frac{\alpha_3\cdot\beta_2}{\|\beta_2\|^2}\beta_2$$

$$=(0,1,1,0)-\frac{1}{2}(1,1,0,0)-\frac{1}{2}(0,0,1,1)$$

$$=\left(-\frac{1}{2},\frac{1}{2},\frac{1}{2},-\frac{1}{2}\right)$$

再单位化(标准化):

$$\gamma_1=\frac{\beta_1}{\|\beta_1\|}=\left(\frac{1}{\sqrt{2}},\frac{1}{\sqrt{2}},0,0\right)$$

$$\gamma_2=\frac{\beta_2}{\|\beta_2\|}=\left(0,0,\frac{1}{\sqrt{2}},\frac{1}{\sqrt{2}}\right)$$

$$\gamma_3=\frac{\beta_3}{\|\beta_3\|}=\left(-\frac{1}{2},\frac{1}{2},\frac{1}{2},-\frac{1}{2}\right)$$

则它们是标准正交向量组。

如果例 6.11 中要由 $\alpha_1,\alpha_2,\alpha_3$,求出 R^4 的一个标准正交基。只要取 $\alpha_4=(0,0,0,1)$,则 $\alpha_1,\alpha_2,\alpha_3,\alpha_4$ 线性无关,从而由 α_4 可做出:

$$\beta_4=\alpha_4-\frac{\alpha_4\cdot\beta_1}{\|\beta_1\|^2}\beta_1-\frac{\alpha_4\cdot\beta_2}{\|\beta_2\|^2}\beta_2-\frac{\alpha_4\cdot\beta_3}{\|\beta_3\|^2}\beta_3$$

$$=(0,0,0,1)-0\beta_1-\frac{1}{2}(0,0,1,1)-\frac{\left(-\frac{1}{2}\right)}{1}\left(-\frac{1}{2},\frac{1}{2},\frac{1}{2},-\frac{1}{2}\right)$$

$$=\left(-\frac{1}{4},\frac{1}{4},-\frac{1}{4},\frac{1}{4}\right)$$

$$\gamma_4=\frac{\beta_4}{\|\beta_4\|}=\left(-\frac{1}{2},\frac{1}{2},-\frac{1}{2},\frac{1}{2}\right)$$

从而,$\gamma_1,\gamma_2,\gamma_3,\gamma_4$ 为 R^4 的一组标准正交基。

第四节 正交矩阵

[定义 6.11] 若 n 阶方阵 A 满足

$$AA^{\mathrm{T}}=E_n \tag{6.1}$$

则称矩阵 A 为**正交矩阵。**

如果设 A 为:

$$A=\begin{pmatrix}a_{11}&a_{12}&\cdots&a_{1n}\\a_{21}&a_{22}&\cdots&a_{2n}\\\cdots&\cdots&\cdots&\cdots\\a_{n1}&a_{n2}&\cdots&a_{nn}\end{pmatrix}$$

则其转置矩阵为：

$$A^{T}=\begin{pmatrix} a_{11} & a_{21} & \cdots & a_{n1} \\ a_{12} & a_{22} & \cdots & a_{n2} \\ \cdots & \cdots & \cdots & \cdots \\ a_{1n} & a_{2n} & \cdots & a_{nn} \end{pmatrix}$$

由定义 6.11 的(6.1)式：

$$AA^{T}=E_{n}$$

比较左右两边的矩阵每一个元素，我们可得：

$$\begin{cases} a_{i1}^{2}+a_{i2}^{2}+\cdots+a_{in}^{2}=1 & (i=1,2,\cdots,n) \\ a_{i1}a_{j1}+a_{i2}a_{j2}+\cdots+a_{in}a_{jn}=0 & (i\neq j, i,j=1,2,\cdots,n) \end{cases} \tag{6.2}$$

即我们可以得出结论：A 是一个正交矩阵的充分必要条件是其每行元素的平方和为 1，不同行对应元素乘积的和为零。这个结论，如果将 A 的每行看成是一个 n 维的行向量，就可以表述为：

[定理 6.3] 方阵 A 为正交矩阵的充分必要条件是 A 的行向量组是标准正交向量组。

实际上，(6.2)式的第 1 个等式，表示每个行向量是单位向量，而第 2 个等式表示任意两个行向量是正交的，从而(6.2)式说明正交矩阵的行向量组是两两正交的单位向量组即标准正交向量组。

应该注意，由于 $AA^{T}=E_{n}$，可得 $A^{T}A=E_{n}$，即上面的结论以及定理对列也成立。

[例 6.12] 判断矩阵

$$A=\begin{pmatrix} \frac{1}{\sqrt{3}} & \frac{1}{\sqrt{3}} & \frac{1}{\sqrt{3}} \\ 0 & -\frac{1}{\sqrt{2}} & \frac{1}{\sqrt{2}} \\ -\frac{2}{\sqrt{6}} & \frac{1}{\sqrt{6}} & \frac{1}{\sqrt{6}} \end{pmatrix}$$

是不是正交矩阵。

解 根据以上讨论，验证的方法有两种，即直接求出 AA^{T}，看它是不是单位矩阵；另一种是直接看 A 的每行平方和是否为 1，不同行对应元素乘积之和是否为 0。我们用第 2 种方法加以说明：每行平方和显然为 1，而第 1 行与第 2 行积的和 $\frac{1}{\sqrt{3}}\times 0+\frac{1}{\sqrt{3}}\times\left(-\frac{1}{\sqrt{2}}\right)+\frac{1}{\sqrt{3}}\times\frac{1}{\sqrt{2}}=0$. 同理，第 1 行与第 3 行以及第 2 行与第 3 行元素的乘积之和都为零，所以此矩阵为正交矩阵。

[例 6.13] 判断矩阵

$$A=\begin{pmatrix} 1 & 0 & 0 & 0 \\ 2 & 1 & 0 & 0 \\ 0 & 0 & 1 & 0 \\ 0 & 0 & 0 & 1 \end{pmatrix}$$

不是正交矩阵。

解 因其第 2 行元素的平方和：

$$2^{2}+1^{2}+0^{2}+0^{2}=5\neq 1$$

所以立即可得 A 不是正交矩阵。

上面我们讨论了正交矩阵与标准正交向量组之间的关系。下面我们利用以前矩阵的一些概念，可以得到正交矩阵的一些性质：

性质 1 A 为正交矩阵的充分必要条件是 $A^{-1}=A^{T}$.

性质 2 A 为正交矩阵的充分必要条件是 A^{-1} 是正交矩阵。

证明 以上两个性质由定义及 $(A^{-1})^{T}=(A^{T})^{-1}$ 就可容易得出。

性质 3 若 A 是正交矩阵，则 $|A|=1$ 或 -1.

证明 A 是正交矩阵，即 $AA^{T}=E_n$.

两边取行列式：

$$|AA^{T}|=|E_n|=1$$

由 $|A^{T}|=|A|$ 得：

$$|A^2|=1$$

即

$$|A|=\pm 1$$

注意：此性质 3 的逆命题不一定成立，例如，$A=\begin{pmatrix}1 & 1\\0 & 1\end{pmatrix}$ 其行列式为 1，但 A 不是正交矩阵。

性质 4 两个正交矩阵的乘积仍是正交矩阵。

证明 设 A,B 都是正交矩阵，即

$$AA^{T}=E_n,\qquad BB^{T}=E_n$$

考虑 AB，因

$$\begin{aligned}(AB)(AB)^{T}&=ABB^{T}A^{T}\\&=A(BB^{T})A^{T}\\&=AE_nA^{T}\\&=AA^{T}=E_n\end{aligned}$$

所以 (AB) 也是正交矩阵。

正交矩阵是一种具有广泛应用的重要矩阵。下面我们给出正交矩阵在矩阵对角化中的应用。

在第五章中，我们得到，任意一个对称矩阵都合同于一个对角矩阵，即存在可逆阵 C，使

$$C^{T}AC$$

为对角矩阵。现在我们利用正交矩阵以及相关理论，可以得到以下定理。

[定理 6.4] 对于任意一个 n 阶实对称矩阵 A，都存在一个 n 阶正交矩阵 P，使

$$P^{T}AP \tag{6.3}$$

为对角矩阵。

由于 P 为正交矩阵，即 $P^{T}=P^{-1}$，所以(6.3)式又等于

$$P^{T}AP=P^{-1}AP \tag{6.4}$$

从而对于实对称矩阵，正交矩阵将矩阵的合同与相似两个概念相统一，即定理 6.4 可表述为：

推论 1 n 阶实对称矩阵 A 必相似且合同于一个对角阵。

如果结合第四章，则我们讨论的结论可以推得：

推论 2 如 A 是 n 阶实对称矩阵，则存在正交矩阵 P，使得：

$$P^{T}AP=P^{-1}AP=\begin{pmatrix}\lambda_1 & & & \\ & \lambda_2 & & \\ & & \ddots & \\ & & & \lambda_n\end{pmatrix}$$

其中，$\lambda_1,\lambda_2,\cdots,\lambda_n$ 是 A 的特征值构成，除其次序排列外是唯一确定的。

对于定理 6.4，我们在讨论二次型

$$f(x_1,x_2,\cdots,x_n)=X'AX \tag{6.5}$$

时，就可表述为：

推论 3　对二次型(6.5)，必存在线性替换 $X=PY$，其中 P 是正交矩阵，使得

$$f(y_1,y_2,\cdots,y_n)=\lambda_1y_1^2+\lambda_2y_2^2+\cdots+\lambda_ny_n^2$$

其中，$\lambda_1,\lambda_2,\cdots,\lambda_n$ 是二次型(6.5)的矩阵 A 的所有特征值，上式除次序排列外是唯一确定的。

推论 4　矩阵 A 正定的充要条件是其 n 个特征值都大于零。

下面我们讨论以上正交矩阵 P 是如何求得的。在第四章中我们得知，相似变换中的 P 都是由对角矩阵中特征值 λ_i 的相应特征向量构成的。对于对称矩阵 A，其特征向量具有以下性质。

[定理 6.5]　实对称矩阵的不同特征值所对应的特征向量彼此正交。

证明：　设 λ_1,λ_2 为 n 阶实对称矩阵 A 的两个特征值，且$\lambda_1\neq\lambda_2$. 又设 $\boldsymbol{X}_1,\boldsymbol{X}_2$ 是分别属于 λ_1,λ_2 的特征向量，要证明 $\boldsymbol{X}_1$ 与 $\boldsymbol{X}_2$ 正交。

由 $A\boldsymbol{X}_1=\lambda_1\boldsymbol{X}_1$ 得：

$$(A\boldsymbol{X}_1)\cdot\boldsymbol{X}_2=(\lambda_1\boldsymbol{X}_1)\cdot\boldsymbol{X}_2=\lambda_1(\boldsymbol{X}_1\cdot\boldsymbol{X}_2) \tag{6.6}$$

又根据内积的定义及 $A=A^{T}$：

$$\begin{aligned}(A\boldsymbol{X}_1)\cdot\boldsymbol{X}_2&=(A\boldsymbol{X}_1)^{T}\boldsymbol{X}_2=(\boldsymbol{X}_1^{T}A^{T})\boldsymbol{X}_2\\&=\boldsymbol{X}_1^{T}(A^{T}\boldsymbol{X}_2)=\boldsymbol{X}_1^{T}(A\boldsymbol{X}_2)\\&=\boldsymbol{X}_1^{T}(\lambda_2\boldsymbol{X}_2)=\lambda_2\boldsymbol{X}_1^{T}\boldsymbol{X}_2\\&=\lambda_2(\boldsymbol{X}_1\cdot\boldsymbol{X}_2)\end{aligned} \tag{6.7}$$

比较(6.6)式与(6.7)式：

$$\lambda_1(\boldsymbol{X}_1\cdot\boldsymbol{X}_2)=\lambda_2(\boldsymbol{X}_1\cdot\boldsymbol{X}_2)$$

而 $\lambda_1\neq\lambda_2$，则

$$\boldsymbol{X}_1\cdot\boldsymbol{X}_2=0$$

即特征向量 $\boldsymbol{X}_1$ 与 $\boldsymbol{X}_2$ 是正交的。

应注意，相同特征值的不同特征向量不一定正交。所以在求正交矩阵 P 时，必须将具有重根的特征值，其特征向量的基础解系应正交化及单位化。由此结合第四章求矩阵 P 的过程，具体使 P 为正交矩阵的步骤如下：

(1)由 $|\lambda E-A|=0$，求出 A 的全部特征值。

(2)对每个特征值，分别求出其特征向量。特别对于有重根的特征值，在求特征向量时，应对其基础解系作正交化。

(3)然后对以上求出的 n 个正交的特征向量进行单位化，就可得出正交矩阵 P，其中 P 的每列就是由单位化后的特征向量构成的。

[例 6.14]　设矩阵

$$A=\begin{pmatrix}2&-1&-1&1\\-1&2&1&-1\\-1&1&2&-1\\1&-1&-1&2\end{pmatrix}$$

试求正交矩阵 P,使 $P^{-1}AP=P^{\mathrm{T}}AP$ 为对角阵。

解 由第四章中的例 4.7 可知,矩阵 A 的特征值:

$$\lambda_1=\lambda_2=\lambda_3=1,\qquad \lambda_4=5$$

并且 $\lambda_1=\lambda_2=\lambda_3=1$ 的三个线性无关特征向量为:

$$\eta_1=\begin{pmatrix}1\\1\\0\\0\end{pmatrix},\qquad \eta_2=\begin{pmatrix}1\\0\\1\\0\end{pmatrix},\qquad \eta_3=\begin{pmatrix}-1\\0\\0\\1\end{pmatrix}$$

利用施密特方法将上面三个向量正交化,得:

$$\eta_1^*=\eta_1=\begin{pmatrix}1\\1\\0\\0\end{pmatrix}$$

$$\eta_2^*=\eta_2-\frac{\eta_2\cdot\eta_1^*}{\|\eta_1\|^2}\cdot\eta_1^*=\begin{pmatrix}\frac{1}{2}\\-\frac{1}{2}\\1\\0\end{pmatrix}$$

$$\eta_3^*=\eta_3-\frac{\eta_3\cdot\eta_1^*}{\|\eta_1^*\|^2}\eta_1^*-\frac{\eta_3\cdot\eta_2^*}{\|\eta_2^*\|^2}\eta_2^*=\begin{pmatrix}-\frac{1}{3}\\\frac{1}{3}\\\frac{1}{3}\\1\end{pmatrix}$$

同样,$\lambda_4=5$ 的一个特征向量为:

$$\eta_4^*=\eta_4=\begin{pmatrix}1\\-1\\-1\\1\end{pmatrix}$$

则上面 $\eta_1^*,\eta_2^*,\eta_3^*,\eta_4^*$ 是两两正交的。

再对 $\eta_1^*,\eta_2^*,\eta_3^*,\eta_4^*$ 进行单位化,得:

$$\begin{pmatrix}\frac{1}{\sqrt{2}}\\\frac{1}{\sqrt{2}}\\0\\0\end{pmatrix},\begin{pmatrix}\frac{1}{\sqrt{6}}\\-\frac{1}{\sqrt{6}}\\\frac{2}{\sqrt{6}}\\0\end{pmatrix},\begin{pmatrix}-\frac{1}{\sqrt{12}}\\\frac{1}{\sqrt{12}}\\\frac{1}{\sqrt{12}}\\\frac{3}{\sqrt{12}}\end{pmatrix},\begin{pmatrix}\frac{1}{\sqrt{4}}\\-\frac{1}{\sqrt{4}}\\-\frac{1}{\sqrt{4}}\\\frac{1}{\sqrt{4}}\end{pmatrix}$$

则得正交矩阵 P：

$$P=\begin{pmatrix}\frac{1}{\sqrt{2}}&\frac{1}{\sqrt{6}}&-\frac{1}{\sqrt{12}}&\frac{1}{\sqrt{4}}\\\frac{1}{\sqrt{2}}&-\frac{1}{\sqrt{6}}&\frac{1}{\sqrt{12}}&-\frac{1}{\sqrt{4}}\\0&\frac{2}{\sqrt{6}}&\frac{1}{\sqrt{12}}&-\frac{1}{\sqrt{4}}\\0&0&\frac{3}{\sqrt{12}}&\frac{1}{\sqrt{4}}\end{pmatrix}$$

且

$$P^{-1}AP=P^{\mathrm{T}}AP=\begin{pmatrix}1&0&0&0\\0&1&0&0\\0&0&1&0\\0&0&0&5\end{pmatrix}$$

［**例 6.15**］ 试将二次型：

$$f(x_1,x_2,x_3)=4x_1^2+4x_1x_2+4x_1x_3+4x_2^2+4x_2x_3+4x_3^2$$

用正交替换 $X=PY$,使它变为标准型。

解　二次型的矩阵 A 为：

$$A=\begin{pmatrix}4&2&2\\2&4&2\\2&2&4\end{pmatrix}$$

先求 A 的特征值,A 的特征多项式：

$$|\lambda E_3-A|=\begin{vmatrix}\lambda-4&-2&-2\\-2&\lambda-4&-2\\-2&-2&\lambda-4\end{vmatrix}$$
$$=(\lambda-2)^2(\lambda-8)$$

由上式可得 A 的特征值 $\lambda_1=\lambda_2=2,\lambda_3=8$.

再求正交特征向量。

将 $\lambda_1=\lambda_2=2$ 代入方程 $(\lambda E_3-A)\boldsymbol{X}=\boldsymbol{O}$,得：

$$\begin{pmatrix}-2&-2&-2\\-2&-2&-2\\-2&-2&-2\end{pmatrix}\begin{pmatrix}x_1\\x_2\\x_3\end{pmatrix}=\begin{pmatrix}0\\0\\0\end{pmatrix}$$

它的一个基础解系为：

$$\eta_1=\begin{pmatrix}-1\\1\\0\end{pmatrix}\qquad \eta_2=\begin{pmatrix}-1\\0\\1\end{pmatrix}$$

将其正交化：

$$\eta_1^*=\eta_1=\begin{pmatrix}-1\\1\\0\end{pmatrix}$$

$$\eta_2^*=\eta_2-\frac{\eta_2\cdot\eta_1^*}{\|\eta_1^*\|^2}\eta_1=\begin{pmatrix}-1\\0\\1\end{pmatrix}-\frac{1}{2}\begin{pmatrix}-1\\1\\0\end{pmatrix}=\begin{pmatrix}-\frac{1}{2}\\-\frac{1}{2}\\1\end{pmatrix}$$

将 $\lambda_3=8$ 代入 $(\lambda E_3-A)\boldsymbol{X}=\boldsymbol{O}$，得：

$$\begin{pmatrix}4&-2&-2\\-2&4&-2\\-2&-2&4\end{pmatrix}\begin{pmatrix}x_1\\x_2\\x_3\end{pmatrix}=\begin{pmatrix}0\\0\\0\end{pmatrix}$$

得出它的一个基础解系为：

$$\eta_3^*=\begin{pmatrix}1\\1\\1\end{pmatrix}$$

将 $\eta_1^*,\eta_2^*,\eta_3^*$ 进行单位化，得：

$$\begin{pmatrix}-\frac{1}{\sqrt{2}}\\\frac{1}{\sqrt{2}}\\0\end{pmatrix},\quad\begin{pmatrix}-\frac{1}{\sqrt{6}}\\-\frac{1}{\sqrt{6}}\\\frac{2}{\sqrt{6}}\end{pmatrix},\quad\begin{pmatrix}\frac{1}{\sqrt{3}}\\\frac{1}{\sqrt{3}}\\\frac{1}{\sqrt{3}}\end{pmatrix}$$

从而得替换：

$$X=\begin{pmatrix}-\frac{1}{\sqrt{2}}&-\frac{1}{\sqrt{6}}&\frac{1}{\sqrt{3}}\\\frac{1}{\sqrt{2}}&-\frac{1}{\sqrt{6}}&\frac{1}{\sqrt{3}}\\0&\frac{2}{\sqrt{6}}&\frac{1}{\sqrt{3}}\end{pmatrix}Y$$

即

$$\begin{cases}x_1=-\dfrac{1}{\sqrt{2}}y_1-\dfrac{1}{\sqrt{6}}y_2+\dfrac{1}{\sqrt{3}}y_3\\ x_2=\dfrac{1}{\sqrt{2}}y_1-\dfrac{1}{\sqrt{6}}y_2+\dfrac{1}{\sqrt{3}}y_3\\ x_3=-\dfrac{1}{\sqrt{6}}y_2+\dfrac{1}{\sqrt{3}}y_3\end{cases}$$

使

$$f(x_1,x_2,x_3)=2y_1^2+2y_2^2+8y_3^2$$

可见，此例中的二次型是正定的。

习题六

1. 证明向量组

$$\alpha_1=(-1,2,-1),\ \alpha_2=(3,-1,1),\ \alpha_3=(2,1,7)$$

是 R^3 的一组基。

2. 将(−1,1,2)扩充为 R^3 的一组基。

3. 求下列向量的内积

(1)$\alpha=(1,-1,0,1)$　$\beta=(2,-2,4,-6)$

(2)$\alpha=(0,1,5,-7,3)$　$\beta=(1,-1,0,3,-1)$

4. 在 R^4 中，求下列向量 α 与 β 之间的夹角

(1)$\alpha=(2,1,3,2)$　$\beta=(1,2,-2,1)$

(2)$\alpha=(1,2,2,3)$　$\beta=(3,1,5,1)$

(3)$\alpha=(1,1,1,2)$　$\beta=(3,1,-1,0)$

5. 求下列向量之间的距离

(1)$\alpha=(1,0,-1,0,1)$　$\beta=(0,1,0,2,0)$

(2)$\alpha=(-1,1,-1,1)$　$\beta=(1,-1,1,-1)$

6. 将下列向量单位化

(1)$\alpha=(1,1,1)$　(2)$\alpha=(1,1,2,0)$

7. 在 R^2 中，求与向量 $\alpha=(1,2)$ 正交的所有向量。

8. 用施密特法将下列无关向量组标准正交化

(1)$\alpha_1=(3,0,0,0)$　$\alpha_2=(0,1,2,1)$　$\alpha_3=(0,-1,3,2)$

(2)$\alpha_1=(1,1,0,0)$　$\alpha_2=(-1,0,0,1)$　$\alpha_3=(1,0,1,0)$

$\alpha_4=(1,-1,-1,1)$

(3)$\alpha_1=(1,0,2)$　$\alpha_2=(-1,0,1)$

9. 求齐次线性方程组

$$\begin{cases}2x_1+x_2-x_3+x_4-3x_5=0\\ x_1+x_2-x_3+x_5=0\end{cases}$$

的解空间的一组标准正交基。

10. 设 $\alpha_1,\alpha_2,\alpha_3$ 是 R^3 中的一组标准基，证明

$$\beta_1=\frac{1}{3}(2\alpha_1+2\alpha_2-\alpha_3)$$

$$\beta_2=\frac{1}{3}(2\alpha_1-\alpha_2+2\alpha_3)$$

$$\beta_3=\frac{1}{3}(\alpha_1-2\alpha_2-2\alpha_3)$$

也是一组标准正交基。

11. 判断下列矩阵是否为正交矩阵

(1) $\begin{pmatrix}\cos\theta & -\sin\theta\\ \sin\theta & \cos\theta\end{pmatrix}$ (2) $\begin{pmatrix}1 & 0 & 0\\ 0 & 0 & -1\\ 0 & -1 & 0\end{pmatrix}$

(3) $\begin{pmatrix}1 & 0 & 0 & 0\\ 0 & 1 & 0 & 0\\ 2 & 0 & 1 & 0\\ 0 & 0 & 0 & 1\end{pmatrix}$

12. 证明:上三角的正交矩阵必为对角矩阵,且对角线上的元素为 1 或 -1.

13. 如果 λ 是正交矩阵 A 的特征值,那么 $\frac{1}{\lambda}$ 也是 A 的特征值。

14. 正交矩阵的特征值为 1 或 -1.

15. 求正交矩阵 P,使 $P^{-1}AP$ 为对角矩阵。

(1) $A=\begin{pmatrix}2 & 2 & -2\\ 2 & 5 & -4\\ -2 & -4 & 5\end{pmatrix}$ (2) $A=\begin{pmatrix}1 & 2 & 4\\ 2 & -2 & 2\\ 4 & 2 & 1\end{pmatrix}$

(3) $A=\begin{pmatrix}3 & 1 & 0 & -1\\ 1 & 3 & -1 & 0\\ 0 & -1 & 3 & 1\\ -1 & 0 & 1 & 3\end{pmatrix}$

16. 试用正交变换法将二次型

$$f(x,y)=x^2-4xy+y^2$$

化为标准型,且求变换的正交矩阵 P.

17. 设 A,B 都是实对称矩阵,试证:存在正交矩阵 P,使 $P^{-1}AP=B$ 的充分必要条件是 A,B 的特征多项式的根全部相同。

18. 设 A 是 n 阶实对称矩阵,且 $A^2=A$,试证:存在正交矩阵 P,使得

$$P^{-1}AP=\begin{pmatrix}1 &&&&&\\ & 1 &&&&\\ && \ddots &&&\\ &&& 1 &&&\\ &&&& 0 &&\\ &&&&& \ddots &\\ &&&&&& 0\end{pmatrix}$$

19. 设 A,B 是两个 n 阶实对称矩阵,且 B 是正定矩阵,证明:存在一 n 阶可逆阵 G,使得

$$G^{T}AG \text{ 与 } G^{T}BG$$

同时为对角矩阵。

20. 设

$$A=\begin{pmatrix} 0 & -2 & 2 \\ -2 & -3 & 4 \\ 2 & 4 & -3 \end{pmatrix} \qquad f(x)=x^3-3x^2+3x-1$$

试求正交矩阵 P 与对角矩阵 B，使 $P^{-1}f(A)P=B$.

21. 单项选择题

(1)设 $\alpha_1,\alpha_2,\alpha_3$ 是 n 维的向量，则下列各式中表示向量的是(　　)。

①$(\alpha_1+\alpha_2)\cdot\alpha_3$　　②$(\alpha_1\cdot\alpha_2)(\alpha_1\cdot\alpha_3)$

③$(\alpha_1\cdot\alpha_2)(\alpha_2\cdot\alpha_3)$　　④$(\alpha_1+\alpha_2)(\alpha_1\cdot\alpha_3)$

(2)设 $\alpha=(x,0,1)$，$\beta=(0,y,0)$，如果 α,β 为标准正交向量，则有(　　)。

①$x=0,y=\pm1$　　②$x=1,y=1$

③$x=1,y=-1$　　④$x=-1,y=1$

(3)以下矩阵中是正交矩阵的为(　　)。

①$\begin{pmatrix} 1 & 1 & 0 \\ 0 & 1 & 1 \\ 1 & 0 & 1 \end{pmatrix}$　　②$\begin{pmatrix} 1 & 0 & 0 \\ 0 & 1 & 0 \\ 0 & 0 & 1 \end{pmatrix}$

③$\begin{bmatrix} \frac{1}{\sqrt{2}} & \frac{1}{\sqrt{2}} & 0 \\ \frac{1}{\sqrt{2}} & 0 & \frac{1}{\sqrt{2}} \\ 0 & \frac{1}{\sqrt{2}} & \frac{1}{\sqrt{2}} \end{bmatrix}$　　④$\begin{bmatrix} \frac{1}{\sqrt{2}} & -\frac{1}{\sqrt{2}} & 0 \\ \frac{1}{\sqrt{2}} & \frac{1}{\sqrt{2}} & 0 \\ 0 & \frac{1}{\sqrt{2}} & \frac{1}{\sqrt{2}} \end{bmatrix}$

(4)设 A,B 为两个同阶的正交矩阵，则下列结论正确的是(　　)。

①$A+B$，AB 都是正交阵

②$A+B$ 是正交阵但 AB 不是正交阵

③$A+B$，AB 都不是正交阵

④$A+B$ 不是正交阵但 AB 是正交阵

(5)设 A 为 n 阶实对称阵且正交，则有(　　)。

①$A=I$　　②$A\sim I$

③$A^2=I$　　④A 合同于 I

(6)设矩阵

$$A=\begin{pmatrix} 1 & 0 \\ 0 & 1 \end{pmatrix} \qquad B=\begin{pmatrix} 1 & 0 \\ 0 & -1 \end{pmatrix}$$

则 A 与 B 是(　　)。

①等价　　②相似

③合同　　④相似且合同

(7)设 A 是 n 阶矩阵，C 是 n 阶正交矩阵，且 $B=C^TAC$，则下述结论不成立的是(　　)。

①A 与 B 相似　　②A 与 B 等价

③A 与 B 合同　　④A 与 B 具有相同的特征向量

(8)对于单位矩阵 E，以下结论不成立的是(　　)。

①正交阵　　②行列式为±1

③正定阵　　④可逆阵

(9)设

$$A=\begin{pmatrix}1 & 1\\ 1 & 1\end{pmatrix}, P^TAP=\begin{pmatrix}0 & 0\\ 0 & 2\end{pmatrix}$$

其中 P 为二阶正交阵，则 $P=$(　　)。

①$\begin{pmatrix}\frac{1}{2} & \frac{1}{2}\\ -\frac{1}{2} & \frac{1}{2}\end{pmatrix}$　　②$\begin{pmatrix}\frac{1}{\sqrt{2}} & \frac{1}{\sqrt{2}}\\ -\frac{1}{\sqrt{2}} & \frac{1}{\sqrt{2}}\end{pmatrix}$　　③$\begin{pmatrix}\frac{1}{\sqrt{2}} & -\frac{1}{\sqrt{2}}\\ \frac{1}{\sqrt{2}} & \frac{1}{\sqrt{2}}\end{pmatrix}$　　④$\begin{pmatrix}\frac{1}{2} & -\frac{1}{2}\\ \frac{1}{2} & \frac{1}{2}\end{pmatrix}$

习题解答

第一章　行列式

1. 解

(1)

a_{12}的余子式：　$M_{12}=\begin{vmatrix} 4 & 2 \\ -1 & -1 \end{vmatrix}=-2$

a_{12}的代数余子式：　$A_{12}=(-1)^{1+2}M_{12}=2$

a_{31}余子式：　$M_{31}=\begin{vmatrix} -1 & 0 \\ 1 & 2 \end{vmatrix}=-2$

a_{31}的代数余子式：　$A_{31}=(-1)^{3+1}M_{31}=-2$

(2)

a_{12}的余子式：　$M_{12}=\begin{vmatrix} 1 & 1 & 5 \\ 2 & -3 & 1 \\ 0 & 1 & -2 \end{vmatrix}=19$

a_{12}的代数余子式：　$A_{12}=-\begin{vmatrix} 1 & 1 & 5 \\ 2 & -3 & 1 \\ 0 & 1 & -2 \end{vmatrix}=-19$

a_{31}的余子式：　$M_{31}=\begin{vmatrix} -1 & 0 & 7 \\ 0 & 1 & 5 \\ 0 & 1 & -2 \end{vmatrix}=7$

a_{31}的代数余子式：　$A_{31}=\begin{vmatrix} -1 & 0 & 7 \\ 0 & 1 & 5 \\ 0 & 1 & -2 \end{vmatrix}=7$

2. 解

(1)

$$D=3\times(-1)^{1+1}\times15+7\times(-1)^{1+2}\times6=3$$

(2)

$$\begin{aligned} D &=8\times(-1)^{1+1}\begin{vmatrix} 4 & -5 \\ 4 & 2 \end{vmatrix}+1\times(-1)^{1+2}\times\begin{vmatrix} 3 & -5 \\ 1 & 2 \end{vmatrix}+4\times(-1)^{1+3}\begin{vmatrix} 3 & 4 \\ 1 & 4 \end{vmatrix} \\ &=8\times(8+20)-(6+5)+4\times(12-4) \\ &=245 \end{aligned}$$

3. 解

(1)

$$\begin{vmatrix} 2 & 3 & 1 & 0 \\ 4 & -2 & -1 & -1 \\ -2 & 1 & 2 & 1 \\ -4 & 3 & 2 & 1 \end{vmatrix} \xlongequal[r_3+r_2]{r_4+r_2} \begin{vmatrix} 2 & 3 & 1 & 0 \\ 4 & -2 & -1 & -1 \\ 2 & -1 & 1 & 0 \\ 0 & 1 & 1 & 0 \end{vmatrix}$$

$$=-\begin{vmatrix}2&3&1\\2&-1&1\\0&1&1\end{vmatrix}\xlongequal{r_2-r_1}-\begin{vmatrix}2&3&1\\0&-4&0\\0&1&1\end{vmatrix}$$

$$=-2\times\begin{vmatrix}-4&0\\1&1\end{vmatrix}=8$$

（2）

$$\begin{vmatrix}3&1&-1&2\\-5&1&3&-4\\2&0&1&-1\\1&-5&3&-3\end{vmatrix}\xlongequal[c_3+c_4]{c_1+2c_4}\begin{vmatrix}7&1&1&2\\-13&1&-1&-4\\0&0&0&-1\\-5&-5&0&-3\end{vmatrix}$$

$$=(-1)\cdot(-1)^{3+4}\begin{vmatrix}7&1&1\\-13&1&-1\\-5&-5&0\end{vmatrix}$$

$$\xlongequal{r_2+r_1}\begin{vmatrix}7&1&1\\-6&2&0\\-5&-5&0\end{vmatrix}$$

$$=\begin{vmatrix}-6&2\\-5&-5\end{vmatrix}=40$$

（3）

$$\begin{vmatrix}2&1&-5&1\\1&-3&0&-6\\0&2&-1&2\\1&4&-7&6\end{vmatrix}\xlongequal[r_4-r_2]{r_1-2r_2}\begin{vmatrix}0&7&-5&13\\1&-3&0&-6\\0&2&-1&2\\0&7&-7&12\end{vmatrix}$$

$$=-\begin{vmatrix}7&-5&13\\2&-1&2\\7&-7&12\end{vmatrix}\xlongequal[c_3+2c_2]{c_1+2c_2}-\begin{vmatrix}-3&-5&3\\0&-1&0\\-7&-7&-2\end{vmatrix}$$

$$=\begin{vmatrix}-3&3\\-7&-2\end{vmatrix}=27$$

（4）

$$\begin{vmatrix}1+a_1&a_2&a_3\\a_1&1+a_2&a_3\\a_1&a_2&1+a_3\end{vmatrix}\xlongequal[c_1+c_3]{c_1+c_2}\begin{vmatrix}1+a_1+a_2+a_3&a_2&a_3\\1+a_1+a_2+a_3&1+a_2&a_3\\1+a_1+a_2+a_3&a_2&1+a_3\end{vmatrix}$$

$$=(1+a_1+a_2+a_3)\begin{vmatrix}1&a_2&a_3\\1&1+a_2&a_3\\1&a_2&1+a_3\end{vmatrix}$$

$$\xlongequal[r_3-r_1]{r_2-r_1}(1+a_1+a_2+a_3)\begin{vmatrix}1&a_2&a_3\\0&1&0\\0&0&1\end{vmatrix}$$

$$=1+a_1+a_2+a_3$$

4. 解

（1）

$$\begin{vmatrix}1&1&1&1\\-1&1&1&1\\-1&-1&1&1\\-1&-1&-1&1\end{vmatrix}\xlongequal[r_4+r_1]{\substack{r_2+r_1\\r_3+r_1}}\begin{vmatrix}1&1&1&1\\0&2&2&2\\0&0&2&2\\0&0&0&2\end{vmatrix}=2\times2\times2=8$$

(2)

$$\begin{vmatrix} -2 & 2 & -4 & 0 \\ 4 & -1 & 3 & 5 \\ 3 & 1 & -2 & -3 \\ 2 & 0 & 5 & 1 \end{vmatrix} = (-2)\cdot\begin{vmatrix} 1 & -1 & 2 & 0 \\ 4 & -1 & 3 & 5 \\ 3 & 1 & -2 & -3 \\ 2 & 0 & 5 & 1 \end{vmatrix}$$

$$\xlongequal[r_4-2r_1]{\substack{r_2-4r_1\\ r_3-3r_1}}(-2)\begin{vmatrix} 1 & -1 & 2 & 0 \\ 0 & 3 & -5 & 5 \\ 0 & 4 & -8 & -3 \\ 0 & 2 & 1 & 1 \end{vmatrix}\xlongequal[r_3-2r_4]{r_2-r_4}(-2)\begin{vmatrix} 1 & -1 & 2 & 0 \\ 0 & 1 & -6 & 4 \\ 0 & 0 & -10 & -5 \\ 0 & 2 & 1 & 1 \end{vmatrix}$$

$$\xlongequal{r_4-2r_2}(-2)\begin{vmatrix} 1 & -1 & 2 & 0 \\ 0 & 1 & -6 & 4 \\ 0 & 0 & -10 & -5 \\ 0 & 0 & 13 & -7 \end{vmatrix} = 10\times\begin{vmatrix} 1 & -1 & 2 & 0 \\ 0 & 1 & -6 & 4 \\ 0 & 0 & 2 & 1 \\ 0 & 0 & 13 & -7 \end{vmatrix}$$

$$\xlongequal{r_4-\frac{13}{2}r_3}10\times\begin{vmatrix} 1 & -1 & 2 & 0 \\ 0 & 1 & -6 & 4 \\ 0 & 0 & 2 & 1 \\ 0 & 0 & 0 & -\frac{27}{2} \end{vmatrix} = -270$$

5. 解

(1) 从第二行起,每行减去第一行,得

$$\begin{vmatrix} 1 & 2 & 3 & \cdots & n-1 & n \\ 1 & 3 & 3 & \cdots & n-1 & n \\ 1 & 2 & 5 & \cdots & n-1 & n \\ \cdots & \cdots & \cdots & \cdots & \cdots & \cdots \\ 1 & 2 & 3 & \cdots & 2n-3 & n \\ 1 & 2 & 3 & \cdots & n-1 & 2n-1 \end{vmatrix} = \begin{vmatrix} 1 & 2 & 3 & \cdots & n-1 & n \\ 0 & 1 & 0 & \cdots & 0 & 0 \\ 0 & 0 & 2 & \cdots & 0 & 0 \\ \cdots & \cdots & \cdots & \cdots & \cdots & \cdots \\ 0 & 0 & 0 & \cdots & n-2 & 0 \\ 0 & 0 & 0 & \cdots & 0 & n-1 \end{vmatrix} = (n-1)!$$

(2)

$$\begin{vmatrix} 1 & 2 & 2 & \cdots & 2 \\ 2 & 2 & 2 & \cdots & 2 \\ 2 & 2 & 3 & \cdots & 2 \\ \cdots & \cdots & \cdots & \cdots & \cdots \\ 2 & 2 & 2 & \cdots & n \end{vmatrix} \xlongequal{r_1-r_2} \begin{vmatrix} -1 & 0 & 0 & \cdots & 0 \\ 2 & 2 & 2 & \cdots & 2 \\ 2 & 2 & 3 & \cdots & 2 \\ \cdots & \cdots & \cdots & \cdots & \cdots \\ 2 & 2 & 2 & \cdots & n \end{vmatrix}$$

按第一行展开,得

$$= -\begin{vmatrix} 2 & 2 & 2 & \cdots & 2 \\ 2 & 3 & 2 & \cdots & 2 \\ 2 & 2 & 4 & \cdots & 2 \\ \cdots & \cdots & \cdots & \cdots & \cdots \\ 2 & 2 & 2 & \cdots & n \end{vmatrix} = -\begin{vmatrix} 2 & 2 & 2 & \cdots & 2 \\ 0 & 1 & 0 & \cdots & 0 \\ 0 & 0 & 2 & \cdots & 0 \\ \cdots & \cdots & \cdots & \cdots & \cdots \\ 0 & 0 & 0 & \cdots & n-2 \end{vmatrix} = (-2)\cdot(n-2)!$$

(3)

$$\begin{vmatrix} 1 & a_1 & 0 & 0 & \cdots & 0 & 0 \\ -1 & 1-a_1 & a_2 & 0 & \cdots & 0 & 0 \\ 0 & -1 & 1-a_2 & a_3 & \cdots & 0 & 0 \\ \cdots & \cdots & \cdots & \cdots & \cdots & \cdots & \cdots \\ 0 & 0 & 0 & 0 & \cdots & 1-a_{n-1} & a_n \\ 0 & 0 & 0 & 0 & \cdots & -1 & 1-a_n \end{vmatrix}$$

$$\xlongequal{r_2+r_1}\begin{vmatrix} 1 & a_1 & 0 & 0 & \cdots & 0 & 0 \\ 0 & 1 & a_2 & 0 & \cdots & 0 & 0 \\ 0 & -1 & 1-a_2 & a_3 & \cdots & 0 & 0 \\ \cdots & \cdots & \cdots & \cdots & \cdots & \cdots & \cdots \\ 0 & 0 & 0 & 0 & \cdots & 1-a_{n-1} & a_n \\ 0 & 0 & 0 & 0 & \cdots & -1 & 1-a_n \end{vmatrix}$$

按第1列展开,得:$n-1$阶行列式:

$$=\begin{vmatrix} 1 & a_2 & 0 & 0 & \cdots & 0 & 0 \\ -1 & 1-a_2 & a_3 & 0 & \cdots & 0 & 0 \\ 0 & -1 & 1-a_3 & a_4 & \cdots & 0 & 0 \\ \cdots & \cdots & \cdots & \cdots & \cdots & \cdots & \cdots \\ 0 & 0 & 0 & 0 & \cdots & 1-a_{n-1} & a_n \\ 0 & 0 & 0 & 0 & \cdots & -1 & 1-a_n \end{vmatrix}$$

比较原行列式,我们可以重复以上两个步骤 $n-2$ 次,得$=\cdots=\begin{vmatrix} 1 & a_n \\ -1 & 1-a_n \end{vmatrix}=1.$

(4)

按第1列展开,得

$$\begin{vmatrix} a & 0 & 0 & \cdots & 0 & 1 \\ 0 & a & 0 & \cdots & 0 & 0 \\ 0 & 0 & a & \cdots & 0 & 0 \\ \cdots & \cdots & \cdots & \cdots & \cdots & \cdots \\ 1 & 0 & 0 & \cdots & 0 & a \end{vmatrix}=a\begin{vmatrix} a & 0 & \cdots & 0 \\ 0 & a & \cdots & 0 \\ \cdots & \cdots & \cdots & \cdots \\ 0 & 0 & \cdots & a \end{vmatrix}+(-1)^{n+1}\begin{vmatrix} 0 & 0 & \cdots & 0 & 1 \\ a & 0 & \cdots & 0 & 0 \\ 0 & a & \cdots & 0 & 0 \\ \cdots & \cdots & \cdots & \cdots & \cdots \\ 0 & 0 & \cdots & a & 0 \end{vmatrix}$$

$$=a^n+(-1)^{n+1}(-1)^{1+(n-1)}a^{n-2}$$

$$=a^n-a^{n-2}$$

(5)

将第二行以后各行统加到第一行中,得

$$\begin{vmatrix} a & 1 & 1 & \cdots & 1 \\ 1 & a & 1 & \cdots & 1 \\ \cdots & \cdots & \cdots & \cdots & \cdots \\ 1 & 1 & 1 & \cdots & a \end{vmatrix}=\begin{vmatrix} a+n-1 & a+n-1 & \cdots & a+n-1 \\ 1 & a & \cdots & 1 \\ \cdots & \cdots & \cdots & \cdots \\ 1 & 1 & \cdots & a \end{vmatrix}$$

$$=(a+n-1)\begin{vmatrix} 1 & 1 & \cdots & 1 \\ 1 & a & \cdots & 1 \\ \cdots & \cdots & \cdots & \cdots \\ 1 & 1 & \cdots & a \end{vmatrix}$$

$$\xlongequal[\substack{r_3-r_1 \\ \cdots \\ r_n-r_1}]{r_2-r_1}(a+n-1)\begin{vmatrix} 1 & 1 & \cdots & 1 \\ 0 & a-1 & \cdots & 0 \\ \cdots & \cdots & \cdots & \cdots \\ 0 & 0 & \cdots & a-1 \end{vmatrix}$$

$$=(a+n-1)\cdot(a-1)^{n-1}$$

6. 证明

按最后一行展开,得

$$\begin{vmatrix} a_{11} & a_{12} & a_{13} & a_{14} & a_{15} \\ a_{21} & a_{22} & a_{23} & a_{24} & a_{25} \\ a_{31} & a_{32} & 0 & 0 & 0 \\ a_{41} & a_{42} & 0 & 0 & 0 \\ a_{51} & a_{52} & 0 & 0 & 0 \end{vmatrix} = a_{51}\begin{vmatrix} a_{12} & a_{13} & a_{14} & a_{15} \\ a_{22} & a_{23} & a_{24} & a_{25} \\ a_{32} & 0 & 0 & 0 \\ a_{42} & 0 & 0 & 0 \end{vmatrix} - a_{52}\begin{vmatrix} a_{11} & a_{13} & a_{14} & a_{15} \\ a_{21} & a_{23} & a_{24} & a_{25} \\ a_{31} & 0 & 0 & 0 \\ a_{41} & 0 & 0 & 0 \end{vmatrix}$$

以上 4 阶行列式,再按最后一行展开,得

$$= a_{51}a_{42}\begin{vmatrix} a_{13} & a_{14} & a_{15} \\ a_{23} & a_{24} & a_{25} \\ 0 & 0 & 0 \end{vmatrix} + a_{52}a_{41}\begin{vmatrix} a_{13} & a_{14} & a_{15} \\ a_{23} & a_{24} & a_{25} \\ 0 & 0 & 0 \end{vmatrix} = 0$$

7. 解

由行列式的定义:

$$f(x) = 2x \cdot \begin{vmatrix} x & 1 & -1 \\ 2 & x & 1 \\ 1 & 1 & x \end{vmatrix} + (-1)x\begin{vmatrix} 1 & 1 & -1 \\ 3 & x & 1 \\ 1 & 1 & x \end{vmatrix} + \begin{vmatrix} 1 & x & -1 \\ 3 & 2 & 1 \\ 1 & 1 & x \end{vmatrix} - 2\begin{vmatrix} 1 & x & 1 \\ 3 & 2 & x \\ 1 & 1 & 1 \end{vmatrix}$$

从上展开式,可知 x^4,x^3 只可能在第 1,2 项中得到,且由:

$$\begin{vmatrix} x & 1 & -1 \\ 2 & x & 1 \\ 1 & 1 & x \end{vmatrix} = x\begin{vmatrix} x & 1 \\ 1 & x \end{vmatrix} - \begin{vmatrix} 2 & 1 \\ 1 & x \end{vmatrix} - \begin{vmatrix} 2 & x \\ 1 & 1 \end{vmatrix}$$

$$\begin{vmatrix} 1 & 1 & -1 \\ 3 & x & 1 \\ 1 & 1 & x \end{vmatrix} = \begin{vmatrix} x & 1 \\ 1 & x \end{vmatrix} - \begin{vmatrix} 3 & 1 \\ 1 & x \end{vmatrix} - \begin{vmatrix} 3 & x \\ 1 & 1 \end{vmatrix}$$

可知:x^4 只能在第 1 项中得到,且系数为 2;x^3 只能在第 2 项中得到,且系数为 -1.

8. 证明(1)

$$\because \begin{vmatrix} 1 & 1 & 1 & 1 \\ 2 & 3 & 5 & 6 \\ 4 & 9 & 25 & 36 \\ 8 & 27 & 125 & 216 \end{vmatrix} = \begin{vmatrix} 1 & 1 & 1 & 1 \\ 2 & 3 & 5 & 6 \\ 2^2 & 3^2 & 5^2 & 6^2 \\ 2^3 & 3^3 & 5^3 & 6^3 \end{vmatrix}$$

它是 4 阶范德蒙行列式。

$$\therefore \ 上式 = (3-2)\ (5-2)\ (6-2)\cdot(5-3)\ (6-3)\cdot(6-5) = 72$$

证明(2)

$$\begin{vmatrix} a^2 & (a+1)^2 & (a+2)^2 & (a+3)^2 \\ b^2 & (b+1)^2 & (b+2)^2 & (b+3)^2 \\ c^2 & (c+1)^2 & (c+2)^2 & (c+3)^2 \\ d^2 & (d+1)^2 & (d+2)^2 & (d+3)^2 \end{vmatrix} \xlongequal[\substack{c_3-c_1 \\ c_4-c_1}]{c_2-c_1} \begin{vmatrix} a^2 & 2a+1 & 4a+4 & 6a+9 \\ b^2 & 2b+1 & 4b+4 & 6b+9 \\ c^2 & 2c+1 & 4c+4 & 6c+9 \\ d^2 & 2d+1 & 4d+4 & 6d+9 \end{vmatrix}$$

$$\xlongequal[c_4-3c_2]{c_3-2c_2} \begin{vmatrix} a^2 & 2a+1 & 2 & 6 \\ b^2 & 2b+1 & 2 & 6 \\ c^2 & 2c+1 & 2 & 6 \\ d^2 & 2d+1 & 2 & 6 \end{vmatrix} = 0 \quad (第3、第4列成比例)$$

证明(3)

$$\begin{vmatrix} 1 & 2a & a^2 \\ 1 & a+b & ab \\ 1 & 2b & b^2 \end{vmatrix} \xlongequal[r_3-r_1]{r_2-r_1} \begin{vmatrix} 1 & 2a & a^2 \\ 0 & b-a & a(b-a) \\ 0 & 2(b-a) & b^2-a^2 \end{vmatrix}$$

$$= \begin{vmatrix} b-a & a(b-a) \\ 2(b-a) & b^2-a^2 \end{vmatrix} = (b-a)^2\begin{vmatrix} 1 & a \\ 2 & b+a \end{vmatrix} = (b-a)^3$$

证明(4)

$$\begin{vmatrix} b+c & c+a & a+b \\ b_1+c_1 & c_1+a_1 & a_1+b_1 \\ b_2+c_2 & c_2+a_2 & a_2+b_2 \end{vmatrix} \xlongequal[c_1+c_3]{c_1+c_2} \begin{vmatrix} 2(a+b+c) & c+a & a+b \\ 2(a_1+b_1+c_1) & c_1+a_1 & a_1+b_1 \\ 2(a_2+b_2+c_2) & c_2+a_2 & a_2+b_2 \end{vmatrix}$$

$$\xlongequal[c_3-c_1]{c_2-c_1} 2\begin{vmatrix} a+b+c & -b & -c \\ a_1+b_1+c_1 & -b_1 & -c_1 \\ a_2+b_2+c_2 & -b_2 & -c_2 \end{vmatrix}$$

$$=2\begin{vmatrix} a & -b & -c \\ a_1 & -b_1 & -c_1 \\ a_2 & -b_2 & -c_2 \end{vmatrix}+2\begin{vmatrix} b & -b & -c \\ b_1 & -b_1 & -c_1 \\ b_2 & -b_2 & -c_2 \end{vmatrix}+2\begin{vmatrix} c & -b & -c \\ c_1 & -b_1 & -c_1 \\ c_2 & -b_2 & -c_2 \end{vmatrix}$$

$$=2\begin{vmatrix} a & b & c \\ a_1 & b_1 & c_1 \\ a_2 & b_2 & c_2 \end{vmatrix}$$

证明(5)

将第 i 行的$\left(-\frac{1}{a_{i-1}}\right)$倍加到第一行($i=2,3,\cdots,n+1$),得

$$D=\begin{vmatrix} a_0-\frac{1}{a_1}-\frac{1}{a_2}-\cdots-\frac{1}{a_n} & 0 & 0 & \cdots & 0 \\ 1 & a_1 & 0 & \cdots & 0 \\ 1 & 0 & a_2 & \cdots & 0 \\ \cdots & \cdots & \cdots & \cdots & \cdots \\ 1 & 0 & 0 & \cdots & a_n \end{vmatrix}$$

$$=\left(a_0-\sum_{i=1}^{n}\frac{1}{a_i}\right)a_1a_2\cdots a_n$$

9. 解

$$\because \begin{vmatrix} 2+x & 4 & 5 \\ 2 & 4+x & 5 \\ 2 & 4 & 5+x \end{vmatrix} \xlongequal[c_1+c_3]{c_1+c_2} \begin{vmatrix} 11+x & 4 & 5 \\ 11+x & 4+x & 5 \\ 11+x & 4 & 5+x \end{vmatrix}$$

$$=(x+11)\begin{vmatrix} 1 & 4 & 5 \\ 1 & 4+x & 5 \\ 1 & 4 & 5+x \end{vmatrix}$$

$$\xlongequal[r_3-r_1]{r_2-r_1}(x+11)\begin{vmatrix} 1 & 4 & 5 \\ 0 & x & 0 \\ 0 & 0 & x \end{vmatrix}$$

$$=x^2(x+11)$$

∴ 方程的解为:

$$x_1=x_2=0,x_3=-11$$

10. 解

(1)

$$\because \quad D=\begin{vmatrix} 2 & 3 & 5 \\ 1 & 2 & 0 \\ 0 & 3 & 5 \end{vmatrix} \xlongequal{r_1-r_3} \begin{vmatrix} 2 & 0 & 0 \\ 1 & 2 & 0 \\ 0 & 3 & 5 \end{vmatrix}$$

$$=2\times(-1)^{1+1}\begin{vmatrix} 2 & 0 \\ 3 & 5 \end{vmatrix}=20\neq 0$$

∴ 原方程组有唯一的解。

又∵
$$D_1=\begin{vmatrix}2&3&5\\5&2&0\\4&3&5\end{vmatrix}\xlongequal{r_1-r_3}\begin{vmatrix}-2&0&0\\5&2&0\\4&3&5\end{vmatrix}=-20$$

$$D_2=\begin{vmatrix}2&2&5\\1&5&0\\0&4&5\end{vmatrix}\xlongequal{r_1-2r_2}\begin{vmatrix}0&-8&5\\1&5&0\\0&4&5\end{vmatrix}=60$$

$$D_3=\begin{vmatrix}2&3&2\\1&2&5\\0&3&4\end{vmatrix}\xlongequal{r_1-2r_2}\begin{vmatrix}0&-1&-8\\1&2&5\\0&3&4\end{vmatrix}=-20$$

∴
$$x_1=\frac{D_1}{D}=-1;x_2=\frac{D_2}{D}=3;x_3=\frac{D_3}{D}=-1$$

(2)

∵
$$D=\begin{vmatrix}2&0&-1&3\\0&3&1&-1\\1&0&0&2\\0&2&1&1\end{vmatrix}\xlongequal{r_1-2r_3}\begin{vmatrix}0&0&-1&-1\\0&3&1&-1\\1&0&0&2\\0&2&1&1\end{vmatrix}$$

$$=\begin{vmatrix}0&-1&-1\\3&1&-1\\2&1&1\end{vmatrix}\xlongequal{r_3+r_1}\begin{vmatrix}0&-1&-1\\3&1&-1\\2&0&0\end{vmatrix}=2\begin{vmatrix}-1&-1\\1&-1\end{vmatrix}=4\neq0$$

∴ 方程组有唯一的解。

又∵
$$D_1=\begin{vmatrix}9&0&-1&3\\6&3&1&-1\\8&0&0&2\\13&2&1&1\end{vmatrix}\xlongequal{c_1-4c_4}\begin{vmatrix}-3&0&-1&3\\10&3&1&-1\\0&0&0&2\\9&2&1&1\end{vmatrix}$$

$$=-2\begin{vmatrix}-3&0&-1\\10&3&1\\9&2&1\end{vmatrix}\xlongequal{c_1-3c_3}(-2)\times\begin{vmatrix}0&0&-1\\7&3&1\\6&2&1\end{vmatrix}$$

$$=2\begin{vmatrix}7&3\\6&2\end{vmatrix}=-8$$

$$D_2=\begin{vmatrix}2&9&-1&3\\0&6&1&-1\\1&8&0&2\\0&13&1&1\end{vmatrix}\xlongequal{r_1-2r_3}\begin{vmatrix}0&-7&-1&-1\\0&6&1&-1\\1&8&0&2\\0&13&1&1\end{vmatrix}$$

$$=\begin{vmatrix}-7&-1&-1\\6&1&-1\\13&1&1\end{vmatrix}\xlongequal[r_3+r_1]{r_2+r_1}\begin{vmatrix}-7&-1&-1\\-1&0&-2\\6&0&0\end{vmatrix}=6\times\begin{vmatrix}-1&-1\\0&-2\end{vmatrix}$$

$$=12$$

$$D_3=\begin{vmatrix}2&0&9&3\\0&3&6&-1\\1&0&8&2\\0&2&13&1\end{vmatrix}\xlongequal{r_1-2r_3}\begin{vmatrix}0&0&-7&-1\\0&3&6&-1\\1&0&8&2\\0&2&13&1\end{vmatrix}$$

$$=\begin{vmatrix}0&-7&-1\\3&6&-1\\2&13&1\end{vmatrix}\xlongequal{c_2-7c_3}\begin{vmatrix}0&0&-1\\3&13&-1\\2&6&1\end{vmatrix}=8$$

$$D_4=\begin{vmatrix}2&0&-1&9\\0&3&1&6\\1&0&0&8\\0&2&1&13\end{vmatrix}\xlongequal{r_1-2r_3}\begin{vmatrix}0&0&-1&-7\\0&3&1&6\\1&0&0&8\\0&2&1&13\end{vmatrix}$$

$$=\begin{vmatrix}0&-1&-7\\3&1&6\\2&1&13\end{vmatrix}\xlongequal{c_3-7c_2}\begin{vmatrix}0&-1&0\\3&1&-1\\2&1&6\end{vmatrix}=20$$

∴ $$x_1=\frac{D_1}{D}=-2\quad x_2=\frac{D_2}{D}=3\quad x_3=\frac{D_3}{D}=2\quad x_4=\frac{D_4}{D}=5$$

(3)

同(1)、(2)可解得(详细过程略)：

$$D=665\qquad D_1=1507\qquad D_2=-1145$$

$$D_3=703\qquad D_4=-395\qquad D_5=212$$

且： $$x_1=\frac{1507}{665}\quad x_2=-\frac{229}{133}\quad x_3=\frac{37}{35}\quad x_4=-\frac{79}{133}\quad x_5=\frac{212}{665}$$

11. 解

由克莱姆法则：当系数行列式 $D\neq0$ 时，齐次方程组有唯一的解，即只有零解。

∵ $$D=\begin{vmatrix}k&1&1\\1&k&1\\1&1&1\end{vmatrix}\xlongequal{r_1-r_3}\begin{vmatrix}k-1&0&0\\1&k&1\\1&1&1\end{vmatrix}$$

$$=(k-1)\begin{vmatrix}k&1\\1&1\end{vmatrix}=(k-1)^2\neq0$$

∴ $$k\neq1$$

则当 $k\neq1$ 时，此齐次线性方程组只有零解。

12. 解

(1)② (2)③ (3)③ (4)② (5)③ (6)① (7)① (8)④

(9)④ (10)②

第二章　矩　阵

1. 解

根据矩阵相等当且仅当其对应元素都相等，从而 $A=B$ 当且仅当 $x=2,y=4$。

2. 解

$$A+B=\begin{pmatrix}2&2&3\\0&1&-1\end{pmatrix}+\begin{pmatrix}0&0&1\\1&2&3\end{pmatrix}$$

$$=\begin{pmatrix}2+0&2+0&3+1\\0+1&1+2&-1+3\end{pmatrix}$$

$$=\begin{pmatrix}2&2&4\\1&3&2\end{pmatrix}$$

$$A-B=\begin{pmatrix}2-0&2-0&3-1\\0-1&1-2&-1-3\end{pmatrix}$$

$$=\begin{pmatrix}2&2&2\\-1&-1&-4\end{pmatrix}$$

3. 解

$$A+B-C=\begin{pmatrix}0+3-(-1)&1+2-2&2+1-3\\1+2-0&2+(-1)-2&3+(-1)-0\\2+0-(-1)&0-1-1&3+3-3\end{pmatrix}$$

$$=\begin{pmatrix}4&1&0\\3&-1&2\\3&-2&3\end{pmatrix}$$

4. 解

$$X=\begin{pmatrix}0&-1&2&5\\3&0&1&3\\1&2&0&0\end{pmatrix}-\begin{pmatrix}1&2&3&4\\2&0&1&0\\-1&1&1&-1\end{pmatrix}=\begin{pmatrix}-1&-3&-1&1\\1&0&0&3\\2&1&-1&1\end{pmatrix}$$

5. 解

(1)

$$\begin{pmatrix}a\\b\\c\\d\end{pmatrix}(a\ b\ c)=\begin{pmatrix}a^2&ab&ac\\ab&b^2&bc\\ac&bc&c^2\\ad&bd&cd\end{pmatrix}$$

(2)

$$(a_1\ a_2\ a_3)\begin{pmatrix}b_1\\b_2\\b_3\end{pmatrix}=(a_1b_1+a_2b_2+a_3b_3)$$

(3)

$$\begin{pmatrix}4&-2\\2&-1\end{pmatrix}\begin{pmatrix}1&3\\2&6\end{pmatrix}=\begin{pmatrix}4\times1+(-2)\times2&4\times3+(-2)\times6\\2\times1+(-1)\times2&2\times3+(-1)\times6\end{pmatrix}$$

$$=\begin{pmatrix}0&0\\0&0\end{pmatrix}$$

(4)

$$(x\ y)\begin{pmatrix}a_{11} & a_{12}\\ a_{21} & a_{22}\end{pmatrix}\begin{pmatrix}x\\ y\end{pmatrix}=(a_{11}x+a_{21}y\quad a_{12}x+a_{22}y)\begin{pmatrix}x\\ y\end{pmatrix}$$
$$=(a_{11}x^2+a_{21}yx+a_{12}xy+a_{22}y^2)$$
$$=(a_{11}x^2+(a_{12}+a_{21})xy+a_{22}y^2)$$

6. 解

(1) 因为 A 是 2×3 阶矩阵，B 是 3×2 阶矩阵，所以 AB 与 BA 都满足第一个矩阵的列数等于第二个矩阵的行数即都有意义，且

$$AB=\begin{pmatrix}1 & 0 & 3\\ 2 & -1 & 0\end{pmatrix}\begin{pmatrix}1 & -1\\ 2 & 3\\ 4 & 0\end{pmatrix}=\begin{pmatrix}13 & -1\\ 0 & -5\end{pmatrix}$$

$$BA=\begin{pmatrix}1 & -1\\ 2 & 3\\ 4 & 0\end{pmatrix}\begin{pmatrix}1 & 0 & 3\\ 2 & -1 & 0\end{pmatrix}=\begin{pmatrix}-1 & 1 & 3\\ 8 & -3 & 6\\ 4 & 0 & 12\end{pmatrix}$$

(2) 因 A 是 2×4 阶矩阵，B 是 4×3 阶的矩阵，则 A 的列数等于 B 的行数，而 B 的列数不等于 A 的行数，从而 AB 有意义，但 BA 无意义。且

$$AB=\begin{pmatrix}1 & 2 & 0 & 1\\ 2 & 1 & 3 & 4\end{pmatrix}\begin{pmatrix}1 & 0 & -1\\ 0 & 1 & 2\\ 2 & -1 & 0\\ -1 & 3 & 1\end{pmatrix}$$
$$=\begin{pmatrix}0 & 5 & 4\\ 4 & 10 & 4\end{pmatrix}$$

7. 解

设

$$B=\begin{pmatrix}a_1 & a_2\\ a_3 & a_4\end{pmatrix}$$

由 $AB=BA$，可得

$$\begin{pmatrix}1 & 1\\ 0 & 1\end{pmatrix}\begin{pmatrix}a_1 & a_2\\ a_3 & a_4\end{pmatrix}=\begin{pmatrix}a_1 & a_2\\ a_3 & a_4\end{pmatrix}\begin{pmatrix}1 & 1\\ 0 & 1\end{pmatrix}$$

即

$$\begin{pmatrix}a_1+a_3 & a_2+a_4\\ a_3 & a_4\end{pmatrix}=\begin{pmatrix}a_1 & a_1+a_2\\ a_3 & a_3+a_4\end{pmatrix}$$
$$\begin{cases}a_1+a_3=a_1\\ a_2+a_4=a_1+a_2\\ a_3+a_4=a_4\end{cases}$$

所以，$a_3=0$，$a_1=a_4$ 任意，a_2 任意。

从而与 $A=\begin{pmatrix}1 & 1\\ 0 & 1\end{pmatrix}$ 可交换的矩阵 B 为：

$$B=\begin{pmatrix}a_1 & a_2\\ 0 & a_1\end{pmatrix}$$

其中，a_1，a_2 为任意实数。

8. 解

$$A^2=AA=\begin{pmatrix}1 & a\\ 0 & 1\end{pmatrix}\begin{pmatrix}1 & a\\ 0 & 1\end{pmatrix}=\begin{pmatrix}1 & 2a\\ 0 & 1\end{pmatrix}$$

$$A^3=AA^2=\begin{pmatrix}1&a\\0&1\end{pmatrix}\begin{pmatrix}1&2a\\0&1\end{pmatrix}=\begin{pmatrix}1&3a\\0&1\end{pmatrix}$$

…………

$$A^n=\begin{pmatrix}1&na\\0&1\end{pmatrix}$$

9. 解

(1)

$$\begin{pmatrix}a&0&0\\0&b&0\\0&0&c\end{pmatrix}^2=\begin{pmatrix}a&0&0\\0&b&0\\0&0&c\end{pmatrix}\begin{pmatrix}a&0&0\\0&b&0\\0&0&c\end{pmatrix}=\begin{pmatrix}a^2&0&0\\0&b^2&0\\0&0&c^2\end{pmatrix}$$

…………

$$\begin{pmatrix}a&0&0\\0&b&0\\0&0&c\end{pmatrix}^n=\begin{pmatrix}a^n&0&0\\0&b^n&0\\0&0&c^n\end{pmatrix}$$

(2) 因为

$$\begin{pmatrix}1&1\\1&1\end{pmatrix}^2=\begin{pmatrix}1&1\\1&1\end{pmatrix}\begin{pmatrix}1&1\\1&1\end{pmatrix}=\begin{pmatrix}2&2\\2&2\end{pmatrix}$$

$$\begin{pmatrix}1&1\\1&1\end{pmatrix}^3=\begin{pmatrix}1&1\\1&1\end{pmatrix}\begin{pmatrix}2&2\\2&2\end{pmatrix}=\begin{pmatrix}2^2&2^2\\2^2&2^2\end{pmatrix}$$

…………

所以

$$\begin{pmatrix}1&1\\1&1\end{pmatrix}^n=\begin{pmatrix}2^{n-1}&2^{n-1}\\2^{n-1}&2^{n-1}\end{pmatrix}$$

10. 解

(1)

$$\begin{aligned}f(A)&=A^2-A-E\\&=\begin{pmatrix}2&1&1\\3&1&2\\1&-1&0\end{pmatrix}^2-\begin{pmatrix}2&1&1\\3&1&2\\1&-1&0\end{pmatrix}-\begin{pmatrix}1&0&0\\0&1&0\\0&0&1\end{pmatrix}\\&=\begin{pmatrix}8&2&4\\11&2&5\\-1&0&-1\end{pmatrix}-\begin{pmatrix}2&1&1\\3&1&2\\1&-1&0\end{pmatrix}-\begin{pmatrix}1&0&0\\0&1&0\\0&0&1\end{pmatrix}\\&=\begin{pmatrix}5&1&3\\8&0&3\\-2&1&-2\end{pmatrix}\end{aligned}$$

(2)

$$\begin{aligned}f(A)&=A^2-5A+3E=\begin{pmatrix}2&-1\\-3&3\end{pmatrix}^2-5\begin{pmatrix}2&-1\\-3&3\end{pmatrix}+3\begin{pmatrix}1&0\\0&1\end{pmatrix}\\&=\begin{pmatrix}7&-5\\-15&12\end{pmatrix}-\begin{pmatrix}10&-5\\-15&15\end{pmatrix}+\begin{pmatrix}3&0\\0&3\end{pmatrix}\\&=\begin{pmatrix}0&0\\0&0\end{pmatrix}\end{aligned}$$

11. 解

由

$$A^{T}=\begin{pmatrix}6&1\\7&2\\3&0\end{pmatrix},B^{T}=\begin{pmatrix}2&4&0\\1&0&3\end{pmatrix}$$

故

$$A^{T}B^{T}=\begin{pmatrix}6&1\\7&2\\3&0\end{pmatrix}\begin{pmatrix}2&4&0\\1&0&3\end{pmatrix}=\begin{pmatrix}13&24&3\\16&28&6\\6&12&0\end{pmatrix}$$

$$(AB)^{T}=B^{T}A^{T}=\begin{pmatrix}2&4&0\\1&0&3\end{pmatrix}\begin{pmatrix}6&1\\7&2\\3&0\end{pmatrix}=\begin{pmatrix}40&10\\15&1\end{pmatrix}$$

$$2A-3B^{T}=\begin{pmatrix}12&14&6\\2&4&0\end{pmatrix}-\begin{pmatrix}6&12&0\\3&0&9\end{pmatrix}=\begin{pmatrix}6&2&6\\-1&4&-9\end{pmatrix}$$

12. 证明

设 $$C=B^{T}AB$$

∵ A 为对称阵，即 $A^{T}=A$

∴ $$C^{T}=(B^{T}AB)^{T}=B^{T}A^{T}(B^{T})^{T}=B^{T}AB=C$$

即 $B^{T}AB$ 也是对称矩阵。

13. 解

(1)

∵ $$\begin{vmatrix}8&3\\5&2\end{vmatrix}=1\neq0$$

∴ $A=\begin{pmatrix}8&3\\5&2\end{pmatrix}$ 可逆，利用伴随阵，可得：

$$A^{-1}=\begin{pmatrix}8&3\\5&2\end{pmatrix}^{-1}=\begin{pmatrix}2&-3\\-5&8\end{pmatrix}$$

(2) 因为

$$|A|=\begin{vmatrix}1&2&3\\2&2&1\\3&4&3\end{vmatrix}=2\neq0$$

所以 A^{-1}存在，经计算：

$$A_{11}=2\quad A_{21}=6\quad A_{31}=-4$$
$$A_{12}=-3\quad A_{22}=-6\quad A_{32}=5$$
$$A_{13}=2\quad A_{23}=2\quad A_{33}=-2$$

故

$$A^{*}=\begin{pmatrix}2&6&-4\\-3&-6&5\\2&2&-2\end{pmatrix}$$

所以

$$A^{-1}=\frac{1}{|A|}A^{*}=\begin{pmatrix}1&3&-2\\-\frac{3}{2}&-3&\frac{5}{2}\\1&1&-1\end{pmatrix}$$

(3) 因为

$$|A|=\begin{vmatrix}1&3&-5&7\\0&1&2&-3\\0&0&1&2\\0&0&0&1\end{vmatrix}=1\neq 0$$

所以 A^{-1} 存在，且可得

$$\begin{array}{llll}A_{11}=1 & A_{21}=-3 & A_{31}=11 & A_{41}=-38\\ A_{12}=0 & A_{22}=1 & A_{32}=-2 & A_{42}=7\\ A_{13}=0 & A_{23}=0 & A_{33}=1 & A_{43}=-2\\ A_{14}=0 & A_{24}=0 & A_{34}=0 & A_{44}=1\end{array}$$

故：

$$A^{-1}=\frac{1}{|A|}A^*=\begin{pmatrix}1&-3&11&-38\\0&1&-2&7\\0&0&1&-2\\0&0&0&1\end{pmatrix}$$

(4)

$$A=\left(\begin{array}{c|cc|c}6&0&0&0\\\hline 0&5&8&0\\0&3&5&0\\\hline 0&0&0&-1\end{array}\right)=\begin{pmatrix}A_1&&\\&A_2&\\&&A_3\end{pmatrix}$$

其中

$$A_1=(6),A_2=\begin{pmatrix}5&8\\3&5\end{pmatrix},A_3=(-1)$$

因为

$$A_1^{-1}=\left(\frac{1}{6}\right),A_2^{-1}=\begin{pmatrix}5&-8\\-3&5\end{pmatrix},A_3^{-1}=(-1)$$

所以

$$A^{-1}=\begin{pmatrix}\frac{1}{6}&0&0&0\\0&5&-8&0\\0&-3&5&0\\0&0&0&-1\end{pmatrix}$$

(5)

$$A=\left(\begin{array}{cc|ccc}8&3&0&0&0\\5&2&0&0&0\\\hline 0&0&1&2&3\\0&0&2&2&1\\0&0&3&4&3\end{array}\right)=\begin{pmatrix}A_1&0\\0&A_2\end{pmatrix}$$

由(1)、(2)题，得

$$A_1^{-1}=\begin{pmatrix}2&-3\\-5&8\end{pmatrix},\quad A_2^{-1}=\begin{pmatrix}1&3&-2\\-\frac{3}{2}&-3&\frac{5}{2}\\1&1&-1\end{pmatrix}$$

所以

$$A^{-1}=\begin{pmatrix}2 & -3 & 0 & 0 & 0\\ -5 & 8 & 0 & 0 & 0\\ 0 & 0 & 1 & 3 & -2\\ 0 & 0 & -\frac{3}{2} & -3 & \frac{5}{2}\\ 0 & 0 & 1 & 1 & -1\end{pmatrix}$$

(6)

$$A=\begin{pmatrix}a^2+1 & & & \\ & b^2+1 & & \\ & & c^2+1 & \\ & & & d^2+1\end{pmatrix}$$ 的逆矩阵 A^{-1} 为：

$$A^{-1}=\begin{pmatrix}\frac{1}{a^2+1} & & & \\ & \frac{1}{b^2+1} & & \\ & & \frac{1}{c^2+1} & \\ & & & \frac{1}{d^2+1}\end{pmatrix}$$

14. 证明

$\because$ $A^k=0$ 及

$$\begin{aligned}&(E-A)(E+A+A^2+\cdots+A^{k-1})\\ &=E(E+A+A^2+\cdots+A^{k-1})-A(E+A+\cdots+A^{k-1})\\ &=E+A+A^2+\cdots+A^{k-1}-(A+A^2+\cdots+A^k)\\ &=E-A^k=E\end{aligned}$$

$\therefore$ $$(E-A)^{-1}=E+A+A^2+\cdots+A^{k-1}$$

15. 证明

由定理 1

$$AA^*=A^*A=|A|\cdot E_n$$

因为 A 可逆，即 $|A|\neq 0$，所以

$$\frac{A}{|A|}\cdot A^*=A^*\cdot\frac{A}{|A|}=E$$

则由定义，A^* 可逆，且 $A^{*-1}=\dfrac{A}{|A|}$，而由

$$AA^*=A^*A=|A|\cdot E_n$$

两边取行列式，得：

$$|A|\cdot|A^*|=||A|E_n|=\begin{vmatrix}|A| & & & \\ & |A| & & \\ & & \ddots & \\ & & & |A|\end{vmatrix}=|A|^n$$

所以 $$|A^*|=|A|^{n-1}$$

16. 解

$$|2A|=2^3\begin{vmatrix}3 & 4 & 5\\ 0 & 1 & 2\\ -3 & 1 & -1\end{vmatrix}=8\times(-18)=-144$$

$$|A^2|=|A|\cdot|A|=|A|^2=(-18)^2=324$$

17. 解

因为

$$|A|=\begin{vmatrix}2&1\\5&3\end{vmatrix}=1\neq0$$

所以 A^{-1} 存在，以 A^{-1} 右乘式子两边，可得：

$$XAA^{-1}=BA^{-1}$$

即

$$\begin{aligned}X&=BA^{-1}\\&=\begin{pmatrix}2&0\\3&1\end{pmatrix}\begin{pmatrix}2&1\\5&3\end{pmatrix}^{-1}\\&=\begin{pmatrix}2&0\\3&1\end{pmatrix}\begin{pmatrix}3&-1\\-5&2\end{pmatrix}\\&=\begin{pmatrix}6&-2\\4&-1\end{pmatrix}\end{aligned}$$

18. 解

因为 $|A|=5\neq0$，所以 A^{-1} 存在。以 A^{-1} 左乘式子 $AX=B$ 两边，得

$$\begin{aligned}X&=A^{-1}B\\&=\begin{pmatrix}3&-1&0\\-2&1&1\\2&-1&4\end{pmatrix}^{-1}\begin{pmatrix}1&0\\2&-1\\3&1\end{pmatrix}\end{aligned}$$

利用 A 的伴随矩阵可求得：

$$A^{-1}=\begin{pmatrix}1&\frac{4}{5}&-\frac{1}{5}\\2&\frac{12}{5}&-\frac{3}{5}\\0&\frac{1}{5}&\frac{1}{5}\end{pmatrix}$$

则

$$\begin{aligned}X&=\begin{pmatrix}1&\frac{4}{5}&-\frac{1}{5}\\2&\frac{12}{5}&-\frac{3}{5}\\0&\frac{1}{5}&\frac{1}{5}\end{pmatrix}\begin{pmatrix}1&0\\2&-1\\3&1\end{pmatrix}\\&=\begin{pmatrix}2&-1\\5&-3\\1&0\end{pmatrix}\end{aligned}$$

19. 解

$$A=\begin{pmatrix}A_1&\mathbf{0}\\\mathbf{0}&A_2\end{pmatrix},\quad B=\begin{pmatrix}B_1&\mathbf{0}\\\mathbf{0}&B_2\end{pmatrix}$$

其中

$$A_1=\begin{pmatrix}4&-5&7\\-1&2&6\\-3&1&8\end{pmatrix},\quad A_2=\begin{pmatrix}5&0\\0&5\end{pmatrix}$$

$$B_1=\begin{pmatrix}3&0&0\\0&3&0\\0&0&3\end{pmatrix},\quad B_2=\begin{pmatrix}-1&3\\9&4\end{pmatrix}$$

所以

$$AB=\begin{pmatrix}A_1B_1 & \mathbf{0}\\ \mathbf{0} & A_2B_2\end{pmatrix}=\begin{pmatrix}12 & -15 & 21 & 0 & 0\\ -3 & 6 & 18 & 0 & 0\\ -9 & 3 & 24 & 0 & 0\\ 0 & 0 & 0 & -5 & 15\\ 0 & 0 & 0 & 45 & 20\end{pmatrix}$$

20. 解

(1)

$$A=\begin{pmatrix}1 & -2 & -1 & 2\\ 2 & -1 & 0 & 3\\ 3 & 3 & 3 & 4\\ -1 & 2 & 1 & -3\end{pmatrix}\xrightarrow[\substack{r_3-3r_1\\ r_4+r_1}]{r_2-2r_1}\begin{pmatrix}1 & -2 & -1 & 2\\ 0 & 3 & 2 & -1\\ 0 & 9 & 6 & -2\\ 0 & 0 & 0 & -1\end{pmatrix}$$

$$\xrightarrow{r_3-3r_2}\begin{pmatrix}1 & -2 & -1 & 2\\ 0 & 3 & 2 & -1\\ 0 & 0 & 0 & 1\\ 0 & 0 & 0 & -1\end{pmatrix}\xrightarrow{r_4+r_3}\begin{pmatrix}1 & -2 & -1 & 2\\ 0 & 3 & 2 & -1\\ 0 & 0 & 0 & 1\\ 0 & 0 & 0 & 0\end{pmatrix}$$

(2)

$$A=\begin{pmatrix}0 & 0 & 0 & 0 & 3 & 2\\ 0 & -2 & -4 & 1 & 0 & 5\\ 0 & 3 & 6 & 0 & 6 & -2\\ 0 & 1 & 2 & 0 & 1 & -1\end{pmatrix}\xrightarrow{r_1\leftrightarrow r_4}\begin{pmatrix}0 & 1 & 2 & 0 & 1 & -1\\ 0 & -2 & -4 & 1 & 0 & 5\\ 0 & 3 & 6 & 0 & 6 & -2\\ 0 & 0 & 0 & 0 & 3 & 2\end{pmatrix}$$

$$\xrightarrow[r_3-3r_1]{r_2+2r_1}\begin{pmatrix}0 & 1 & 2 & 0 & 1 & -1\\ 0 & 0 & 0 & 1 & 2 & 3\\ 0 & 0 & 0 & 0 & 3 & 1\\ 0 & 0 & 0 & 0 & 3 & 2\end{pmatrix}$$

$$\xrightarrow{r_4-r_3}\begin{pmatrix}0 & 1 & 2 & 0 & 1 & -1\\ 0 & 0 & 0 & 1 & 2 & 3\\ 0 & 0 & 0 & 0 & 3 & 1\\ 0 & 0 & 0 & 0 & 0 & 1\end{pmatrix}$$

21. 解

由

$$A=\begin{pmatrix}1 & 0 & 0\\ 2 & 4 & 1\\ 1 & 3 & 1\end{pmatrix}\xrightarrow[r_3-r_1]{r_2-2r_1}\begin{pmatrix}1 & 0 & 0\\ 0 & 4 & 1\\ 0 & 3 & 1\end{pmatrix}$$

$$\xrightarrow{r_2-r_3}\begin{pmatrix}1 & 0 & 0\\ 0 & 1 & 0\\ 0 & 3 & 1\end{pmatrix}\xrightarrow{c_2-3c_3}\begin{pmatrix}1 & 0 & 0\\ 0 & 1 & 0\\ 0 & 0 & 1\end{pmatrix}$$

得：

$$P_3P_2P_1AQ_1=E$$

其中：

$$P_1=\begin{pmatrix}1 & 0 & 0\\ -2 & 1 & 0\\ 0 & 0 & 1\end{pmatrix}\quad P_2=\begin{pmatrix}1 & 0 & 0\\ 0 & 1 & 0\\ -1 & 0 & 1\end{pmatrix}$$

$$P_3=\begin{pmatrix}1&0&0\\0&1&-1\\0&0&1\end{pmatrix}\quad Q_1=\begin{pmatrix}1&0&0\\0&1&0\\0&-3&1\end{pmatrix}$$

所以

$$A=(P_3P_2P_1)^{-1}\cdot Q_1^{-1}=P_1^{-1}P_2^{-1}\cdot P_3^{-1}\cdot Q_1^{-1}$$
$$=\begin{pmatrix}1&0&0\\2&1&0\\0&0&1\end{pmatrix}\begin{pmatrix}1&0&0\\0&1&0\\1&0&1\end{pmatrix}\begin{pmatrix}1&0&0\\0&1&1\\0&0&1\end{pmatrix}\begin{pmatrix}1&0&0\\0&1&0\\0&3&1\end{pmatrix}$$

22. 解

(1) 构造矩阵

$$\begin{pmatrix}1&3&0&1&0&0\\2&1&3&0&1&0\\1&3&2&0&0&1\end{pmatrix}\xrightarrow[r_3-r_1]{r_2-2r_1}\begin{pmatrix}1&3&0&1&0&0\\0&-5&3&-2&1&0\\0&0&2&-1&0&1\end{pmatrix}$$

$$\xrightarrow{\frac{1}{2}r_3}\begin{pmatrix}1&3&0&1&0&0\\0&-5&3&-2&1&0\\0&0&1&-\frac{1}{2}&0&\frac{1}{2}\end{pmatrix}$$

$$\xrightarrow{r_2-3r_3}\begin{pmatrix}1&3&0&1&0&0\\0&-5&0&-\frac{1}{2}&1&-\frac{3}{2}\\0&0&1&-\frac{1}{2}&0&\frac{1}{2}\end{pmatrix}$$

$$\xrightarrow{-\frac{1}{5}r_2}\begin{pmatrix}1&3&0&1&0&0\\0&1&0&\frac{1}{10}&-\frac{1}{5}&\frac{3}{10}\\0&0&1&-\frac{1}{2}&0&\frac{1}{2}\end{pmatrix}$$

$$\xrightarrow{r_1-3r_2}\begin{pmatrix}1&0&0&\frac{7}{10}&\frac{3}{5}&-\frac{9}{10}\\0&1&0&\frac{1}{10}&-\frac{1}{5}&\frac{3}{10}\\0&0&1&-\frac{1}{2}&0&\frac{1}{2}\end{pmatrix}$$

所以

$$\begin{pmatrix}1&3&0\\2&1&3\\1&3&2\end{pmatrix}^{-1}=\begin{pmatrix}\frac{7}{10}&\frac{3}{5}&-\frac{9}{10}\\\frac{1}{10}&-\frac{1}{5}&\frac{3}{10}\\-\frac{1}{2}&0&\frac{1}{2}\end{pmatrix}$$

(2)

$$\begin{pmatrix}1&1&1&1&1&0&0&0\\1&1&-1&-1&0&1&0&0\\1&-1&1&-1&0&0&1&0\\1&-1&-1&1&0&0&0&1\end{pmatrix}$$

$$\xrightarrow[\substack{r_3-r_1\\ r_4-r_1}]{r_2-r_1}\begin{pmatrix}1&1&1&1&1&0&0&0\\0&0&-2&-2&-1&1&0&0\\0&-2&0&-2&-1&0&1&0\\0&-2&-2&0&-1&0&0&1\end{pmatrix}$$

$$\xrightarrow{r_3-r_4}\begin{pmatrix}1&1&1&1&1&0&0&0\\0&0&-2&-2&-1&1&0&0\\0&0&2&-2&0&0&1&-1\\0&-2&-2&0&-1&0&0&1\end{pmatrix}$$

$$\xrightarrow{r_2\leftrightarrow r_4}\begin{pmatrix}1&1&1&1&1&0&0&0\\0&-2&-2&0&-1&0&0&1\\0&0&2&-2&0&0&1&-1\\0&0&-2&-2&-1&1&0&0\end{pmatrix}$$

$$\xrightarrow{r_4+r_3}\begin{pmatrix}1&1&1&1&1&0&0&0\\0&-2&-2&0&-1&0&0&1\\0&0&2&-2&0&0&1&-1\\0&0&0&-4&-1&1&1&-1\end{pmatrix}$$

$$\xrightarrow[r_1+\frac{1}{4}r_4]{r_3-\frac{1}{2}r_4}\begin{pmatrix}1&1&1&0&\frac{3}{4}&\frac{1}{4}&\frac{1}{4}&-\frac{1}{4}\\0&-2&-2&0&-1&0&0&1\\0&0&2&0&\frac{1}{2}&-\frac{1}{2}&\frac{1}{2}&-\frac{1}{2}\\0&0&0&-4&-1&1&1&-1\end{pmatrix}$$

$$\xrightarrow[r_1-\frac{1}{2}r_3]{r_2+r_3}\begin{pmatrix}1&1&0&0&\frac{1}{2}&\frac{1}{2}&0&0\\0&-2&0&0&-\frac{1}{2}&-\frac{1}{2}&\frac{1}{2}&\frac{1}{2}\\0&0&2&0&\frac{1}{2}&-\frac{1}{2}&\frac{1}{2}&-\frac{1}{2}\\0&0&0&-4&-1&1&1&-1\end{pmatrix}$$

$$\xrightarrow{r_1+\frac{1}{2}r_2}\begin{pmatrix}1&0&0&0&\frac{1}{4}&\frac{1}{4}&\frac{1}{4}&\frac{1}{4}\\0&-2&0&0&-\frac{1}{2}&-\frac{1}{2}&\frac{1}{2}&\frac{1}{2}\\0&0&2&0&\frac{1}{2}&-\frac{1}{2}&\frac{1}{2}&-\frac{1}{2}\\0&0&0&-4&-1&1&1&-1\end{pmatrix}$$

$$\xrightarrow[\substack{\frac{1}{2}r_3\\ -\frac{1}{4}r_4}]{-\frac{1}{2}r_2}\begin{pmatrix}1&0&0&0&\frac{1}{4}&\frac{1}{4}&\frac{1}{4}&\frac{1}{4}\\0&1&0&0&\frac{1}{4}&\frac{1}{4}&-\frac{1}{4}&-\frac{1}{4}\\0&0&1&0&\frac{1}{4}&-\frac{1}{4}&\frac{1}{4}&-\frac{1}{4}\\0&0&0&1&\frac{1}{4}&-\frac{1}{4}&-\frac{1}{4}&\frac{1}{4}\end{pmatrix}$$

所以

$$\begin{pmatrix}1&1&1&1\\1&1&-1&-1\\1&-1&1&-1\\1&-1&-1&1\end{pmatrix}^{-1}=\begin{pmatrix}\frac{1}{4}&\frac{1}{4}&\frac{1}{4}&\frac{1}{4}\\\frac{1}{4}&\frac{1}{4}&-\frac{1}{4}&-\frac{1}{4}\\\frac{1}{4}&-\frac{1}{4}&\frac{1}{4}&-\frac{1}{4}\\\frac{1}{4}&-\frac{1}{4}&-\frac{1}{4}&\frac{1}{4}\end{pmatrix}$$

注意:实际上,本题由于

$$\begin{pmatrix}1&1&1&1\\1&1&-1&-1\\1&-1&1&-1\\1&-1&-1&1\end{pmatrix}^{2}=\begin{pmatrix}4&0&0&0\\0&4&0&0\\0&0&4&0\\0&0&0&4\end{pmatrix}=4E$$

所以

$$\begin{pmatrix}1&1&1&1\\1&1&-1&-1\\1&-1&1&-1\\1&-1&-1&1\end{pmatrix}^{2}=\begin{pmatrix}1&1&1&1\\1&1&-1&-1\\1&-1&1&-1\\1&-1&-1&1\end{pmatrix}\left[\frac{1}{4}\begin{pmatrix}1&1&1&1\\1&1&-1&-1\\1&-1&1&-1\\1&-1&-1&1\end{pmatrix}\right]=E$$

则

$$\begin{pmatrix}1&1&1&1\\1&1&-1&-1\\1&-1&1&-1\\1&-1&-1&1\end{pmatrix}^{-1}=\frac{1}{4}\begin{pmatrix}1&1&1&1\\1&1&-1&-1\\1&-1&1&-1\\1&-1&-1&1\end{pmatrix}$$

23. 解

解法一:将方程组表示为矩阵方程 $AX=B$,其中:

$$A=\begin{pmatrix}3&2&1\\3&1&5\\3&2&3\end{pmatrix},X=\begin{pmatrix}x_1\\x_2\\x_3\end{pmatrix},B=\begin{pmatrix}6\\-3\\2\end{pmatrix}$$

因为$|A|=-6\neq0$,所以 A^{-1}存在,且利用伴随矩阵可求出系数矩阵 A 的逆阵

$$A^{-1}=\begin{pmatrix}\frac{7}{6}&\frac{2}{3}&-\frac{3}{2}\\-1&-1&2\\-\frac{1}{2}&0&\frac{1}{2}\end{pmatrix}$$

则有

$$X=A^{-1}B=\begin{pmatrix}\frac{7}{6}&\frac{2}{3}&-\frac{3}{2}\\-1&-1&2\\-\frac{1}{2}&0&\frac{1}{2}\end{pmatrix}\begin{pmatrix}6\\-3\\2\end{pmatrix}=\begin{pmatrix}2\\1\\-2\end{pmatrix}$$

解法二:利用初等变换求 $A^{-1}B$,为此作辅助矩阵

$$(A\ \vdots\ B)=\left(\begin{array}{ccc:c}3&2&1&6\\3&1&5&-3\\3&2&3&2\end{array}\right)$$

$$\xrightarrow[r_3-r_1]{r_2-r_1}\left(\begin{array}{ccc|c}3 & 2 & 1 & 6\\ 0 & -1 & 4 & -9\\ 0 & 0 & 2 & -4\end{array}\right)\xrightarrow[r_1-\frac{1}{2}r_3]{r_2-2r_3}\left(\begin{array}{ccc|c}3 & 2 & 0 & 8\\ 0 & -1 & 0 & -1\\ 0 & 0 & 2 & -4\end{array}\right)$$

$$\xrightarrow{r_1+2r_2}\left(\begin{array}{ccc|c}3 & 0 & 0 & 6\\ 0 & -1 & 0 & -1\\ 0 & 0 & 2 & -4\end{array}\right)\xrightarrow[\substack{-r_2\\ \frac{1}{2}r_3}]{\frac{1}{3}r_1}\left(\begin{array}{ccc|c}1 & 0 & 0 & 2\\ 0 & 1 & 0 & 1\\ 0 & 0 & 1 & -2\end{array}\right)$$

所以

$$X=A^{-1}B=\begin{pmatrix}2\\1\\-2\end{pmatrix}$$

24. 解

(1)① (2)③ (3)④ (4)② (5)② (6)③ (7)② (8)④

(9)④ (10)④ (11)① (12)② (13)① (14)③

第三章　线性方程组

1. 解

(1) $\alpha_1-2\alpha_2=(1,1,1)-2(2,-1,1)$

$=(1,1,1)-(4,-2,2)=(-3,3,-1)$

(2) $2\alpha_1-3\alpha_2+\alpha_3=2(1,1,1)-3(2,-1,1)+(4,3,2)$

$=(2,2,2)-(6,-3,3)+(4,3,2)$

$=(-4,5,-1)+(4,3,2)=(0,8,1)$

2. 解

由题式：

$$3\alpha_1-3\alpha+2\alpha_2+2\alpha=5\alpha_3+5\alpha$$

即　$6\alpha=3\alpha_1+2\alpha_2-5\alpha_3$

$6\alpha=(6,15,3,9)+(20,2,10,20)-(20,5,-5,5)$

$6\alpha=(6,12,18,24)$

所以

$$\alpha=(1,2,3,4)$$

3. 解

(1) 如设 $k_1\alpha_1+k_2\alpha_2+k_3\alpha_3=\mathbf{0}$,即：

$$k_1(1,1,0)+k_2(1,0,1)+k_3(0,1,0)=(0,0,0)$$

比较分量,得方程组

$$\begin{cases}k_1+k_2=0\\k_1+k_3=0\\k_2+k_3=0\end{cases}$$

此方程组只有零解,即 $k_1=k_2=k_3=0$.

所以,(1)中的三个向量是线性无关的。

(2) 因单位向量 $\varepsilon_1=(1,0,0),\varepsilon_2=(0,1,0),\varepsilon_3=(0,0,1)$是线性无关的,由性质增添分量仍线性无关,所以这三个向量一定线性无关。

(3) 如设 $k_1\alpha_1+k_2\alpha_2+k_3\alpha_3=\mathbf{0}$,即：

$$k_1(1,3,-1)+k_2(-1,1,2)+k_3(3,1,-5)=(0,0,0)$$

比较分量,得方程组

$$\begin{cases}k_1-k_2+3k_3=0\\3k_1+k_2+k_3=0\\-k_1+2k_2-5k_3=0\end{cases}$$

可以解得 $k_1=-1,k_2=2,k_3=1$ 是上述方程组的一个解,所以 $\alpha_1,\alpha_2,\alpha_3$ 是线性相关的。

(4) 因 $\alpha_1,\alpha_2,\alpha_3,\alpha_4$ 是(3)中向量增添一个向量 α_4 后组成的,而 $\alpha_1,\alpha_2,\alpha_3$ 是线性相关的,由(3)我们只要取 $k_1=-1,k_2=2,k_3=1,k_4=0$ 就可得：

$$k_1\alpha_1+k_2\alpha_2+k_3\alpha_3+k_4\alpha_4=\mathbf{0}$$

所以,$\alpha_1,\alpha_2,\alpha_3,\alpha_4$ 也线性相关。

4. 证明

设 $k_1\alpha_1+k_2\alpha_2+\cdots+k_r\alpha_r=\mathbf{0}$,则有方程组：

$$\begin{cases} k_1+\ \ k_2+\cdots+\ \ k_r=0 \\ t_1k_1+t_2k_2+\cdots+t_rk_r=0 \\ \cdots\cdots\cdots\cdots\cdots\cdots \\ t_1^{n-1}k_1+t_2^{n-1}k_2+\cdots+t_r^{n-1}k_r=0 \end{cases} \tag{1}$$

(1) 当 $r=n$ 时，上面方程组(1)未知数个数与方程个数相同，且系数行列式是第一章所述的范德蒙行列式：

$$\begin{vmatrix} 1 & 1 & \cdots & 1 \\ t_1 & t_2 & \cdots & t_n \\ \cdots & \cdots & \cdots & \cdots \\ t_1^{n-1} & t_2^{n-1} & \cdots & t_n^{n-1} \end{vmatrix} = \prod_{i<j}(t_j-t_i)$$

因 $t_1,t_2\cdots,t_n$ 互不相同，所以上式行列式不为零，则由克兰姆法则方程组(1)只有唯一的零解，这就是说，$\alpha_1,\alpha_2,\cdots,\alpha_n$线性无关。

(2) 当 $r<n$ 时，$\alpha_1,\alpha_2,\cdots,\alpha_r$ 是 $\alpha_1,\alpha_2,\cdots,\alpha_n$ 的一部分向量，所以由 $\alpha_1,\alpha_2,\cdots,\alpha_n$ 线性无关，可以推得 $\alpha_1,\alpha_2,\cdots,\alpha_r$ 也线性无关。

5. 证明

设 $k_1\beta_1+k_2\beta_2+k_3\beta_3=\mathbf{0}$，即：

$$k_1(\alpha_2+\alpha_3)+k_2(\alpha_1+\alpha_3)+k_3(\alpha_1+\alpha_2)=\mathbf{0}$$

整理得

$$(k_2+k_3)\alpha_1+(k_1+k_3)\alpha_2+(k_1+k_2)\alpha_3=\mathbf{0}$$

∵ $\alpha_1,\alpha_2,\alpha_3$ 线性无关

∴
$$\begin{cases} k_2+k_3=0 \\ k_1+k_3=0 \\ k_1+k_2=0 \end{cases}$$

解得

$$k_1=k_2=k_3=0$$

则 β_1,β_2,β_3 也线性无关。

6. 解

(1) 设

$$\beta=k_1\alpha_1+k_2\alpha_2+k_3\alpha_3+k_4\alpha_4$$

比较分量，得线性方程组：

$$\begin{cases} 2=k_1 \\ 3=k_2 \\ -2=k_3 \\ 1=k_4 \end{cases}$$

即

$$\beta=2\alpha_1+3\alpha_2-2\alpha_3+\alpha_4$$

(2) 设

$$\beta=k_1\alpha_1+k_2\alpha_2+k_3\alpha_3+k_4\alpha_4$$

得方程组：

$$\begin{cases} k_1+2k_2+k_3 \qquad =0 \\ k_1+\ \ k_2+k_3+k_4=0 \\ \qquad 3k_2-k_3 \qquad =0 \\ k_1+\ \ k_2 \qquad +k_4=1 \end{cases}$$

解上列方程组，可得唯一的解：

$$k_1=1,k_2=0,k_3=-1,k_4=0$$

即

$$\beta=\alpha_1-\alpha_3$$

7. 证明

先证 $\alpha_1,\alpha_2,\cdots,\alpha_{r-1},\alpha_r$ 可由 $\alpha_1,\alpha_2,\cdots,\alpha_{r-1},\beta$ 线性表出，显然 $\alpha_1,\alpha_2,\cdots,\alpha_{r-1}$ 可由 $\alpha_1,\alpha_2,\cdots,\alpha_{r-1},\beta$ 来线性表出，所以只证 α_r 可以由 $\alpha_1,\alpha_2,\cdots,\alpha_{r-1},\beta$ 线性表出即可。由条件得

$$\beta=k_1\alpha_1+k_2\alpha_2+\cdots+k_r\alpha_r$$

其中 $k_r\neq0$,若 $k_r=0$ 即上式为:

$$\beta=k_1\alpha_1+k_2\alpha_2\cdots+k_{r-1}\alpha_{r-1}$$

即 β 可由 $\alpha_1,\alpha_2,\cdots,\alpha_{r-1}$ 来线性表出,这与条件矛盾,而只能 $k_r\neq0$.

则(1)式可变为:

$$\alpha_r=-\frac{k_1}{k_r}\alpha_1-\frac{k_2}{k_r}\alpha_2-\cdots-\frac{k_{r-1}}{k_r}\alpha_{r-1}+\frac{1}{k_r}\beta$$

即 α_r 可由 $\alpha_1,\alpha_2,\cdots,\alpha_{r-1},\beta$ 来线性表出。

反之,$\alpha_1,\alpha_2,\cdots,\alpha_{r-1},\beta$ 可由 $\alpha_1,\alpha_2,\cdots,\alpha_{r-1},\alpha_r$ 来线性表出,可由条件很容易推得。从而综合上述,可得结论 $\alpha_1,\alpha_2,\cdots,\alpha_r$ 与 $\alpha_1,\alpha_2,\cdots,\alpha_{r-1},\beta$ 必是等价的。

8. 解

(1) 取非零向量 $\alpha_1=(1,0,0)$是线性无关的;增添 α_2,因 α_1,α_2 不成比例,所以 α_1,α_2 是线性无关的;增添 α_3,因 $\alpha_1,\alpha_2,\alpha_3$ 构成的行列式:

$$\begin{vmatrix}1&0&0\\-1&1&0\\1&1&2\end{vmatrix}=2\neq0$$

所以 $\alpha_1,\alpha_2,\alpha_3$ 必线性无关;增添向量 α_4,因 $\alpha_4=\frac{1}{2}\alpha_3-\frac{1}{2}\alpha_2$,所以,$\alpha_1,\alpha_2,\alpha_3,\alpha_4$ 线性相关。则根据定义:$\alpha_1,\alpha_2,\alpha_3$就是(1)中向量组 $\alpha_1,\alpha_2,\alpha_3,\alpha_4$ 的一个极大无关组。

注: 同理由增添向量的次序不同,我们也可得 $\alpha_1,\alpha_2,\alpha_4$ 以及 $\alpha_1,\alpha_3,\alpha_4$ 都是 $\alpha_1,\alpha_2,\alpha_3,\alpha_4$ 的一个极大无关组。

(2) 由于 α_1,α_2 对应分量不成比例,则 α_1,α_2 线性无关;而 $\alpha_3=3\alpha_1+\alpha_2$ 即 $\alpha_1,\alpha_2,\alpha_3$ 线性相关,所以在 α_1,α_2 中不能增添 α_3;在 α_1,α_2 中增添向量 α_4,由 $k_1\alpha_1+k_2\alpha_2+k_3\alpha_4=\mathbf{0}$,可以解得 $k_1=k_2=k_4=0$,所以 $\alpha_1,\alpha_2,\alpha_4$线性无关;再添加 α_5,由于

$$\alpha_5=\alpha_1+\alpha_2+\alpha_4$$

即 $\alpha_1,\alpha_2,\alpha_4,\alpha_5$ 线性相关。综合上述:$\alpha_1,\alpha_2,\alpha_4$ 就是 $\alpha_1,\alpha_2,\alpha_3,\alpha_4,\alpha_5$ 的一个极大无关组。

9. 证明

设向量组(Ⅰ)的一个极大无关组为 $\alpha_1,\alpha_2,\cdots,\alpha_r$,向量组(Ⅱ)的一个极大无关组为$\beta_1,\beta_2,\cdots,\beta_s$,由极大无关组与向量组的等价性及向量组(Ⅰ)可由向量组(Ⅱ)线性表出,可知:$\alpha_1,\alpha_2,\cdots,\alpha_r$ 也可由 $\beta_1,\beta_2,\cdots,\beta_s$ 线性表出,再由 $\alpha_1,\alpha_2,\cdots,\alpha_r$ 的线性无关性,及由定理,可得$r\leqslant s$,即向量组(Ⅰ)的秩 r 不超过向量组(Ⅱ)的秩 s.

10. 证明

设 $\alpha_1,\alpha_2,\cdots,\alpha_n$ 的秩为 r,则 $r\leqslant n$;另一个方面,$e_1,e_2,\cdots,e_n$ 可被 $\alpha_1,\alpha_2,\cdots,\alpha_n$ 来线性表出,由上题可知,$e_1,e_2,\cdots,e_n$ 的秩不超过$\alpha_1,\alpha_2,\cdots,\alpha_n$ 的秩r,而 $e_1,e_2,\cdots,e_n$ 是线性无关的,所以秩为 n,即 $n\leqslant r$。综合上述两点,必 $r=n$,即 $\alpha_1,\alpha_2,\cdots,\alpha_n$ 的秩为n,则 $\alpha_1,\alpha_2,\cdots,\alpha_n$ 是线性无关的。

11. 证明

先证必要性。设 $\alpha_1,\alpha_2,\cdots,\alpha_n$ 是线性无关的,对于任一 n 维向量β,因 $n+1$ 个 n 维向量$\alpha_1,\alpha_2,\cdots,\alpha_n,\beta$ 必线性相关,而 $\alpha_1,\alpha_2,\cdots,\alpha_n$ 线性无关,所以 β 必可由 $\alpha_1,\alpha_2,\cdots,\alpha_n$ 线性表出。

再证充分性。设任一 n 维向量β 都可由 $\alpha_1,\alpha_2,\cdots,\alpha_n$ 线性表出,特别取单位向量 $e_1,e_2,\cdots,e_n$ 也可由 $\alpha_1,\alpha_2,\cdots,\alpha_n$线性表出,于是由上题,可得 $\alpha_1,\alpha_2,\cdots,\alpha_n$ 必线性无关。

12. 解

(1) 作初等行变换:

$$\begin{pmatrix}1&0&1&0&0\\1&1&0&0&0\\0&1&1&0&0\\0&0&1&1&0\\0&1&0&0&1\end{pmatrix}\xrightarrow{r_2-r_1}\begin{pmatrix}1&0&1&0&0\\0&1&-1&0&0\\0&1&1&0&0\\0&0&1&1&0\\0&1&0&0&1\end{pmatrix}$$

$$\xrightarrow[r_5-r_2]{r_3-r_2}\begin{pmatrix}1&0&1&0&0\\0&1&-1&0&0\\0&0&2&0&0\\0&0&1&1&0\\0&0&1&0&1\end{pmatrix}\xrightarrow{\frac{1}{2}r_3}\begin{pmatrix}1&0&1&0&0\\0&1&-1&0&0\\0&0&1&0&0\\0&0&1&1&0\\0&0&1&0&1\end{pmatrix}$$

$$\xrightarrow[r_5-r_3]{r_4-r_3}\begin{pmatrix}1&0&1&0&0\\0&1&-1&0&0\\0&0&1&0&0\\0&0&0&1&0\\0&0&0&0&1\end{pmatrix}$$

∵ 阶梯形矩阵非零行的行数=5 （即$|A|\neq 0$）

∴ 此矩阵的秩为 5。

(2)

$$\begin{pmatrix}1&1&1&4&-3\\1&1&-1&-2&-1\\2&2&1&5&-5\\3&3&1&6&-7\end{pmatrix}\xrightarrow[\substack{r_3-2r_1\\r_4-3r_1}]{r_2-r_1}\begin{pmatrix}1&1&1&4&-3\\0&0&-2&-6&2\\0&0&-1&-3&1\\0&0&-2&-6&2\end{pmatrix}\xrightarrow[r_4-2r_3]{r_2-2r_3}\begin{pmatrix}1&1&1&4&-3\\0&0&0&0&0\\0&0&-1&-3&1\\0&0&0&0&0\end{pmatrix}$$

∵ 阶梯形矩阵非零行数=2

∴ 此矩阵的秩为 2.

(3)

$$\begin{pmatrix}1&-1&2&3&4\\2&1&-1&2&0\\-1&2&1&1&3\\3&-7&8&9&13\\1&5&-8&-5&-12\end{pmatrix}\xrightarrow[\substack{r_4-3r_1\\r_5-r_1}]{\substack{r_2-2r_1\\r_3+r_1}}\begin{pmatrix}1&-1&2&3&4\\0&3&-5&-4&-8\\0&1&3&4&7\\0&-4&2&0&1\\0&6&-10&-8&-16\end{pmatrix}$$

$$\xrightarrow[\substack{r_3-3r_2\\r_4+4r_2}]{\substack{r_5-2r_2\\r_2\leftrightarrow r_3}}\begin{pmatrix}1&-1&2&3&4\\0&1&3&4&7\\0&0&-14&-16&-29\\0&0&14&16&29\\0&0&0&0&0\end{pmatrix}\xrightarrow{r_3+r_4}\begin{pmatrix}1&-1&2&3&4\\0&1&3&4&7\\0&0&-14&-16&-29\\0&0&0&0&0\\0&0&0&0&0\end{pmatrix}$$

∵ 阶梯形矩阵非零行数=3

∴ 此矩阵的秩为 3.

(4)

$$\begin{pmatrix}0&1&1&-1&2\\0&2&-2&-2&0\\0&-1&-1&1&1\\1&1&0&1&-1\\-1&1&2&-3&5\end{pmatrix}\xrightarrow[r_5+r_1]{r_1\leftrightarrow r_4}\begin{pmatrix}1&1&0&1&-1\\0&2&-2&-2&0\\0&-1&-1&1&1\\0&1&1&-1&2\\0&2&2&-2&4\end{pmatrix}$$

$$\xrightarrow[r_2\leftrightarrow r_3]{r_5-2r_4}\begin{pmatrix}1&1&0&1&-1\\0&-1&-1&1&1\\0&2&-2&-2&0\\0&1&1&-1&2\\0&0&0&0&0\end{pmatrix}\xrightarrow[r_4+r_1]{r_3+2r_1}\begin{pmatrix}1&1&0&1&-1\\0&-1&-1&1&1\\0&0&-4&-4&2\\0&0&0&0&3\\0&0&0&0&0\end{pmatrix}$$

∵ 阶梯形矩阵非零行的行数=4

∴ 此矩阵的秩为 4.

13. 解

(1) 将 $\alpha_1,\alpha_2,\alpha_3,\alpha_4$ 转置后作为矩阵的列向量,得矩阵 A

$$A=\begin{pmatrix}1&0&2&2\\2&-1&3&3\\3&2&8&6\\4&3&11&8\end{pmatrix}\xrightarrow[r_4-4r_1]{\substack{r_2-2r_1\\r_3-3r_1}}\begin{pmatrix}1&0&2&2\\0&-1&-1&-1\\0&2&2&0\\0&3&3&0\end{pmatrix}$$

$$\xrightarrow[r_3+2r_2]{r_4-\frac{3}{2}r_3}\begin{pmatrix}1&0&2&2\\0&-1&-1&-1\\0&0&0&-2\\0&0&0&0\end{pmatrix}=B$$

∵ $R(A)=R(B)=3$

∴ $\alpha_1,\alpha_2,\alpha_3,\alpha_4$ 的秩为 3,且 $\alpha_1,\alpha_2,\alpha_4$ 是其一个极大无关组。

(2) 将 $\alpha_1,\alpha_2,\alpha_3,\alpha_4$ 转置后构成矩阵

$$A=\begin{pmatrix}-1&1&-1&-2\\2&-2&0&0\\1&-1&1&2\\0&0&1&2\end{pmatrix}\xrightarrow{\substack{r_2+2r_1\\r_3+r_1}}\begin{pmatrix}-1&1&-1&-2\\0&0&-2&-4\\0&0&0&0\\0&0&1&2\end{pmatrix}$$

$$\xrightarrow{r_4+\frac{1}{2}r_2}\begin{pmatrix}-1&1&-1&-2\\0&0&-2&-4\\0&0&0&0\\0&0&0&0\end{pmatrix}=B$$

∵ $R(A)=R(B)=2$

∴ $\alpha_1,\alpha_2,\alpha_3,\alpha_4$ 的秩为 2,且 α_1,α_3 是其一个极大无关组。

(3) 将向量组 $\alpha_1,\alpha_2,\alpha_3,\alpha_4,\alpha_5$ 构成矩阵:

$$A=\begin{bmatrix}1&0&3&1&2\\-1&3&0&-1&1\\2&1&7&2&5\\4&2&14&0&6\end{bmatrix}\xrightarrow[r_4-4r_1]{\substack{r_2+r_1\\r_3-2r_1}}\begin{bmatrix}1&0&3&1&2\\0&3&3&0&3\\0&1&1&0&1\\0&2&2&-4&2\end{bmatrix}\xrightarrow[r_4-\frac{2}{3}r_2]{r_3-\frac{1}{3}r_2}\begin{bmatrix}1&0&3&1&2\\0&3&3&0&3\\0&0&0&0&0\\0&0&0&-4&0\end{bmatrix}=B$$

∵ $R(A)=R(B)=3$

∴ 向量组 $\alpha_1,\alpha_2,\alpha_3,\alpha_4,\alpha_5$ 的秩为 3,且 $\alpha_1,\alpha_2,\alpha_4$ 是其一个极大无关组。

14. 证明

因为其系数矩阵 A 的秩:

$$R(A)\leqslant\min\{m,n\}$$

而现在 $m<n$,则 $R(A)<n$,所以齐次线性方程组必有非零解。

15. 证明

方程组的系数矩阵与增广矩阵为:

$$A=\begin{pmatrix} a_{11} & a_{12} & \cdots & a_{1n-1} \\ a_{21} & a_{22} & \cdots & a_{2n-1} \\ \cdots & \cdots & \cdots & \cdots \\ a_{n1} & a_{n2} & \cdots & a_{nn-1} \end{pmatrix} \quad \widetilde{A}=\begin{pmatrix} a_{11} & a_{12} & \cdots & a_{1n-1} & a_{1n} \\ a_{21} & a_{22} & \cdots & a_{2n-1} & a_{2n} \\ \cdots & \cdots & \cdots & \cdots & \cdots \\ a_{n1} & a_{n2} & \cdots & a_{nn-1} & a_{nn} \end{pmatrix}$$

∵ $R(A)\leqslant n-1$ （A 是个 $n\times(n-1)$的矩阵）

而由已知条件$|\widetilde{A}|\neq 0$ 知 $\widetilde{A}$ 的秩$R(\widetilde{A})=n$

∴ $R(A)\neq R(\widetilde{A})$即方程组一定无解。

16. 证明

方程组的增广矩阵为：

$$\widetilde{A}=\left(\begin{array}{ccccc:c} 1 & -1 & 0 & 0 & 0 & a_1 \\ 0 & 1 & -1 & 0 & 0 & a_2 \\ 0 & 0 & 1 & -1 & 0 & a_3 \\ 0 & 0 & 0 & 1 & -1 & a_4 \\ -1 & 0 & 0 & 0 & 1 & a_5 \end{array}\right) \xrightarrow[\substack{r_5+r_3 \\ r_5+r_4}]{\substack{r_5+r_1 \\ r_5+r_2}} \left(\begin{array}{ccccc:c} 1 & -1 & 0 & 0 & 0 & a_1 \\ 0 & 1 & -1 & 0 & 0 & a_2 \\ 0 & 0 & 1 & -1 & 0 & a_3 \\ 0 & 0 & 0 & 1 & -1 & a_4 \\ 0 & 0 & 0 & 0 & 0 & \sum\limits_{i=1}^{5} a_i \end{array}\right)$$

可以看出，方程组的系数矩阵 A 的秩为 4，从而 $\widetilde{A}$ 的秩也为 4 的充分必要条件是$\sum\limits_{i=1}^{5}a_i=a_1+a_2+a_3+a_4+a_5=0$，因此方程组有解的充分必要条件是 $a_1+a_2+a_3+a_4+a_5=0$.

17. 证明

先证充分性。由克兰姆法则知，当方程组系数行列式$|A|\neq 0$ 时，方程组必有唯一解，而无论 $b_1,b_2,\cdots,b_n$ 的取值，则方程组有解。

再证必要性。令：

$$\alpha_i=(a_{1i},a_{2i},\cdots,a_{ni})^{\mathrm{T}} \quad (i=1,2,\cdots,n)$$
$$\beta=(b_1,b_2,\cdots,b_n)^{\mathrm{T}}$$

那么，原方程组可表示为向量形式：

$$(\alpha_1 \quad \alpha_2 \quad \cdots \quad \alpha_n)\begin{pmatrix} x_1 \\ x_2 \\ \vdots \\ x_n \end{pmatrix}=\beta$$

或

$$\beta=\alpha_1x_1+\alpha_2x_2+\cdots+\alpha_nx_n$$

由题设方程组有解，可知对任意 β 可由 $\alpha_1,\alpha_2,\cdots,\alpha_n$ 线性表出。取 β 为单位向量 $e_1,e_2,\cdots,e_n$，它们也可由 $\alpha_1,\alpha_2,\cdots,\alpha_n$ 线性表出，从而 $\alpha_1,\alpha_2,\cdots,\alpha_n$ 必线性无关，故由此构成的矩阵行列式为：

$$\begin{vmatrix} a_{11} & a_{12} & \cdots & a_{1n} \\ a_{21} & a_{22} & \cdots & a_{2n} \\ \cdots & \cdots & \cdots & \cdots \\ a_{n1} & a_{n2} & \cdots & a_{nn} \end{vmatrix}=|A|\neq 0$$

18. 解

(1) 方程组的系数矩阵为

$$A=\begin{pmatrix} 1 & 1 & -2 & -1 & 1 \\ 3 & -1 & 1 & 4 & 3 \\ 1 & 5 & -9 & -8 & 1 \end{pmatrix}$$

对其作初等行变换：

$$A\xrightarrow[r_3-r_1]{r_2-3r_1}\begin{pmatrix} 1 & 1 & -2 & -1 & 1 \\ 0 & -4 & 7 & 7 & 0 \\ 0 & 4 & -7 & -7 & 0 \end{pmatrix}\xrightarrow{r_3+r_2}\begin{pmatrix} 1 & 1 & -2 & -1 & 1 \\ 0 & -4 & 7 & 7 & 0 \\ 0 & 0 & 0 & 0 & 0 \end{pmatrix}$$

原方程组与下列方程组同解：

$$\begin{cases}x_1+x_2-2x_3-x_4+x_5=0\\ \quad -4x_2+7x_3+7x_4=0\end{cases}$$

取自由未知量 x_3,x_4,x_5 分别为：

$$x_3=1,x_4=0,x_5=0,\text{得 } x_1=\frac{1}{4},x_2=\frac{7}{4}$$

$$x_3=0,x_4=1,x_5=0,\text{得 } x_1=-\frac{3}{4},x_2=\frac{7}{4}$$

$$x_3=0,x_4=0,x_5=1,\text{得 } x_1=-1,x_2=0$$

所以得方程组的一个基础解系：

$$\eta_1=\begin{pmatrix}\frac{1}{4}\\ \frac{7}{4}\\ 1\\ 0\\ 0\end{pmatrix},\eta_2=\begin{pmatrix}-\frac{3}{4}\\ \frac{7}{4}\\ 0\\ 1\\ 0\end{pmatrix},\eta_3=\begin{pmatrix}-1\\ 0\\ 0\\ 0\\ 1\end{pmatrix}$$

(2) 方程组的系数矩阵作初等行变换：

$$\begin{pmatrix}1&-2&3&-4\\0&1&-1&1\\1&3&0&-3\\1&-4&3&-2\end{pmatrix}\xrightarrow[r_4-r_1]{r_3-r_1}\begin{pmatrix}1&-2&3&-4\\0&1&-1&1\\0&5&-3&1\\0&-2&0&2\end{pmatrix}$$

$$\xrightarrow[r_4+2r_2]{r_3-5r_2}\begin{pmatrix}1&-2&3&-4\\0&1&-1&1\\0&0&2&-4\\0&0&-2&4\end{pmatrix}\xrightarrow{r_4+r_3}\begin{pmatrix}1&-2&3&-4\\0&1&-1&1\\0&0&2&-4\\0&0&0&0\end{pmatrix}$$

原方程组与下列方程组同解：

$$\begin{cases}x_1-2x_2+3x_3-4x_4=0\\ \qquad x_2-x_3+x_4=0\\ \qquad\qquad 2x_3-4x_4=0\end{cases}$$

取自由未知量 $x_4=1$，得 $x_3=2,x_2=1,x_1=0$.

所以方程组的基础解系为：

$$\eta=\begin{pmatrix}0\\1\\2\\1\end{pmatrix}$$

(3) 对系数矩阵作初等行变换：

$$\begin{pmatrix}1&-2&1&-1&1\\2&1&-1&2&-3\\3&-2&-1&1&-2\\2&-5&1&-2&2\end{pmatrix}\xrightarrow[r_4-2r_1]{\substack{r_2-2r_1\\ r_3-3r_1}}\begin{pmatrix}1&-2&1&-1&1\\0&5&-3&4&-5\\0&4&-4&4&-5\\0&-1&-1&0&0\end{pmatrix}$$

$$\xrightarrow[r_3+4r_4]{r_2+5r_4}\begin{pmatrix}1&-2&1&-1&1\\0&0&-8&4&-5\\0&0&-8&4&-5\\0&-1&-1&0&0\end{pmatrix}\xrightarrow[r_3-r_4]{r_2\leftrightarrow r_4}\begin{pmatrix}1&-2&1&-1&1\\0&-1&-1&0&0\\0&0&-8&4&-5\\0&0&0&0&0\end{pmatrix}$$

原方程组与下列同解：

$$\begin{cases} x_1-2x_2+x_3-x_4+x_5=0 \\ -x_2-x_3=0 \\ -8x_3+4x_4-5x_5=0 \end{cases}$$

取自由未知量 x_4,x_5 分别为：

$$x_4=1,x_5=0 \quad 解得 \quad x_1=-\frac{1}{2},x_2=-\frac{1}{2},x_3=\frac{1}{2}$$

$$x_4=0,x_5=1 \quad 解得 \quad x_1=\frac{7}{8},x_2=\frac{5}{8},x_3=-\frac{5}{8}$$

所以得到方程组的一组基础解系：

$$\eta_1=\begin{pmatrix} -\frac{1}{2} \\ -\frac{1}{2} \\ \frac{1}{2} \\ 1 \\ 0 \end{pmatrix}, \quad \eta_2=\begin{pmatrix} \frac{7}{8} \\ \frac{5}{8} \\ -\frac{5}{8} \\ 0 \\ 1 \end{pmatrix}$$

(4) 对系数矩阵作行变换：

$$\begin{pmatrix} 1 & 1 & 1 & 4 & -3 \\ 1 & 3 & -1 & -2 & -1 \\ 2 & 3 & 1 & 5 & -5 \\ 3 & 5 & 1 & 6 & -7 \end{pmatrix} \xrightarrow[r_4-3r_1]{\substack{r_2-r_1 \\ r_3-2r_1}} \begin{pmatrix} 1 & 1 & 1 & 4 & -3 \\ 0 & 2 & -2 & -6 & 2 \\ 0 & 1 & -1 & -3 & 1 \\ 0 & 2 & -2 & -6 & 2 \end{pmatrix}$$

$$\xrightarrow{\substack{r_2-2r_3 \\ r_4-2r_3}} \begin{pmatrix} 1 & 1 & 1 & 4 & -3 \\ 0 & 0 & 0 & 0 & 0 \\ 0 & 1 & -1 & -3 & 1 \\ 0 & 0 & 0 & 0 & 0 \end{pmatrix}$$

原方程组与下列方程组同解：

$$\begin{cases} x_1+x_2+x_3+4x_4-3x_5=0 \\ x_2-x_3-3x_4+x_5=0 \end{cases}$$

取自由未知量 x_3,x_4,x_5 为：

$$x_3=1,x_4=0,x_5=0 \quad 解得 \quad x_2=1,x_1=-2$$

$$x_3=0,x_4=1,x_5=0 \quad 解得 \quad x_2=3,x_1=-7$$

$$x_3=0,x_4=0,x_5=1 \quad 解得 \quad x_2=-1,x_1=4$$

所以方程组的一个基础解系为：

$$\eta_1=\begin{pmatrix} -2 \\ 1 \\ 1 \\ 0 \\ 0 \end{pmatrix}, \quad \eta_2=\begin{pmatrix} -7 \\ 3 \\ 0 \\ 1 \\ 0 \end{pmatrix}, \quad \eta_3=\begin{pmatrix} 4 \\ -1 \\ 0 \\ 0 \\ 1 \end{pmatrix}$$

19. 证明

由于系数矩阵 A 的秩为 r，所以它的基础解系所含向量个数为 $n-r$.

设 $\eta_1,\eta_2,\cdots,\eta_{n-r}$ 为方程组的一个基础解系，而 $\alpha_1,\alpha_2,\cdots,\alpha_{n-r}$ 为其 $n-r$ 个线性无关的解，β 为方程组任一其它的解，只要证 β 可由 $\alpha_1,\alpha_2,\cdots,\alpha_{n-r}$ 线性表出，即可得 $\alpha_1,\alpha_2,\cdots,\alpha_{n-r}$ 也是基础解系。

由于(Ⅰ)$\alpha_1,\alpha_2,\cdots,\alpha_{n-r},\beta$ 都是方程组的解，则可由(Ⅱ)：$\eta_1,\eta_2,\cdots,\eta_{n-r}$ 线性表出，而(Ⅰ)的向量个数

$n-r+1>$（Ⅱ）的向量个数 $n-r$，所以向量组（Ⅰ）$\alpha_1,\alpha_2,\cdots,\alpha_{n-r},\beta$ 线性相关。又 $\alpha_1,\alpha_2,\cdots,\alpha_{n-r}$ 线性无关，故 β 一定可由 $\alpha_1,\alpha_2,\cdots,\alpha_{n-r}$ 线性表出。从而 $\alpha_1,\alpha_2,\cdots,\alpha_{n-r}$ 也是一个基础解系。

20. 解

系数矩阵的行列式为：

$$D=\begin{vmatrix} a & 1 & 1 \\ 1 & b & 1 \\ 1 & 2b & 1 \end{vmatrix}=-b(a-1)$$

ⓐ当 $D\neq 0$ 时，即 $a\neq 1$ 且 $b\neq 0$ 时，方程组有唯一解。

ⓑ当 $b=0$ 时，方程组的增广矩阵为

$$\widetilde{A}=\begin{pmatrix} a & 1 & 1 & 4 \\ 1 & 0 & 1 & 3 \\ 1 & 0 & 1 & 4 \end{pmatrix}\longrightarrow\begin{pmatrix} a & 1 & 1 & 4 \\ 1 & 0 & 1 & 3 \\ 0 & 0 & 0 & 1 \end{pmatrix}$$

∵ $R(A)=2, R(\widetilde{A})=3$

∴ 方程组无解。

ⓒ当 $a=1$ 时，增广矩阵

$$\widetilde{A}=\begin{pmatrix} 1 & 1 & 1 & 4 \\ 1 & b & 1 & 3 \\ 1 & 2b & 1 & 4 \end{pmatrix}\longrightarrow\begin{pmatrix} 1 & 1 & 1 & 4 \\ 0 & b-1 & 0 & -1 \\ 0 & 2b-1 & 0 & 0 \end{pmatrix}$$

可以看出：如 $b\neq\frac{1}{2}$ 时，$R(\widetilde{A})=R(A)=3$，所以方程组有唯一的解；如果 $b=\frac{1}{2}$ 时，$R(\widetilde{A})=R(A)=2$，所以方程组有无穷多个解。

21. 解

(1) 对增广矩阵作行变换：

$$\widetilde{A}=\begin{pmatrix} 2 & 1 & -1 & 1 & 1 \\ 1 & 2 & 1 & -1 & 2 \\ 1 & 1 & 2 & 1 & 3 \end{pmatrix}\xrightarrow[r_1\leftrightarrow r_3]{\substack{r_2-r_3 \\ r_1-2r_3}}\begin{pmatrix} 1 & 1 & 2 & 1 & 3 \\ 0 & 1 & -1 & -2 & -1 \\ 0 & -1 & -5 & -1 & -5 \end{pmatrix}\longrightarrow\begin{pmatrix} 1 & 1 & 2 & 1 & 3 \\ 0 & 1 & -1 & -2 & -1 \\ 0 & 0 & -6 & -3 & -6 \end{pmatrix}$$

先求方程组的特解，原方程组与下列方程组同解：

$$\begin{cases} x_1+x_2+2x_3+x_4=3 \\ x_2-x_3-2x_4=-1 \\ 6x_3+3x_4=6 \end{cases}$$

令 $x_4=0$，得 $x_3=1, x_2=0, x_1=1$，即得方程组的一个特解：

$$\gamma_0=\begin{pmatrix} 1 \\ 0 \\ 1 \\ 0 \end{pmatrix}$$

再求其导出组的一个基础解系，导出组与下列方程组同解：

$$\begin{cases} x_1+x_2+2x_3+x_4=0 \\ x_2-x_3-2x_4=0 \\ 6x_3+3x_4=0 \end{cases}$$

令自由未知量 $x_4=2$，解得 $x_3=-1, x_2=3, x_1=-3$。即基础解系为：

$$\eta_1=\begin{pmatrix} -3 \\ 3 \\ -1 \\ 2 \end{pmatrix}$$

所以原方程组的解为：

$$\gamma=\gamma_0+k\eta_1=\begin{pmatrix}1\\0\\1\\0\end{pmatrix}+k_1\begin{pmatrix}-3\\3\\-1\\2\end{pmatrix}$$

或写成：

$$\begin{cases}x_1=1-3k_1\\x_2=3k_1\\x_3=1-k_1\\x_4=2k_1\end{cases}\text{（其中 }k_1\text{ 为任意常数）}$$

(2) 对方程组的增广矩阵作初等行变换：

$$\widetilde{A}=\begin{pmatrix}3&2&-1&2&0&1\\4&1&0&-3&0&2\\2&-1&-2&1&1&-3\\3&1&3&-9&-1&6\\3&-1&-5&7&2&-7\end{pmatrix}\xrightarrow[\substack{r_2-2r_3\\r_1-r_3}]{\substack{r_4-r_1\\r_5-r_1}}\begin{pmatrix}1&3&1&1&-1&4\\0&3&4&-5&-2&8\\2&-1&-2&1&1&-3\\0&-1&4&-11&-1&5\\0&-3&-4&5&2&-8\end{pmatrix}$$

$$\xrightarrow[r_5+r_2]{r_3-2r_1}\begin{pmatrix}1&3&1&1&-1&4\\0&3&4&-5&-2&8\\0&-7&-4&-1&3&-11\\0&-1&4&-11&-1&5\\0&0&0&0&0&0\end{pmatrix}\xrightarrow{\substack{r_2+3r_4\\r_3-7r_4}}\begin{pmatrix}1&3&1&1&-1&4\\0&0&16&-38&-5&23\\0&0&-32&76&10&-46\\0&-1&4&-11&-1&5\\0&0&0&0&0&0\end{pmatrix}$$

$$\xrightarrow[\substack{r_3\leftrightarrow r_4\\r_2\leftrightarrow r_3}]{r_3+2r_2}\begin{pmatrix}1&3&1&1&-1&4\\0&-1&4&-11&-1&5\\0&0&16&-38&-5&23\\0&0&0&0&0&0\\0&0&0&0&0&0\end{pmatrix}$$

先求方程组的一个特解：

$$\begin{cases}x_1+3x_2+\ x_3+\ \ x_4-\ x_5=4\\\quad -\ x_2+4x_3-11x_4-\ x_5=5\\\qquad\qquad 16x_3-38x_4-5x_5=23\end{cases}$$

令 $x_4=x_5=0$，得方程组的一个特解：

$$\gamma_0=\begin{pmatrix}\frac{5}{16}\\\frac{3}{4}\\\frac{23}{16}\\0\\0\end{pmatrix}$$

再求方程组的导出组一个基础解系：

对方程组

$$\begin{cases}x_1+3x_2+\ x_3+\ \ x_4-\ x_5=0\\\quad -\ x_2+4x_3-11x_4-\ x_5=0\\\qquad\qquad 16x_3-38x_4-5x_5=0\end{cases}$$

令 $x_4=1, x_5=0$ 与 $x_4=0, x_5=1$，可得其基础解系：

$$\eta_1=\begin{pmatrix}\frac{9}{8}\\-\frac{3}{2}\\\frac{19}{8}\\1\\0\end{pmatrix},\quad \eta_2=\begin{pmatrix}-\frac{1}{16}\\\frac{1}{4}\\\frac{5}{16}\\0\\1\end{pmatrix}$$

则得原方程组的全部解为：

$$\gamma=\begin{pmatrix}\frac{5}{16}\\\frac{3}{4}\\\frac{23}{16}\\0\\0\end{pmatrix}+k_1\begin{pmatrix}\frac{9}{8}\\-\frac{3}{2}\\\frac{19}{8}\\1\\0\end{pmatrix}+k_2\begin{pmatrix}-\frac{1}{16}\\\frac{1}{4}\\\frac{5}{16}\\0\\1\end{pmatrix}\quad (k_1, k_2 \text{ 为任意常数})$$

(3) 步骤与上一样，可得其全部解为：

$$\gamma=\gamma_0+k_1\eta_1+k_2\eta_2=\begin{pmatrix}\frac{5}{4}\\-\frac{1}{4}\\0\\0\end{pmatrix}+k_1\begin{pmatrix}\frac{3}{2}\\\frac{3}{2}\\1\\0\end{pmatrix}+k_2\begin{pmatrix}-\frac{3}{4}\\\frac{7}{4}\\0\\1\end{pmatrix}$$

(4) 答案为（过程略）

$$\gamma=\begin{pmatrix}1\\2\\3\\-1\\-2\\-3\end{pmatrix}+k_1\begin{pmatrix}0\\-1\\1\\1\\0\\0\end{pmatrix}+k_2\begin{pmatrix}-\frac{8}{15}\\\frac{14}{15}\\\frac{1}{3}\\0\\1\\0\end{pmatrix}+k_3\begin{pmatrix}-\frac{2}{3}\\-\frac{1}{3}\\\frac{2}{3}\\0\\0\\1\end{pmatrix}$$

22. 解

对方程组的增广矩阵作初等行变换：

$$\widetilde{A}=\begin{pmatrix}1&1&1&1&1&1\\3&2&1&1&-3&a\\0&1&2&2&6&3\\5&4&3&3&-1&b\end{pmatrix}\xrightarrow[r_4-5r_1]{r_2-3r_1}\begin{pmatrix}1&1&1&1&1&1\\0&-1&-2&-2&-6&a-3\\0&1&2&2&6&3\\0&-1&-2&-2&-6&b-5\end{pmatrix}$$

$$\xrightarrow[\substack{r_4+r_3\\r_2\leftrightarrow r_3}]{r_2+r_3}\begin{pmatrix}1&1&1&1&1&1\\0&1&2&2&6&3\\0&0&0&0&0&a\\0&0&0&0&0&b-2\end{pmatrix}$$

所以当 $a\neq 0$ 或 $b\neq 2$ 时，方程组无解；而当 $a=0, b=2$ 时，方程组有无穷多个解。

当 $a=0,b=2$ 时，原方程组与下列方程组同解：

$$\begin{cases} x_1+x_2+x_3+x_4+x_5=1 \\ x_2+2x_3+2x_4+6x_5=3 \end{cases}$$

其特解为：

$$x_3=x_4=x_5=0, x_2=3, x_1=-2$$

其导出组：

$$\begin{cases} x_1+x_2+x_3+x_4+x_5=0 \\ x_2+2x_3+2x_4+6x_5=0 \end{cases}$$

分别令 $x_3=1,x_4=0,x_5=0$；$x_3=0,x_4=1,x_5=0$；$x_3=0,x_4=0,x_5=1$，可得其一个基础解系：

$$\eta_1=\begin{pmatrix}1\\-2\\1\\0\\0\end{pmatrix},\quad \eta_2=\begin{pmatrix}1\\-2\\0\\1\\0\end{pmatrix},\quad \eta_3=\begin{pmatrix}5\\-6\\0\\0\\1\end{pmatrix}$$

则方程组的全部解为：

$$\begin{pmatrix}x_1\\x_2\\x_3\\x_4\\x_5\end{pmatrix}=\begin{pmatrix}-2\\3\\0\\0\\0\end{pmatrix}+k_1\begin{pmatrix}1\\-2\\1\\0\\0\end{pmatrix}+k_2\begin{pmatrix}1\\-2\\0\\1\\0\end{pmatrix}+k_3\begin{pmatrix}5\\-6\\0\\0\\1\end{pmatrix}\quad \text{（其中 } k_1,k_2,k_3 \text{ 为任意常数）}$$

23. 证明

对于方程组的任一个解 γ_1，由已知：

$$\gamma=\eta_0+k_1\eta_1+k_2\eta_2+\cdots+k_t\eta_t \qquad (1)$$

由已知：

$$\begin{cases} \gamma_1=\eta_0 \\ \gamma_2=\eta_1+\eta_0 \\ \cdots\cdots \\ \gamma_{t+1}=\eta_t+\eta_0 \end{cases} \quad \text{或} \quad \begin{cases} \eta_0=\gamma_1 \\ \eta_1=\gamma_2-\gamma_1 \\ \cdots\cdots \\ \eta_t=\gamma_{t+1}-\gamma_1 \end{cases}$$

代入上面(1)式：

$$\begin{aligned}\gamma &=\gamma_1+k_1(\gamma_2-\gamma_1)+k_2(\gamma_3-\gamma_1)+\cdots+k_t(\gamma_{t+1}-\gamma_1) \\ &=(1-k_1-k_2-\cdots-k_t)\gamma_1+k_1\gamma_2+\cdots+k_t\gamma_{t+1}\end{aligned}$$

只要取

$$u_1=1-k_1-\cdots-k_t, u_2=k_1, \cdots, u_{t+1}=k_t$$

即得：

$$\gamma=u_1\gamma_1+u_2\gamma_2+\cdots+u_{t+1}\gamma_{t+1}$$

24. 解

(1)④　(2)③　(3)③　(4)①　(5)④　(6)①　(7)④　(8)④

(9)③　(10)③　(11)①　(12)④　(13)②　(14)④　(15)③　(16)②

第四章 特征值与特征向量

1. 证明

设 λ_1 与 λ_2 是矩阵 A 的两个特征值,如果特征向量 $\boldsymbol{x}$ 是属于 λ_1,λ_2 的,即有:

$$A\boldsymbol{x}=\lambda_1\boldsymbol{x},A\boldsymbol{x}=\lambda_2\boldsymbol{x}$$

由上面二式,即可得:

$$\lambda_1\boldsymbol{x}=\lambda_2\boldsymbol{x} \quad 或 \quad (\lambda_1-\lambda_2)\boldsymbol{x}=\boldsymbol{0}$$

因为 $\boldsymbol{x}\neq\boldsymbol{0}$,所以 $\lambda_1-\lambda_2=0$,即 $\lambda_1=\lambda_2$,这就说明矩阵 A 的一个特征向量只能属于一个特征值,即特征值被特征向量唯一确定。

2. 证明

设 $k_1\boldsymbol{x}_1+k_2\boldsymbol{x}_2$ 是 $\boldsymbol{x}_1,\boldsymbol{x}_2$ 的任一非零线性组合,其中 k_1,k_2 为实数,由题设

$$A\boldsymbol{x}_1=\lambda_0\boldsymbol{x}_1,A\boldsymbol{x}_2=\lambda_0\boldsymbol{x}_2$$

可得:

$$\begin{aligned}A(k_1\boldsymbol{x}_1+k_2\boldsymbol{x}_2)&=A(k_1\boldsymbol{x}_1)+A(k_2\boldsymbol{x}_2)\\&=k_1A\boldsymbol{x}_1+k_2A\boldsymbol{x}_2\\&=k_1\lambda_0\boldsymbol{x}_1+k_2\lambda_0\boldsymbol{x}_2\\&=\lambda_0(k_1\boldsymbol{x}_1+k_2\boldsymbol{x}_2)\end{aligned}$$

即 $k_1\boldsymbol{x}_1+k_2\boldsymbol{x}_2$ 也是 A 的关于 λ_0 的一个特征向量。

3. 证明

设 λ 为 A 的特征值,$\boldsymbol{x}$ 为其的一个特征向量,

则

$$A\boldsymbol{x}=\lambda\boldsymbol{x}$$

∵

$$\begin{aligned}A^2\boldsymbol{x}&=A(A\boldsymbol{x})=A(\lambda\boldsymbol{x})\\&=\lambda A\boldsymbol{x}=\lambda^2\boldsymbol{x} \quad 及 A^2=E_n\end{aligned}$$

∴

$$\boldsymbol{x}=\lambda^2\boldsymbol{x}$$

又∵ $\boldsymbol{x}\neq\boldsymbol{0}$

∴ $\lambda^2=1$ 即 $\lambda=1$ 或 $\lambda=-1$

故 A 的特征值只可取 1 或 -1.

4. 解

(1) 先求特征值:

$$\because \quad |\lambda E_2-A|=\begin{vmatrix}\lambda-2 & -3\\ -1 & \lambda-4\end{vmatrix}=(\lambda-2)(\lambda-4)-3$$
$$=(\lambda-1)(\lambda-5)$$

$$\therefore \quad A=\begin{pmatrix}2 & 3\\ 1 & 4\end{pmatrix}的特征值为 \lambda_1=1,\lambda_2=5$$

再求特征向量,将 $\lambda_1=1$ 代入 $(\lambda E-A)\boldsymbol{x}=\boldsymbol{0}$,得方程组:

$$\begin{cases}-x_1-3x_2=0\\-x_1-3x_2=0\end{cases}$$

其基础解系:

$$\eta=\begin{pmatrix}-3\\1\end{pmatrix}$$

即 A 的属于特征值 $\lambda_1=1$ 的特征向量为:

$$k_1\begin{pmatrix}-3\\1\end{pmatrix}\quad（其中 k_1 为非零常数）$$

将 $\lambda_2=5$ 代入 $(\lambda E-A)\boldsymbol{x}=\boldsymbol{0}$，得方程组：

$$\begin{cases}3x_1-3x_2=0\\-x_1+x_2=0\end{cases}$$

其基础解系：

$$\eta=\begin{pmatrix}1\\1\end{pmatrix}$$

即 A 的属于特征值 $\lambda_2=5$ 的特征向量为：

$$k_2\begin{pmatrix}1\\1\end{pmatrix}\quad（其中 k_2 为非零常数）$$

(2)

∵
$$|\lambda E-A|=\begin{vmatrix}\lambda-1 & 2 & 0\\4 & \lambda+1 & 0\\-6 & -3 & \lambda-1\end{vmatrix}=(\lambda-1)\begin{vmatrix}\lambda-1 & 2\\4 & \lambda+1\end{vmatrix}$$
$$=(\lambda-1)(\lambda^2-9)$$

∴ A 的特征值为 $\lambda_1=1,\lambda_2=3,\lambda_3=-3$

将 $\lambda_1=1$ 代入 $(\lambda E-A)\boldsymbol{x}=\boldsymbol{0}$，得方程组：

$$\begin{cases}0x_1+2x_2+0x_3=0\\4x_1+2x_2+0x_3=0\\-6x_1-3x_2+0x_3=0\end{cases}$$

得基础解系：

$$\eta_1=\begin{pmatrix}0\\0\\1\end{pmatrix}$$

所以 A 的属于 $\lambda_1=1$ 的特征向量为：

$$k_1\eta_1=k_1\begin{pmatrix}0\\0\\1\end{pmatrix}\quad（其中 k_1 为非零常数）$$

将 $\lambda_2=3$ 代入，得方程组：

$$\begin{cases}2x_1+2x_2+0x_3=0\\4x_1+4x_2+0x_3=0\\-6x_1-3x_2+2x_3=0\end{cases}$$

其基础解系：

$$\eta_2=\begin{pmatrix}2\\-2\\3\end{pmatrix}$$

所以属于 $\lambda_2=3$ 的特征向量是：

$$k_2\eta_2=k_2\begin{pmatrix}2\\-2\\3\end{pmatrix}\quad（其中 k_2 为非零常数）$$

将 $\lambda_3=-3$ 代入，得方程组：

$$\begin{cases}-4x_1+2x_2+0x_3=0\\4x_1-2x_2+0x_3=0\\-6x_1-3x_2-4x_3=0\end{cases}$$

其基础解系：

$$\eta_3=\begin{pmatrix}1\\2\\-3\end{pmatrix}$$

则 A 的属于 $\lambda_3=-3$ 的特征向量为：

$$k_3\eta_3=k_3\begin{pmatrix}1\\2\\-3\end{pmatrix}$$

(3)

$$\because\ \text{特征多项式}|\lambda E-A|=\begin{vmatrix}\lambda+1 & -1 & -4\\ 0 & \lambda+2 & 0\\ 2 & 2 & \lambda+10\end{vmatrix}$$

$$=(\lambda+2)[(\lambda+1)(\lambda+10)+8]$$

$$=(\lambda+2)(\lambda+2)(\lambda+9)$$

$\therefore$ A 的特征值 $\lambda_1=\lambda_2=-2$(重根)，$\lambda_3=-9$

将 $\lambda_1=\lambda_2=-2$ 代入 $(\lambda E-A)\boldsymbol{x}=\boldsymbol{0}$，得方程组：

$$\begin{cases}-x_1-x_2-4x_3=0\\0x_1-0x_2+0x_3=0\\2x_1+2x_2+8x_3=0\end{cases}$$

其基础解系：

$$\eta_1=\begin{pmatrix}-4\\0\\1\end{pmatrix},\eta_2=\begin{pmatrix}-1\\1\\0\end{pmatrix}$$

所以 $\lambda_1=\lambda_2=-2$ 的特征向量为：

$$k_1\begin{pmatrix}-4\\0\\1\end{pmatrix}+k_2\begin{pmatrix}-1\\1\\0\end{pmatrix}\quad(\text{其中 }k_1,k_2\text{ 不同时为零})$$

将 $\lambda_3=-9$ 代入 $(\lambda E-A)\boldsymbol{x}=\boldsymbol{0}$，得方程组：

$$\begin{cases}-8x_1-x_2-4x_3=0\\0x_1-7x_2+0x_3=0\\2x_1+2x_2+x_3=0\end{cases}$$

其基础解系为：

$$\eta_3=\begin{pmatrix}-1\\0\\2\end{pmatrix}$$

所以 $\lambda_3=-9$ 的特征向量为：

$$k_3\eta_3=k_3\begin{pmatrix}-1\\0\\2\end{pmatrix}\quad(\text{其中 }k_3\text{ 为任意非零常数})$$

(4)

$$\because\ \text{特征多项式}|\lambda E-A|=\begin{vmatrix}\lambda-1 & -1 & 0 & 0\\ 0 & \lambda-1 & -1 & 0\\ 0 & 0 & \lambda-1 & -1\\ 0 & 0 & 0 & \lambda-1\end{vmatrix}=(\lambda-1)^4$$

∴ A 的特征值$\lambda_1=\lambda_2=\lambda_3=\lambda_4=1$

将 $\lambda_1=\lambda_2=\lambda_3=\lambda_4=1$ 代入方程$(\lambda E-A)\boldsymbol{x}=\boldsymbol{0}$,即

$$\begin{cases}0x_1-x_2+0x_3+0x_4=0\\0x_1+0x_2-x_3+0x_4=0\\0x_1+0x_2+0x_3-x_4=0\\0x_1+0x_2+0x_3-0x_4=0\end{cases}\quad 或 \quad \begin{cases}x_2=0\\x_3=0\\x_4=0\end{cases}$$

得其基础解系:

$$\eta_1=\begin{pmatrix}1\\0\\0\\0\end{pmatrix}$$

则 A 的属于$\lambda_1=\lambda_2=\lambda_3=\lambda_4=1$ 的特征向量为:

$$k_1\eta_1=k_1\begin{pmatrix}1\\0\\0\\0\end{pmatrix}\quad(其中 k_1 为非零常数)$$

5. 证明

采用反证法:即若 $\boldsymbol{x}_1+\boldsymbol{x}_2$ 是 A 的属于某一特征值λ_0 的特征向量,即

$$A(\boldsymbol{x}_1+\boldsymbol{x}_2)=\lambda_0(\boldsymbol{x}_1+\boldsymbol{x}_2)=\lambda_0\boldsymbol{x}_1+\lambda_0\boldsymbol{x}_2$$

又 ∵
$$A(\boldsymbol{x}_1+\boldsymbol{x}_2)=A\boldsymbol{x}_1+A\boldsymbol{x}_2=\lambda_1\boldsymbol{x}_1+\lambda_2\boldsymbol{x}_2$$

∴
$$\lambda_1\boldsymbol{x}_1+\lambda_2\boldsymbol{x}_2=\lambda_0\boldsymbol{x}_1+\lambda_0\boldsymbol{x}_2$$

即 $(\lambda_1-\lambda_0)\boldsymbol{x}_1+(\lambda_2-\lambda_0)\boldsymbol{x}_2=\boldsymbol{0}$

而 $\boldsymbol{x}_1,\boldsymbol{x}_2$ 是属于不同特征值的特征向量,所以它们是线性无关的。

则 $\lambda_1=\lambda_0,\lambda_2=\lambda_0$ 即 $\lambda_1=\lambda_2$,与题设矛盾。

因此,$\boldsymbol{x}_1+\boldsymbol{x}_2$ 不可能是 A 的特征向量。

6. 证明

因 A 可逆,则可取 $P=A$.

∵ $P^{-1}(AB)P=A^{-1}(AB)A=EBA=BA$

∴ AB 与 BA 相似。

7. 证明

由条件 $A\sim B,C\sim D$,即存在可逆矩阵 P_1,P_2,使

$$P_1^{-1}AP_1=B,P_2^{-1}CP_2=D$$

取

$$P=\begin{pmatrix}P_1&\boldsymbol{0}\\\boldsymbol{0}&P_2\end{pmatrix}$$

∵ $|P|=|P_1|\cdot|P_2|\neq0$,即 P 可逆,且

$$P^{-1}\begin{pmatrix}A&\boldsymbol{0}\\\boldsymbol{0}&C\end{pmatrix}P=\begin{pmatrix}P_1^{-1}&\boldsymbol{0}\\\boldsymbol{0}&P_2^{-1}\end{pmatrix}\begin{pmatrix}A&\boldsymbol{0}\\\boldsymbol{0}&C\end{pmatrix}\begin{pmatrix}P_1&\boldsymbol{0}\\\boldsymbol{0}&P_2\end{pmatrix}$$
$$=\begin{pmatrix}P_1^{-1}AP_1&\boldsymbol{0}\\\boldsymbol{0}&P_2^{-1}CP_2\end{pmatrix}=\begin{pmatrix}B&\boldsymbol{0}\\\boldsymbol{0}&D\end{pmatrix}$$

∴ $\begin{pmatrix}A&\boldsymbol{0}\\\boldsymbol{0}&C\end{pmatrix}$与$\begin{pmatrix}B&\boldsymbol{0}\\\boldsymbol{0}&D\end{pmatrix}$相似。

8. 证明

这两个矩阵实际上仅是主对角线上元素位置作交换,这一过程实际上可通过矩阵行、列交换来完成。由

初等矩阵性质可知：

$$P=\begin{pmatrix}1&0&0&0\\0&0&1&0\\0&1&0&0\\0&0&0&1\end{pmatrix}\qquad P^{-1}=\begin{pmatrix}1&0&0&0\\0&0&1&0\\0&1&0&0\\0&0&0&1\end{pmatrix}$$

取

$$P^{-1}\begin{pmatrix}1&0&0&0\\0&1&0&0\\0&0&2&0\\0&0&0&3\end{pmatrix}P=\begin{pmatrix}1&0&0&0\\0&2&0&0\\0&0&1&0\\0&0&0&3\end{pmatrix}$$

则这两个矩阵是相似的，且 P 由初等矩阵构成。

9. 证明

设矩阵

$$A=\begin{pmatrix}a_{11}&a_{12}&\cdots&a_{1n}\\0&a_{22}&\cdots&a_{2n}\\\cdots&\cdots&\cdots&\cdots\\0&0&\cdots&a_{nn}\end{pmatrix}$$

(1) $\because\quad a_{11}\neq a_{22}\neq\cdots\neq a_{nn}$

$$且\ f(\lambda)=|\lambda E-A|=(\lambda-a_{11})(\lambda-a_{22})\cdots(\lambda-a_{nn})$$

$\therefore$ A 有 n 个互不相同的特征值 $\lambda_i=a_{ii}\quad(i=1,2,\cdots,n)$

由定理可知，A 必相似于一个对角矩阵，且对角线上元素与 A 的对角线元素一致，只不过排序不同。

(2) 采用反证法：即若 A 相似于一个对角阵，由 A 的特征值为 $\lambda_1=\lambda_2=\cdots=\lambda_n=a_{11}$，可知此对角阵为：

$$\begin{pmatrix}a_{11}&&&\\&a_{11}&&\\&&\ddots&\\&&&a_{11}\end{pmatrix}=a_{11}E_n$$

即存在可逆矩阵 P，使

$$P^{-1}AP=a_{11}E_n$$

$\therefore$
$$A=P(a_{11}E_n)P^{-1}=a_{11}PP^{-1}=a_{11}E_n$$

即 A 除主对角线上的元素外必都为零，这与题设至少有一个不为零矛盾。

注：题(2)说明了与单位矩阵相似的矩阵只能是其自身。

10. 解

(1) 先求特征值与特征向量：

$\because$
$$|\lambda E-A|=\begin{vmatrix}\lambda+1&-4&2\\3&\lambda-4&0\\3&-1&\lambda-3\end{vmatrix}=(\lambda-3)(\lambda-2)(\lambda-1)$$

$\therefore$ 特征值 $\lambda_1=1,\lambda_2=2,\lambda_3=3$。

$\because$ 特征值互不相同，

$\therefore$ 此矩阵必相似于对角阵。

又将 $\lambda_1=1$ 代入 $(\lambda E-A)\boldsymbol{x}=\boldsymbol{0}$，即

$$\begin{cases}2x_1-4x_2+2x_3=0\\3x_1-3x_2+0x_3=0\\3x_1-x_2-2x_3=0\end{cases}\quad 或\quad\begin{cases}2x_1-4x_2+2x_3=0\\3x_1-3x_2=0\\3x_1-x_2-2x_3=0\end{cases}$$

其基础解系为：

$$\eta_1=\begin{pmatrix}1\\1\\1\end{pmatrix}$$

将 $\lambda_r=2$ 代入方程组：$(\lambda E-A)\boldsymbol{x}=\mathbf{0}$，即

$$\begin{cases}3x_1-4x_2+2x_3=0\\3x_1-2x_2+0x_3=0\\3x_1-x_2-x_3=0\end{cases}\quad \text{或}\quad \begin{cases}3x_1-4x_2+2x_3=0\\3x_1-2x_2=0\\3x_1-x_2-x_3=0\end{cases}$$

其一个基础解系为：

$$\eta_2=\begin{pmatrix}2\\3\\3\end{pmatrix}$$

将 $\lambda_3=3$ 代入方程组：$(\lambda E-A)\boldsymbol{x}=\mathbf{0}$，即

$$\begin{cases}4x_1-4x_2+2x_3=0\\3x_1-x_2+0x_3=0\\3x_1-x_2+0x_3=0\end{cases}\quad \text{或}\quad \begin{cases}4x_1-4x_2+2x_3=0\\3x_1-x_2=0\end{cases}$$

其一个基础解系为：

$$\eta_3=\begin{pmatrix}1\\3\\4\end{pmatrix}$$

∴ 取

$$P=\begin{pmatrix}1&2&1\\1&3&3\\1&3&4\end{pmatrix}$$

使

$$P^{-1}\begin{pmatrix}-1&4&-2\\-3&4&0\\-3&1&3\end{pmatrix}P=\begin{pmatrix}1&0&0\\0&2&0\\0&0&3\end{pmatrix}$$

(2)

∵

$$|\lambda E-A|=\begin{vmatrix}\lambda&0&0\\0&\lambda&0\\-3&0&\lambda-1\end{vmatrix}=\lambda^2(\lambda-1)$$

∴ 特征值为 $\lambda_1=\lambda_2=0,\lambda_3=1$

将 $\lambda_1=\lambda_2=0$ 代入方程组 $(\lambda E-A)\boldsymbol{x}=\mathbf{0}$，得

$$\begin{cases}0x_1+0x_2+0x_3=0\\0x_1+0x_2+0x_3=0\\-3x_1+0x_2-x_3=0\end{cases}\quad \text{或}\quad -3x_1-x_3=0$$

其一个基础解系即无关特征向量组为：

$$\eta_1=\begin{pmatrix}0\\1\\0\end{pmatrix},\qquad \eta_2=\begin{pmatrix}1\\0\\-3\end{pmatrix}$$

将 $\lambda_3=1$ 代入方程组 $(\lambda E-A)\boldsymbol{x}=\mathbf{0}$，得

$$\begin{cases}x_1+0x_2+0x_3=0\\0x_1+x_2+0x_3=0\\-3x_1+0x_2+0x_3=0\end{cases}\quad \text{或}\quad \begin{cases}x_1=0\\x_2=0\end{cases}$$

其一个基础解系即特征向量为：

$$\eta_3=\begin{pmatrix}0\\0\\1\end{pmatrix}$$

∵ 矩阵有 3 个线性无关的特征向量 η_1,η_2,η_3

∴ 此矩阵必相似于对角阵,且取

$$P=\begin{pmatrix}0&1&0\\1&0&0\\0&-3&1\end{pmatrix}$$

使

$$P^{-1}\begin{pmatrix}0&0&0\\0&0&0\\3&0&1\end{pmatrix}P=\begin{pmatrix}0&0&0\\0&0&0\\0&0&1\end{pmatrix}$$

(3)

∵
$$|\lambda E-A|=\begin{vmatrix}\lambda-1&-1&-1&-1\\-1&\lambda-1&1&1\\-1&1&\lambda-1&1\\-1&1&1&\lambda-1\end{vmatrix}=(\lambda-2)^3(\lambda+2)$$

∴ 特征值为 $\lambda_1=\lambda_2=\lambda_3=2,\lambda_4=-2$

将 $\lambda_1=\lambda_2=\lambda_3=2$ 代入方程组 $(\lambda E-A)\boldsymbol{x}=\boldsymbol{0}$,即

$$\begin{cases}x_1-x_2-x_3-x_4=0\\-x_1+x_2+x_3+x_4=0\\-x_1+x_2+x_3+x_4=0\\-x_1+x_2+x_3+x_4=0\end{cases}\quad 或\quad -x_1+x_2+x_3+x_4=0$$

其一个基础解系即三个线性无关的特征向量组为:

$$\eta_1=\begin{pmatrix}1\\1\\0\\0\end{pmatrix},\eta_2=\begin{pmatrix}1\\0\\1\\0\end{pmatrix},\eta_3=\begin{pmatrix}1\\0\\0\\1\end{pmatrix}$$

将 $\lambda_4=-2$ 代入 $(\lambda E-A)\boldsymbol{x}=\boldsymbol{0}$,即

$$\begin{cases}-3x_1-x_2-x_3-x_4=0\\-x_1-3x_2+x_3+x_4=0\\-x_1+x_2-3x_3+x_4=0\\-x_1+x_2+x_3-3x_4=0\end{cases}$$

其一个基础解系即一个特征向量为:

$$\eta_4=\begin{pmatrix}1\\-1\\-1\\-1\end{pmatrix}$$

∵ 矩阵 A 有 4 个线性无关的特征向量 $\eta_1,\eta_2,\eta_3,\eta_4$

∴ 矩阵 A 一定可相似于对角阵,且 P 为

$$P=\begin{pmatrix}1&1&1&1\\1&0&0&-1\\0&1&0&-1\\0&0&1&-1\end{pmatrix}$$

使
$$P^{-1}\begin{pmatrix}1&1&1&1\\1&1&-1&-1\\1&-1&1&-1\\1&-1&-1&1\end{pmatrix}P=\begin{pmatrix}2&0&0&0\\0&2&0&0\\0&0&2&0\\0&0&0&-2\end{pmatrix}$$

(4)

∵
$$|\lambda E-A|=\begin{vmatrix}\lambda-2&1&-1\\0&\lambda-3&1\\-2&-1&\lambda-3\end{vmatrix}=(\lambda-2)^2(\lambda-4)$$

∴ 特征值 $\lambda_1=\lambda_2=2,\lambda_3=4$

将 $\lambda_1=\lambda_2=2$ 代入方程组 $(\lambda E-A)\boldsymbol{x}=\boldsymbol{0}$，即

$$\begin{cases}0x_1+x_2-x_3=0\\0x_1-x_2+x_3=0\\-2x_1-x_2-x_3=0\end{cases}\quad 或\quad \begin{cases}x_2-x_3=0\\x_1=-x_2\end{cases}$$

其一个基础解系即线性无关的特征向量为：

$$\eta_1=\begin{pmatrix}-1\\1\\1\end{pmatrix}$$

将 $\lambda_3=4$ 代入 $(\lambda E-A)\boldsymbol{x}=\boldsymbol{0}$，即

$$\begin{cases}2x_1+x_2-x_3=0\\x_2+x_3=0\\-2x_1-x_2+x_3=0\end{cases}\quad 或\quad \begin{cases}x_2+x_3=0\\2x_1+x_2-x_3=0\end{cases}$$

其一个基础解系即线性无关的特征向量为：

$$\eta_2=\begin{pmatrix}1\\-1\\1\end{pmatrix}$$

∵ 此矩阵只有两个线性无关的特征向量 η_1,η_2

∴ 此矩阵不相似于对角阵

11. 解

(1) ∵ $A\sim B$

∴ $|\lambda E-A|=|\lambda E-B|$

即
$$\begin{pmatrix}\lambda-1&0&0\\0&\lambda&-1\\0&-1&\lambda-x\end{pmatrix}=\begin{pmatrix}\lambda-1&0&0\\0&\lambda-y&0\\0&0&\lambda+1\end{pmatrix}$$

或
$$(\lambda-1)[\lambda^2-\lambda x-1]=(\lambda-1)[\lambda^2-(y-1)\lambda-y]$$

$$\begin{cases}y-1=x\\y=1\end{cases}\qquad\begin{cases}x=0\\y=1\end{cases}$$

(2) ∵ $A\sim B$ 而 B 是对角阵

∴ A 的特征值为 $\lambda_1=\lambda_2=1,\lambda_3=-1$

对 $\lambda_1=\lambda_2=1$ 由方程组

$$\begin{cases}0x_1=0\\x_2-x_3=0\\-x_2+x_3=0\end{cases}$$

得一个基础解系：

$$\eta_1=\begin{pmatrix}1\\0\\0\end{pmatrix},\eta_2=\begin{pmatrix}0\\1\\1\end{pmatrix}$$

它们也是 $\lambda_1=\lambda_2=1$ 的线性无关特征向量。

对 $\lambda_3=-1$，由方程组

$$\begin{cases}-2x_1=0\\-x_2-x_3=0\\-x_2-x_3=0\end{cases}$$

得一个基础解系：

$$\eta_3=\begin{pmatrix}0\\-1\\1\end{pmatrix}$$

它也是 A 对 $\lambda_3=-1$ 的特征向量。

由 η_1,η_2,η_3 的线性无关，

则取

$$P=(\eta_1,\eta_2,\eta_3)=\begin{pmatrix}1&0&0\\0&1&-1\\0&1&1\end{pmatrix}$$

是可逆的，且

$$P^{-1}AP=B$$

其中

$$P^{-1}=\begin{pmatrix}1&0&0\\0&\frac{1}{2}&\frac{1}{2}\\0&-\frac{1}{2}&\frac{1}{2}\end{pmatrix}$$

12. 解

(1)② (2)③ (3)① (4)③ (5)② (6)④ (7)③ (8)①
(9)③ (10)②

第五章 实二次型

1. 解

（1） 不是二次型，因 xyz 项次数之和不是 **2.**

（2） 是二次型。

（3） 不是二次型，因 $2x_2$ 项的次数为 1.

（4） 是二次型。

（5） 不是二次型。因 $f_5=x_1x_2-x_1+x_2x_3$，其中 $-x_1$ 项次数为 1.

2. 解

（1）

$$f(x_1,x_2)=(x_1,x_2)\begin{pmatrix}2 & \frac{5}{2}\\ \frac{5}{2} & -3\end{pmatrix}\begin{pmatrix}x_1\\ x_2\end{pmatrix}$$

（2）

$$f(x_1,x_2,x_3)=(x_1,x_2,x_3)\begin{pmatrix}1 & 0 & 0\\ 0 & 2 & 2\sqrt{3}\\ 0 & 2\sqrt{3} & 5\end{pmatrix}\begin{pmatrix}x_1\\ x_2\\ x_3\end{pmatrix}$$

（3）

$$f(x_1,x_2,x_3,x_4)=(x_1,x_2,x_3,x_4)\begin{pmatrix}1 & \frac{1}{2} & 0 & 0\\ \frac{1}{2} & 0 & 0 & 0\\ 0 & 0 & 0 & -\frac{1}{2}\\ 0 & 0 & -\frac{1}{2} & 0\end{pmatrix}\begin{pmatrix}x_1\\ x_2\\ x_3\\ x_4\end{pmatrix}$$

3. 解

（1）

$$\begin{aligned}f_1(x_1,x_2,x_3)&=x_1^2+2x_1(x_2+x_3)+(x_2+x_3)^2-x_2^2-x_3^2\\&\quad-2x_2x_3+5x_2^2+2x_3^2+6x_2x_3\\&=(x_1+x_2+x_3)^2+4x_2^2+4x_2x_3+x_3^2\\&=(x_1+x_2+x_3)^2+(2x_2+x_3)^2\end{aligned}$$

令

$$\begin{cases}y_1=x_1+x_2+x_3\\ y_2=2x_2+x_3\\ y_3=x_3\end{cases}\quad \text{即}\quad \begin{cases}x_1=y_1-\frac{1}{2}y_2-\frac{1}{2}y_3\\ x_2=\frac{1}{2}y_2-\frac{1}{2}y_3\\ x_3=y_3\end{cases}$$

可将 f_1 化为标准形：

$$f_1=y_1^2+y_2^2$$

所用的可逆线性变换为：

$$\begin{pmatrix}x_1\\x_2\\x_3\end{pmatrix}=\begin{pmatrix}1 & -\frac{1}{2} & -\frac{1}{2}\\0 & \frac{1}{2} & -\frac{1}{2}\\0 & 0 & 1\end{pmatrix}\begin{pmatrix}y_1\\y_2\\y_3\end{pmatrix}$$

(2)

$$\begin{aligned}f_2(x_1,x_2,x_3)&=-2x_1^2-x_2^2+4x_1x_2+4x_2x_3\\&=-2(x_1^2-2x_1x_2+x_2^2)+2x_2^2-x_2^2+4x_2x_3\\&=-2(x_1-x_2)^2+x_2^2+2x_2(2x_3)+4x_3^2-4x_3^2\\&=-2(x_1-x_2)^2+(x_2+2x_3)^2-4x_3^2\end{aligned}$$

令

$$\begin{cases}y_1=x_1-x_2\\y_2=x_2+2x_3\\y_3=x_3\end{cases}$$

可将 f_2 化为标准形：

$$f_2=-2y_1^2+y_2^2-4y_3^2$$

所用的可逆线性变换为：

$$\begin{cases}x_1=y_1+y_2-2y_3\\x_2=y_2-2y_3\\x_3=y_3\end{cases}\quad 或\quad \begin{pmatrix}x_1\\x_2\\x_3\end{pmatrix}=\begin{pmatrix}1&1&-2\\0&1&-2\\0&0&1\end{pmatrix}\begin{pmatrix}y_1\\y_2\\y_3\end{pmatrix}$$

(3)

因 $f_3(x,y,z)=xy+xz-3yz$ 不含 x^2 项，所以先作如下的可逆变换：

$$\begin{cases}x=y_1+y_2\\y=y_1-y_2\\z=y_3\end{cases}\quad 或\quad \begin{pmatrix}x\\y\\z\end{pmatrix}=\begin{pmatrix}1&1&0\\1&-1&0\\0&0&1\end{pmatrix}\begin{pmatrix}y_1\\y_2\\y_3\end{pmatrix}$$

代入 f_3 中，得：

$$\begin{aligned}f_3&=(y_1+y_2)(y_1-y_2)+(y_1+y_2)y_3-3(y_1-y_2)y_3\\&=y_1^2-2y_1y_3-y_2^2+4y_2y_3\end{aligned}$$

配方后，得：

$$\begin{aligned}f_3&=(y_1-y_3)^2-y_3^2-y_2^2+4y_2y_3\\&=(y_1-y_3)^2-(y_2-2y_3)^2+3y_3^2\end{aligned}$$

再作可逆线性变换：

$$\begin{cases}z_1=y_1-y_3\\z_2=y_2-2y_3\\z_3=y_3\end{cases}$$

或

$$\begin{cases}y_1=z_1+z_3\\y_2=z_2+2z_3\\y_3=z_3\end{cases}\quad 即\quad \begin{pmatrix}y_1\\y_2\\y_3\end{pmatrix}=\begin{pmatrix}1&0&1\\0&1&2\\0&0&1\end{pmatrix}\begin{pmatrix}z_1\\z_2\\z_3\end{pmatrix}$$

使得二次型 f_3 化为标准形：

$$f_3=z_1^2-z_2^2+3z_3^2$$

其中所作的线性变换为：

$$\begin{pmatrix}x\\y\\z\end{pmatrix}=\begin{pmatrix}1&1&0\\1&-1&0\\0&0&1\end{pmatrix}\begin{pmatrix}y_1\\y_2\\y_3\end{pmatrix}$$

$$=\begin{pmatrix}1&1&0\\1&-1&0\\0&0&1\end{pmatrix}\begin{pmatrix}1&0&1\\0&1&2\\0&0&1\end{pmatrix}\begin{pmatrix}z_1\\z_2\\z_3\end{pmatrix}$$

$$=\begin{pmatrix}1&1&3\\1&-1&-1\\0&0&1\end{pmatrix}\begin{pmatrix}z_1\\z_2\\z_3\end{pmatrix}$$

(4)

因 f_4 不含平方项，故可先作可逆线性变换：

$$\begin{cases}x=y_1+y_2\\y=y_1-y_2\\z=y_3\end{cases}\quad 即\quad \begin{pmatrix}x\\y\\z\end{pmatrix}=\begin{pmatrix}1&1&0\\1&-1&0\\0&0&1\end{pmatrix}\begin{pmatrix}y_1\\y_2\\y_3\end{pmatrix}$$

代入 f_4 中，得：

$$\begin{aligned}f_4&=xy+xz+yz\\&=(y_1+y_2)(y_1-y_2)+(y_1+y_2)y_3+(y_1-y_2)y_3\\&=y_1^2+2y_1y_3-y_2^2\end{aligned}$$

配方后，得：

$$f_4=(y_1+y_3)^2-y_2^2-y_3^2$$

从而令：

$$\begin{cases}z_1=y_1+y_3\\z_2=y_2\\z_3=y_3\end{cases}$$

或

$$\begin{cases}y_1=z_1-z_3\\y_2=z_2\\y_3=z_3\end{cases}$$

即

$$\begin{pmatrix}y_1\\y_2\\y_3\end{pmatrix}=\begin{pmatrix}1&0&-1\\0&1&0\\0&0&1\end{pmatrix}\begin{pmatrix}z_1\\z_2\\z_3\end{pmatrix}$$

可将 f_4 化为标准形：

$$f_4=z_1^2-z_2^2-z_3^2$$

其中所作的可逆变换为：

$$\begin{aligned}\begin{pmatrix}x\\y\\z\end{pmatrix}&=\begin{pmatrix}1&1&0\\1&-1&0\\0&0&1\end{pmatrix}\begin{pmatrix}y_1\\y_2\\y_3\end{pmatrix}\\&=\begin{pmatrix}1&1&0\\1&-1&0\\0&0&1\end{pmatrix}\begin{pmatrix}1&0&-1\\0&1&0\\0&0&1\end{pmatrix}\begin{pmatrix}z_1\\z_2\\z_3\end{pmatrix}\\&=\begin{pmatrix}1&1&-1\\1&-1&-1\\0&0&1\end{pmatrix}\begin{pmatrix}z_1\\z_2\\z_3\end{pmatrix}\end{aligned}$$

4. 证明

设两个矩阵分别为 A,B，它们都是对称阵，从而它们的二次型分别为：

$$f_A=\lambda_1x_1^2+\lambda_2x_2^2+\cdots+\lambda_nx_n^2$$

$$f_B=\lambda_{i1}y_1^2+\lambda_{i2}y_2^2+\cdots+\lambda_{ni}y_n^2$$

因为 $i_1,i_2,i_3,\cdots,i_n$ 为 $1,2,\cdots,n$ 的一个排列，所以只要作如下的非退化线性变换：

$$y_t=x_{i_t}\ (t=1,2,\cdots,n)$$

就可将 f_B 化为 f_A，故 A 与 B 合同。

5. 解

(1) 二次型 f_1 的矩阵为：

$$A=\begin{pmatrix}2&-2&0\\-2&1&2\\0&2&0\end{pmatrix}$$

$$\because \begin{pmatrix}A\\ \cdots\\ E\end{pmatrix}=\begin{pmatrix}2&-2&0\\-2&1&2\\0&2&0\\ \hdashline 1&0&0\\0&1&0\\0&0&1\end{pmatrix}\xrightarrow{r_2+r_1}\begin{pmatrix}2&-2&0\\0&-1&2\\0&2&0\\ \hdashline 1&0&0\\0&1&0\\0&0&1\end{pmatrix}\xrightarrow{c_2+c_1}\begin{pmatrix}2&0&0\\0&-1&2\\0&2&0\\ \hdashline 1&1&0\\0&1&0\\0&0&1\end{pmatrix}$$

$$\xrightarrow{r_3+2r_2}\begin{pmatrix}2&0&0\\0&-1&2\\0&0&4\\ \hdashline 1&1&0\\0&1&0\\0&0&1\end{pmatrix}\xrightarrow{c_3+2c_2}\begin{pmatrix}2&0&0\\0&-1&0\\0&0&4\\ \hdashline 1&1&2\\0&1&2\\0&0&1\end{pmatrix}$$

所以二次型 f_1 可化为标准形：

$$f_1=2y_1^2-y_2^2+4y_3^2$$

所用的非退化的线性变换矩阵为：

$$C=\begin{pmatrix}1&1&2\\0&1&2\\0&0&1\end{pmatrix}$$

(2) 二次型 f_2 的矩阵为：

$$A=\begin{pmatrix}0&\frac{1}{2}&\frac{1}{2}\\ \frac{1}{2}&0&\frac{1}{2}\\ \frac{1}{2}&\frac{1}{2}&0\end{pmatrix}$$

因为

$$\begin{pmatrix}A\\ \cdots\\ E\end{pmatrix}=\begin{pmatrix}0&\frac{1}{2}&\frac{1}{2}\\ \frac{1}{2}&0&\frac{1}{2}\\ \frac{1}{2}&\frac{1}{2}&0\\ \hdashline 1&0&0\\0&1&0\\0&0&1\end{pmatrix}\xrightarrow{r_1-r_2}\begin{pmatrix}-\frac{1}{2}&\frac{1}{2}&0\\ \frac{1}{2}&0&\frac{1}{2}\\ \frac{1}{2}&\frac{1}{2}&0\\ \hdashline 1&0&0\\0&1&0\\0&0&1\end{pmatrix}\xrightarrow{c_1-c_2}\begin{pmatrix}-1&\frac{1}{2}&0\\ \frac{1}{2}&0&\frac{1}{2}\\ 0&\frac{1}{2}&0\\ \hdashline 1&0&0\\-1&1&0\\0&0&1\end{pmatrix}$$

$$\xrightarrow{r_2+\frac{1}{2}r_1}\begin{pmatrix}-1 & \frac{1}{2} & 0\\ 0 & \frac{1}{4} & \frac{1}{2}\\ 0 & \frac{1}{2} & 0\\ \hdashline 1 & 0 & 0\\ -1 & 1 & 0\\ 0 & 0 & 1\end{pmatrix}\xrightarrow{c_2+\frac{1}{2}c_1}\begin{pmatrix}-1 & 0 & 0\\ 0 & \frac{1}{4} & \frac{1}{2}\\ 0 & \frac{1}{2} & 0\\ \hdashline 1 & \frac{1}{2} & 0\\ -1 & \frac{1}{2} & 0\\ 0 & 0 & 1\end{pmatrix}$$

$$\xrightarrow{r_3-2r_2}\begin{pmatrix}-1 & 0 & 0\\ 0 & \frac{1}{4} & \frac{1}{2}\\ 0 & 0 & -1\\ \hdashline 1 & \frac{1}{2} & 0\\ -1 & \frac{1}{2} & 0\\ 0 & 0 & 1\end{pmatrix}\xrightarrow{c_3-2c_2}\begin{pmatrix}-1 & 0 & 0\\ 0 & \frac{1}{4} & 0\\ 0 & 0 & -1\\ \hdashline 1 & \frac{1}{2} & -1\\ -1 & \frac{1}{2} & -1\\ 0 & 0 & 1\end{pmatrix}$$

所以 $f_2=xy+yz+xz$ 可化为标准形：

$$f_2=-y_1^2+\frac{1}{4}y_2^2-y_3^2$$

其中所用可逆的线性变换矩阵为：

$$C=\begin{pmatrix}1 & \frac{1}{2} & -1\\ -1 & \frac{1}{2} & -1\\ 0 & 0 & 1\end{pmatrix}$$

6. 解(1) 二次型 f 的矩阵为：

$$A=\begin{pmatrix}1 & -1 & 0\\ -1 & 5 & -2\\ 0 & -2 & 3\end{pmatrix}$$

∵ 它的顺序主子式为：

$$|a_{11}|=1>0,\begin{vmatrix}a_{11} & a_{12}\\ a_{21} & a_{22}\end{vmatrix}=\begin{vmatrix}1 & -1\\ -1 & 5\end{vmatrix}=4>0$$

$$|A|=\begin{vmatrix}1 & -1 & 0\\ -1 & 5 & -2\\ 0 & -2 & 3\end{vmatrix}=8>0$$

∴ 二次型 f 是正定的。

(2) 二次型 g 的矩阵

$$A=\begin{pmatrix}2 & 1 & 2\\ 1 & 1 & 2\\ 2 & 2 & 8\end{pmatrix}$$

∵ 它的顺序主子式：

$$a_{11}=2>0,\begin{vmatrix}a_{11} & a_{12}\\ a_{21} & a_{22}\end{vmatrix}=\begin{vmatrix}2 & 1\\ 1 & 1\end{vmatrix}=1>0$$

$$|A|=\begin{vmatrix}2&1&2\\1&1&2\\2&2&8\end{vmatrix}=4>0$$

所以二次型 g 是正定的。

(3) 二次型 h 的矩阵为

$$A=\begin{pmatrix}-5&2&2\\2&-6&0\\2&0&-4\end{pmatrix}$$

因为其顺序主子式：

$$a_{11}=-5<0,\begin{vmatrix}a_{11}&a_{12}\\a_{21}&a_{22}\end{vmatrix}=\begin{vmatrix}-5&2\\2&-6\end{vmatrix}=26>0$$

$$|A|=\begin{vmatrix}-5&2&2\\2&-6&0\\2&0&-4\end{vmatrix}=-80<0$$

所以二次型 h 是负定的。

(4) 二次型 v 的矩阵为

$$A=\begin{pmatrix}-3&2&2\\2&-6&0\\2&0&-7\end{pmatrix}$$

因为其顺序主子式：

$$a_{11}=-3<0,\begin{vmatrix}a_{11}&a_{12}\\a_{21}&a_{22}\end{vmatrix}=\begin{vmatrix}-3&2\\2&-6\end{vmatrix}=14>0$$

$$|A|=\begin{vmatrix}-3&2&2\\2&-6&0\\2&0&-7\end{vmatrix}=-74<0$$

所以二次型 v 是负定的。

7. 解

二次型 f 的矩阵为

$$A=\begin{pmatrix}\lambda&1&1\\1&\lambda&-1\\1&-1&\lambda\end{pmatrix}$$

根据其正定的充要条件为顺序主子式皆大于零,令：

$$|\lambda|>0,\begin{vmatrix}\lambda&1\\1&\lambda\end{vmatrix}=\lambda^2-1>0$$

$$\begin{vmatrix}\lambda&1&1\\1&\lambda&-1\\1&-1&\lambda\end{vmatrix}=\lambda^3-3\lambda-2=(\lambda-2)(\lambda+1)^2>0$$

解上列不等式组得： $\lambda>2$

所以,当 $\lambda>2$ 时,二次型是正定的。

8. 证明

因为 A 是正定矩阵,故 A 与单位矩阵 E 合同,即存在可逆阵 C,使

$$C^TAC=E$$

等式两边求逆可得：

$$C^{-1}A^{-1}(C^T)^{-1}=E^{-1}=E$$

令 $C^{-1}=P^T$，则$(C^T)^{-1}=(C^{-1})^T=(P^T)^T=P$，显然 P 为可逆阵，且有

$$P^TA^{-1}P=E$$

故 A^{-1}与 E 合同，即 A^{-1}也是正定矩阵。

9. 证明

因 A,B 为正定矩阵，所以二次型 X^TAX, X^TBX 都为正定二次型，

由定义，对任何 X 取值都有：

$$X^TAX>0, X^TBX>0$$

故二次型

$$X^T(A+B)X=X^TAX+X^TBX>0$$

对任何 X 取值都成立，从而二次型 $X^T(A+B)X$ 为正定的，即 $A+B$ 为正定矩阵。

10. 解

(1)② (2)① (3)④ (4)② (5)② (6)④ (7)③ (8)①

(9)② (10)④

第六章　正交矩阵

1. 证明

$$\because \quad \begin{vmatrix} -1 & 2 & -1 \\ 3 & -1 & 1 \\ 2 & 1 & 7 \end{vmatrix} = -35 \neq 0$$

∴　$\alpha_1,\alpha_2,\alpha_3$ 线性无关，且向量个数为 3，则 $\alpha_1,\alpha_2,\alpha_3$ 是 R^3 的一组基。

2. 解

对向量 $\alpha=(-1,1,2)$ 增添单位向量 $e_2=(0,1,0)$，$e_3=(0,0,1)$.

∵　α,e_2,e_3 是线性无关的，

∴　它们可以充当 R^3 的一组基。

3. 解

（1）　$\alpha\cdot\beta=\sum_{i=1}^{4}x_iy_i=1\times2+(-1)\times(-2)+0\times4+1\times(-6)$

$=-2$

（2）　$\alpha\cdot\beta=-1-21-3=-25$

4. 解

（1）　∵　$\alpha\cdot\beta=2\times1+1\times2+3\times(-2)+2\times1=0$

∴　$\cos\theta=0$　即　$\theta=\dfrac{\pi}{2}$

（2）　∵　$\alpha\cdot\beta=18$，$\|\alpha\|=\sqrt{\alpha\cdot\alpha}=\sqrt{18}$，$\|\beta\|=\sqrt{\beta\cdot\beta}=\sqrt{36}=6$

∴　$\cos\theta=\dfrac{\alpha\cdot\beta}{\|\alpha\|\ \|\beta\|}$

$=\dfrac{18}{\sqrt{18}\times6}=\dfrac{\sqrt{2}}{2}$

即　$\theta=\dfrac{\pi}{4}$

（3）　∵　$\alpha\cdot\beta=3$，$\|\alpha\|=\sqrt{7}$，$\|\beta\|=\sqrt{11}$

∴　$\cos\theta=\dfrac{3}{\sqrt{7}\sqrt{11}}=\dfrac{3}{\sqrt{77}}$

则　$\theta=\arccos\dfrac{3}{\sqrt{77}}$

5. 解

（1）
$$d=\|\alpha-\beta\|=\sqrt{\sum_{i=1}^{n}(a_i-b_i)^2}$$
$$=\sqrt{1^2+1^2+(-1)^2+(-2)^2+1^2}=\sqrt{8}$$

（2）
$$d=\sqrt{\sum_{i=1}^{n}(a_i-b_i)^2}=\sqrt{(-1-1)^2+(1+1)^2+(-1-1)^2+(1+1)^2}$$
$$=\sqrt{16}=4$$

6. 解

（1）　∵　$\|\alpha\|=\sqrt{1^2+1^2+1^2}=\sqrt{3}$

$\therefore\quad \beta=\frac{\alpha}{\|\alpha\|}=\frac{1}{\sqrt{3}}(1,1,1)=\left(\frac{1}{\sqrt{3}},\frac{1}{\sqrt{3}},\frac{1}{\sqrt{3}}\right)$是单位向量。

(2) $\because\quad \|\alpha\|=\sqrt{6}$

$\therefore\quad \beta=\frac{\alpha}{\|\alpha\|}=\left(\frac{1}{\sqrt{6}},\frac{1}{\sqrt{6}},\frac{2}{\sqrt{6}},0\right)$是单位向量。

7. 解

设向量$\beta=(b_1,b_2)$与α正交,即

$$\alpha\cdot\beta=b_1+2b_2=0$$

所以与$\alpha=(1,2)$正交的所有向量为:

$$\beta=k(-2,1)\quad(\text{其中 }k\text{ 为任意实数})$$

8. 解

(1)
$$\beta_1=\alpha_1=(3,0,0,0)$$
$$\beta_2=\alpha_2-\frac{\alpha_2\cdot\beta_1}{\|\beta_1\|^2}\cdot\beta_1$$
$$=(0,1,2,1)-\frac{0}{9}\cdot\beta_1=(0,1,2,1)$$
$$\beta_3=\alpha_3-\frac{\alpha_3\cdot\beta_1}{\|\beta_1\|^2}\cdot\beta_1-\frac{\alpha_3\cdot\beta_2}{\|\beta_2\|^2}\cdot\beta_2$$
$$=(0,-1,3,2)-\frac{0}{9}\cdot\beta_1-\frac{7}{6}(0,1,2,1)$$
$$=(0,-\frac{13}{6},\frac{2}{3},\frac{5}{6})$$

再将β_1,β_2,β_3标准化:

$$\gamma_1=\frac{\beta_1}{\|\beta_1\|}=(1,0,0,0)$$
$$\gamma_2=\frac{\beta_2}{\|\beta_2\|}=\frac{1}{\sqrt{6}}(0,1,2,1)=\left(0,\frac{1}{\sqrt{6}},\frac{2}{\sqrt{6}},\frac{1}{\sqrt{6}}\right)$$
$$\gamma_3=\frac{\beta_3}{\|\beta_3\|}=\left(0,-\frac{13}{\sqrt{210}},\frac{4}{\sqrt{210}},\frac{5}{\sqrt{210}}\right)$$

所以,$\gamma_1,\gamma_2,\gamma_3$是标准正交向量组。

(2)
$$\beta_1=\alpha_1=(1,1,0,0)$$
$$\beta_2=\alpha_2-\frac{\alpha_2\cdot\beta_1}{\|\beta_1\|^2}\cdot\beta_1$$
$$=(-1,0,0,1)-\frac{-1}{2}(1,1,0,0)$$
$$=\left(\frac{1}{2},-\frac{1}{2},1,0\right)$$
$$\beta_3=\alpha_3-\frac{\alpha_3\cdot\beta_1}{\|\beta_1\|^2}\cdot\beta_1-\frac{\alpha_3\cdot\beta_2}{\|\beta_2\|^2}\cdot\beta_2$$
$$=\left(-\frac{1}{3},\frac{1}{3},\frac{1}{3},1\right)$$
$$\beta_4=\alpha_4-\frac{\alpha_4\cdot\beta_1}{\|\beta_1\|^2}\cdot\beta_1-\frac{\alpha_4\cdot\beta_2}{\|\beta_2\|^2}\cdot\beta_2-\frac{\alpha_4\cdot\beta_3}{\|\beta_3\|^2}\cdot\beta_3$$
$$=(1,-1,-1,1)$$

再单位化,得:

$$\gamma_1=\left(\frac{1}{\sqrt{2}},\frac{1}{\sqrt{2}},0,0\right)$$

$$\gamma_2=\left(\frac{1}{\sqrt{6}},-\frac{1}{\sqrt{6}},\frac{2}{\sqrt{6}},0\right)$$

$$\gamma_3=\left(-\frac{1}{\sqrt{12}},\frac{1}{\sqrt{12}},\frac{1}{\sqrt{12}},\frac{3}{\sqrt{12}}\right)$$

$$\gamma_4=\left(\frac{1}{2},-\frac{1}{2},-\frac{1}{2},\frac{1}{2}\right)$$

(3)

$$\beta_1=\alpha_1=(1,0,2)$$

$$\beta_2=\alpha_2-\frac{\alpha_2\cdot\beta_1}{\|\beta_1\|^2}\cdot\beta_1$$

$$=(-1,0,1)-\frac{1}{5}(1,0,2)=\left(-\frac{6}{5},0,\frac{3}{5}\right)$$

单位化后，得：

$$\gamma_1=\left(\frac{1}{\sqrt{5}},0,\frac{2}{\sqrt{5}}\right)$$

$$\gamma_2=\left(-\frac{2}{\sqrt{5}},0,\frac{1}{\sqrt{5}}\right)$$

9. 解

由齐次线性方程组：

$$\begin{cases}2x_1+x_2-x_3+x_4-3x_5=0\\ x_1+x_2-x_3+x_5=0\end{cases}$$

取 x_1,x_2,x_3 为自由未知变量，可求得其一个基础解系：

$$\alpha_1=(1,0,0,-5,-1)$$

$$\alpha_2=(0,1,0,-4,-1)$$

$$\alpha_3=(0,0,1,4,1)$$

它构成解空间的一组基，将它们正交化：

$$\beta_1=\alpha_1=(1,0,0,-5,-1)$$

$$\beta_2=(-\frac{7}{9},1,0,-\frac{1}{9},-\frac{2}{9})$$

$$\beta_3=(\frac{7}{15},\frac{6}{15},1,\frac{1}{15},\frac{2}{15})$$

再单位化，得其一组标准正交基：

$$\gamma_1=\left(\frac{1}{\sqrt{27}},0,0,-\frac{5}{\sqrt{27}},-\frac{1}{\sqrt{27}}\right)$$

$$\gamma_2=\left(-\frac{7}{3\sqrt{15}},\frac{3}{\sqrt{15}},0,-\frac{1}{3\sqrt{15}},-\frac{2}{3\sqrt{15}}\right)$$

$$\gamma_3=\left(\frac{7}{\sqrt{35}},\frac{2}{\sqrt{35}},\frac{5}{\sqrt{35}},\frac{1}{3\sqrt{35}},\frac{2}{3\sqrt{35}}\right)$$

10. 证明

先证 β_1,β_2,β_3 是正交基，即只证 β_1,β_2,β_3 两两正交。

∵ $$\alpha_1\cdot\alpha_2=\alpha_2\cdot\alpha_3=\alpha_3\cdot\alpha_1=0$$

∴ $$\beta_1\cdot\beta_2=\frac{1}{9}[4\alpha_1\cdot\alpha_1+(-2)\alpha_2\cdot\alpha_2-2\alpha_3\cdot\alpha_3]=0$$

$$\beta_2\cdot\beta_3=\frac{1}{9}[2\alpha_1\cdot\alpha_1+2\alpha_2\cdot\alpha_2-4\alpha_3\cdot\alpha_3]=0$$

同理：
$$\beta_3 \cdot \beta_1 = 0$$
再证 β_1,β_2,β_3 是单位向量。

∵
$$\beta_1 \cdot \beta_1 = \frac{1}{9}(4\alpha_1 \cdot \alpha_1 + 4\alpha_2 \cdot \alpha_2 + \alpha_3 \cdot \alpha_3) = 1$$
同理可得：
$$\beta_2 \cdot \beta_2 = \beta_3 \cdot \beta_3 = 1$$
则 β_1,β_2,β_3 构成 R^3 的一组标准正交基。

11. 解

（1） ∵ 每一行元素的平方和为 1，且第一、二行对应元素之积的和为 0.

∴ 它是一个正交阵。

［又可由 $\begin{pmatrix}\cos\theta & -\sin\theta \\ \sin\theta & \cos\theta\end{pmatrix}\begin{pmatrix}\cos\theta & -\sin\theta \\ \sin\theta & \cos\theta\end{pmatrix}^{\mathrm{T}} = \begin{pmatrix}1 & 0 \\ 0 & 1\end{pmatrix}$ 直接证得］。

（2）

∵
$$\begin{pmatrix}1 & 0 & 0 \\ 0 & 0 & -1 \\ 0 & -1 & 0\end{pmatrix}\begin{pmatrix}1 & 0 & 0 \\ 0 & 0 & -1 \\ 0 & -1 & 0\end{pmatrix}^{\mathrm{T}} = \begin{pmatrix}1 & 0 & 0 \\ 0 & 0 & -1 \\ 0 & -1 & 0\end{pmatrix}\begin{pmatrix}1 & 0 & 0 \\ 0 & 0 & -1 \\ 0 & -1 & 0\end{pmatrix} = \begin{pmatrix}1 & 0 & 0 \\ 0 & 1 & 0 \\ 0 & 0 & 1\end{pmatrix}$$
∴ 它是正交矩阵。

（3）

∵ 第三行的平方和 $=5\neq 1$

∴ 它不是正交矩阵。

12. 证明

设
$$A = \begin{pmatrix}a_{11} & a_{12} & \cdots & a_{1n} \\ 0 & a_{22} & \cdots & a_{2n} \\ \cdots & \cdots & \cdots & \cdots \\ 0 & 0 & \cdots & a_{nn}\end{pmatrix}$$
为一上三角矩阵，则 A^{-1} 也为上三角矩阵，不妨设为：
$$A^{-1} = \begin{pmatrix}b_{11} & b_{12} & \cdots & b_{1n} \\ 0 & b_{22} & \cdots & b_{2n} \\ \cdots & \cdots & \cdots & \cdots \\ 0 & 0 & \cdots & b_{nn}\end{pmatrix}$$
∵ A 是正交矩阵

∴ $A^{\mathrm{T}} = A^{-1}$

即
$$\begin{pmatrix}a_{11} & a_{12} & \cdots & a_{1n} \\ 0 & a_{22} & \cdots & a_{2n} \\ \cdots & \cdots & \cdots & \cdots \\ 0 & 0 & \cdots & a_{nn}\end{pmatrix}^{\mathrm{T}} = \begin{pmatrix}b_{11} & b_{12} & \cdots & b_{1n} \\ 0 & b_{22} & \cdots & b_{2n} \\ \cdots & \cdots & \cdots & \cdots \\ 0 & 0 & \cdots & b_{nn}\end{pmatrix}$$
则
$$a_{ij} = 0 \quad (i\neq j, i,j = 1,2,\cdots,n)$$
也就是 A 是对角矩阵，且由 $A^{\mathrm{T}}A = E$ 可得：
$$a_{ii}^2 = 1 \quad 即 \quad a_{ii} = 1 或 -1 \quad (i = 1,2,\cdots,n)$$

13. 证明

由 λ 是 A 的特征值，从而 $\frac{1}{\lambda}(\lambda\neq 0)$ 是 A^{-1} 的特征值，又 A 为正定矩阵，所以，$\frac{1}{\lambda}$ 就是 A^{T} 的特征值。

再根据：A 与 A^{T} 的特征多项式相等性，可知 $\frac{1}{\lambda}$ 也是 A 的特征值。

14. 证明

设 A 为正交矩阵，λ 为 A 的属于特征向量 $\boldsymbol{x}$ 的特征值，即

$$A\boldsymbol{x}=\lambda\boldsymbol{x}$$

两边转置，得：

$$\boldsymbol{x}^{\mathrm{T}}A^{\mathrm{T}}=\lambda\boldsymbol{x}^{\mathrm{T}}$$

所以

$$\boldsymbol{x}^{\mathrm{T}}A^{\mathrm{T}}A\boldsymbol{x}=\lambda^2\boldsymbol{x}^{\mathrm{T}}\boldsymbol{x}$$

$\because$ $A^{\mathrm{T}}A=E$ 且 $\boldsymbol{x}\neq\boldsymbol{0}$

$\therefore$ $\boldsymbol{x}^{\mathrm{T}}\boldsymbol{x}=\lambda^2\boldsymbol{x}^{\mathrm{T}}\boldsymbol{x}$ $\quad$ $\boldsymbol{x}^{\mathrm{T}}\boldsymbol{x}\neq 0$

即 $\lambda^2=1$ 从而 $\lambda=\pm 1$

15. 解

(1)先求特征值：

$$|\lambda E-A|=\begin{vmatrix}\lambda-2 & -2 & 2\\ -2 & \lambda-5 & 4\\ 2 & 4 & \lambda-5\end{vmatrix}=-(\lambda-1)^2(\lambda-10)$$

$\therefore$ A 的特征值：$\lambda_1=\lambda_2=1,\lambda_3=10$

求无关特征向量：对 $\lambda_1=\lambda_2=1$ 代入 $(\lambda E-A)\boldsymbol{x}=\boldsymbol{0}$，得：

$$\begin{cases}-x_1-2x_2+2x_3=0\\ -2x_1-4x_2+4x_3=0\\ 2x_1+4x_2-4x_3=0\end{cases}$$

其基础解系，即线性无关特征向量组为：

$$\eta_1=\begin{pmatrix}-2\\1\\0\end{pmatrix},\quad \eta_2=\begin{pmatrix}2\\0\\1\end{pmatrix}$$

将其正交化：

$$\beta_1=\eta_1=\begin{pmatrix}-2\\1\\0\end{pmatrix},\quad \beta_2=\begin{pmatrix}\frac{2}{5}\\ \frac{4}{5}\\ 1\end{pmatrix}$$

单位化：

$$\gamma_1=\begin{pmatrix}-\frac{2}{\sqrt{5}}\\ \frac{1}{\sqrt{5}}\\ 0\end{pmatrix},\quad \gamma_2=\begin{pmatrix}\frac{2}{3\sqrt{5}}\\ \frac{4}{3\sqrt{5}}\\ \frac{5}{3\sqrt{5}}\end{pmatrix}$$

对 $\lambda_3=10$，代入

$$(\lambda E-A)\boldsymbol{x}=\boldsymbol{0}$$

得基础解系：

$$\eta_3=\begin{pmatrix}1\\2\\-2\end{pmatrix}$$

将其单位化：

$$\gamma_3=\begin{pmatrix}\frac{1}{3}\\ \frac{2}{3}\\ -\frac{2}{3}\end{pmatrix}$$

由上面 $\gamma_1,\gamma_2,\gamma_3$ 可得正交矩阵 P 为：

$$P=\begin{pmatrix}-\frac{2}{\sqrt{5}} & \frac{2}{3\sqrt{5}} & \frac{1}{3}\\ \frac{1}{\sqrt{5}} & \frac{4}{3\sqrt{5}} & \frac{2}{3}\\ 0 & \frac{5}{3\sqrt{5}} & -\frac{2}{3}\end{pmatrix}$$

使得：

$$P^{-1}AP=\begin{pmatrix}1 & 0 & 0\\ 0 & 1 & 0\\ 0 & 0 & 10\end{pmatrix}$$

(2)A 的特征多项式：

$$|\lambda E-A|=\begin{vmatrix}\lambda-1 & -2 & -4\\ -2 & \lambda+2 & -2\\ -4 & -2 & \lambda-1\end{vmatrix}=(\lambda+3)^2(\lambda-6)$$

A 的全部特征值:$\lambda_1=\lambda_2=-3,\lambda_3=6$

然后求正交单位特征向量:将 $\lambda_1=\lambda_2=-3$ 代入$(\lambda E-A)\boldsymbol{x}=\boldsymbol{0}$,即：

$$\begin{cases}-4x_1-2x_2-4x_3=0\\ -2x_1-\ x_2-2x_3=0\\ -4x_1-2x_2-4x_3=0\end{cases}$$

其基础解系：

$$\eta_1=\begin{pmatrix}1\\ 0\\ -1\end{pmatrix},\quad \eta_2=\begin{pmatrix}1\\ -2\\ 0\end{pmatrix}$$

将其正交化：

$$\beta_1=\begin{pmatrix}1\\ 0\\ -1\end{pmatrix},\quad \beta_2=\begin{pmatrix}\frac{1}{2}\\ -2\\ \frac{1}{2}\end{pmatrix}$$

将其单位化：

$$\gamma_1=\begin{pmatrix}\frac{1}{\sqrt{2}}\\ 0\\ -\frac{1}{\sqrt{2}}\end{pmatrix},\quad \gamma_2=\begin{pmatrix}\frac{1}{3\sqrt{2}}\\ -\frac{4}{3\sqrt{2}}\\ \frac{1}{3\sqrt{2}}\end{pmatrix}$$

将 $\lambda_3=6$ 代入方程$(\lambda E-A)\boldsymbol{x}=\boldsymbol{0}$,即：

$$\begin{cases} 5x_1-2x_2-4x_3=0 \\ -2x_1+8x_2-2x_3=0 \\ -4x_1-2x_2+5x_3=0 \end{cases}$$

其基础解系：

$$\eta_3=\begin{pmatrix}2\\1\\2\end{pmatrix}$$

正交单位化：

$$\gamma_3=\begin{pmatrix}\frac{2}{3}\\\frac{1}{3}\\\frac{2}{3}\end{pmatrix}$$

由 $\gamma_1,\gamma_2,\gamma_3$ 可得一个正交矩阵 P 为：

$$P=\begin{pmatrix}\frac{1}{\sqrt{2}} & \frac{1}{3\sqrt{2}} & \frac{2}{3}\\ 0 & -\frac{4}{3\sqrt{2}} & \frac{1}{3}\\ -\frac{1}{\sqrt{2}} & \frac{1}{3\sqrt{2}} & \frac{2}{3}\end{pmatrix}$$

使

$$P^{-1}AP=\begin{pmatrix}-3 & 0 & 0\\ 0 & -3 & 0\\ 0 & 0 & 6\end{pmatrix}$$

(3) （详细过程略）

由 $|\lambda E-A|=0$ 可求出 A 的特征值为：

$$\lambda_1=\lambda_2=3,\lambda_3=5,\lambda_4=1$$

由 $\lambda_1=\lambda_2=3$ 可求出正交的特征向量组：

$$\gamma_1=\begin{pmatrix}\frac{\sqrt{2}}{2}\\0\\\frac{\sqrt{2}}{2}\\0\end{pmatrix},\quad \gamma_2=\begin{pmatrix}0\\\frac{\sqrt{2}}{2}\\0\\\frac{\sqrt{2}}{2}\end{pmatrix}$$

由 $\lambda_3=5$，可求出正交的特征向量：

$$\gamma_3=\begin{pmatrix}\frac{1}{2}\\\frac{1}{2}\\-\frac{1}{2}\\-\frac{1}{2}\end{pmatrix}$$

由 $\lambda_4=1$，可求出正交的特征向量：

$$\gamma_4=\begin{pmatrix}\frac{1}{2}\\-\frac{1}{2}\\-\frac{1}{2}\\\frac{1}{2}\end{pmatrix}$$

从而由上面 $\gamma_1,\gamma_2,\gamma_3,\gamma_4$ 可构成正交矩阵

$$P=\begin{pmatrix}\frac{\sqrt{2}}{2}&0&\frac{1}{2}&\frac{1}{2}\\0&\frac{\sqrt{2}}{2}&\frac{1}{2}&-\frac{1}{2}\\\frac{\sqrt{2}}{2}&0&-\frac{1}{2}&-\frac{1}{2}\\0&\frac{\sqrt{2}}{2}&-\frac{1}{2}&\frac{1}{2}\end{pmatrix}$$

使得

$$P^{-1}AP=\begin{pmatrix}3&0&0&0\\0&3&0&0\\0&0&5&0\\0&0&0&1\end{pmatrix}$$

16. 解

此二次型的矩阵 A 为：

$$A=\begin{pmatrix}1&-2\\-2&1\end{pmatrix}$$

求 A 的特征值：

$$\begin{vmatrix}\lambda-1&2\\2&\lambda-1\end{vmatrix}=(\lambda+1)(\lambda-3)$$

$$\lambda_1=-1,\lambda_2=3$$

对 $\lambda_1=-1$，得方程组：

$$\begin{pmatrix}-2&2\\2&-2\end{pmatrix}\begin{pmatrix}x\\y\end{pmatrix}=\begin{pmatrix}0\\0\end{pmatrix}$$

基础解系：

$$\eta_1=\begin{pmatrix}1\\1\end{pmatrix}$$

正交化、单位化：

$$\gamma_1=\begin{pmatrix}\frac{1}{\sqrt{2}}\\\frac{1}{\sqrt{2}}\end{pmatrix}$$

对 $\lambda_2=3$，得方程组：

$$\begin{pmatrix}2&2\\2&2\end{pmatrix}\begin{pmatrix}x\\y\end{pmatrix}=\begin{pmatrix}0\\0\end{pmatrix}$$

基础解系：

$$\eta_2=\begin{pmatrix}1\\-1\end{pmatrix}$$

正交化、单位化：

$$\gamma_2=\begin{pmatrix}\frac{1}{\sqrt{2}}\\-\frac{1}{\sqrt{2}}\end{pmatrix}$$

由上可得：

$$X=PY \qquad \text{其中 } P=\begin{pmatrix}\frac{1}{\sqrt{2}} & \frac{1}{\sqrt{2}}\\ \frac{1}{\sqrt{2}} & -\frac{1}{\sqrt{2}}\end{pmatrix}$$

使得二次型：

$$f(x,y)=-y_1^2+3y_2^2$$

17. 证明

先证充分性。若 A,B 的特征多项式的根即特征值全部相同，设它们为 $\lambda_1,\lambda_2,\cdots,\lambda_n$，从而存在正交矩阵 P_1,P_2，使得：

$$P_1^{-1}AP_1=\begin{pmatrix}\lambda_1 & & & \\ & \lambda_2 & & \\ & & \ddots & \\ & & & \lambda_n\end{pmatrix},\quad P_2^{-1}BP_2=\begin{pmatrix}\lambda_1 & & & \\ & \lambda_2 & & \\ & & \ddots & \\ & & & \lambda_n\end{pmatrix}$$

∵ $\qquad P_1^{-1}AP_1=P_2^{-1}BP_2$

∴ $\qquad B=P_2P_1^{-1}AP_1P_2^{-1}=(P_1P_2^{-1})^{-1}A(P_1P_2^{-1})$

令 $\qquad P=P_1P_2^{-1}$

且 P 是正交矩阵，使

$$P^{-1}AP=B$$

再证必要性。若存在正交阵 P，使 $P^{-1}AP=B$，则 $A\sim B$。从而 A 与 B 有相同的特征值。

∴ A,B 的特征多项式的根全部相同。

18. 证明

设 λ 为 A 的特征值，相应的特征向量为 α，则

$$A\alpha=\lambda\alpha$$

∵ $\qquad A(A\alpha)=\lambda A\alpha=\lambda(\lambda\alpha)=\lambda^2\alpha$

又 $\qquad A^2=A$

∴ $\qquad A\alpha=\lambda^2\alpha \qquad$ 即 $\lambda^2\alpha=\lambda\alpha$

∵ $\qquad \alpha\neq 0$

∴ $\qquad \lambda^2-\lambda=0$，即 $\lambda=0$ 或 $\lambda=1$

A 的特征值非零即 1，A 又是实对称矩阵，所以存在正交矩阵 P，使

$$P^{-1}AP=\begin{pmatrix}1 & & & & & & \\ & 1 & & & & & \\ & & \ddots & & & & \\ & & & 1 & & & \\ & & & & 0 & & \\ & & & & & \ddots & \\ & & & & & & 0\end{pmatrix}$$

19. 证明

∵ B 是正定矩阵

∴ 存在实可逆阵 C,使

$$C^{\mathrm{T}}BC=E$$

又∵ $C^{\mathrm{T}}AC$ 为对称阵

∴ 存在正交矩阵 P,使

$$P^{\mathrm{T}}(C^{\mathrm{T}}AC)P=\begin{pmatrix}\lambda_1 & & & \\ & \lambda_2 & & \\ & & \ddots & \\ & & & \lambda_n\end{pmatrix}$$

令:$G=CP$,它是可逆矩阵,且使

$$G^{\mathrm{T}}AG=\begin{pmatrix}\lambda_1 & & & \\ & \lambda_2 & & \\ & & \ddots & \\ & & & \lambda_n\end{pmatrix}$$

$$G^{\mathrm{T}}BG=P'C'BCP=P'EP=E=\begin{pmatrix}1 & & & \\ & 1 & & \\ & & \ddots & \\ & & & 1\end{pmatrix}$$

都是对角矩阵。

20. 解

先求 A 的特征值:

∵ $$|\lambda E-A|=\begin{vmatrix}\lambda & 2 & -2\\ 2 & \lambda+3 & -4\\ -2 & -4 & \lambda+3\end{vmatrix}=(\lambda-1)^2(\lambda+8)$$

∴ A 的特征值 $\lambda_1=\lambda_2=1,\lambda_3=-8$

再求 A 的一组标准正交的特征向量。

将 $\lambda_1=\lambda_2=1$ 代入方程组:

$$(\lambda E-A)\boldsymbol{x}=\boldsymbol{0}$$

可得基础解系:

$$\eta_1=\begin{pmatrix}2\\0\\1\end{pmatrix},\quad \eta_2=\begin{pmatrix}-2\\1\\0\end{pmatrix}$$

将其正交化:

$$\alpha_1=\begin{pmatrix}2\\0\\1\end{pmatrix},\quad \alpha_2=\begin{pmatrix}-\frac{2}{5}\\1\\\frac{4}{5}\end{pmatrix}$$

单位化:

$$\gamma_1=\begin{pmatrix}\frac{2}{\sqrt{5}}\\0\\\frac{1}{\sqrt{5}}\end{pmatrix},\quad \gamma_2=\begin{pmatrix}-\frac{2}{\sqrt{45}}\\\sqrt{\frac{5}{9}}\\\frac{4}{\sqrt{45}}\end{pmatrix}$$

将 $\lambda_3=-8$ 代入方程组，可解得基础解系：

$$\eta_3=\begin{pmatrix}1\\2\\-2\end{pmatrix}$$

正交单位化：

$$\gamma_3=\begin{pmatrix}\frac{1}{3}\\\frac{2}{3}\\-\frac{2}{3}\end{pmatrix}$$

令 $P=(\gamma_1,\gamma_2,\gamma_3)$，则 P 为正交矩阵，且

$$P^{-1}AP=\begin{pmatrix}1&0&0\\0&1&0\\0&0&-8\end{pmatrix}$$

$$B=P^{-1}f(A)P=\begin{pmatrix}f(1)&0&0\\0&f(1)&0\\0&0&f(-8)\end{pmatrix}=\begin{pmatrix}0&0&0\\0&0&0\\0&0&-729\end{pmatrix}$$

21. 解

(1)④　(2)①　(3)②　(4)④　(5)③　(6)①　(7)④　(8)②

(9)②